JN050686

Principles of Thermodynamics

Second Edition

I Fundamental Structure of Thermodynamics

熱力学の基礎

I

熱力学の基本構造

［第 2 版］

Akira Shimizu

清水 明

［著］

東京大学出版会

Principles of Theormodynamics, 2nd Edition Vol.I:
Fundamental Structure of Thermodynamics

Akira SHIMIZU

University of Tokyo Press, 2021
ISBN978-4-13-062622-4

第2版への序

　本書の初版は，幸いにして，学部学生のみならず，大学院生やプロの研究者まで，幅広い層の読者に受け入れていただき，何回も増刷を重ねた．

　ただ，もっとも適用範囲が広い形で熱力学を解説したために，その副作用として，わかりにくい箇所もあるというご指摘を受けた．また，タイトル通りに「基礎」は徹底的に解説したものの，具体例や応用は紙数の都合から十分には解説できなかった．たとえば，本書は一次相転移があっても破綻しないもっとも適用範囲が広い論理構成になっていることが特徴であるが，一次相転移の具体例は一成分系しか書いていなかった．しかし，化学はむろんのこと，生物学においても一次相転移に伴う相共存が極めて重要になっているが，それは多成分系の一次相転移である．また，強い重力場のせいで平衡状態の温度が均一でなくなってしまうときにも，温度を前面に出している通常の教科書とは異なり，本書の論理構成ならびくともしないのだが，その具体例を説明していなかった．実用面でも，便利な計算法が付録に回してあって不親切な点があった．

　読者の方々から頂戴したフィードバックは，増刷のたびに取り入れてきたが，さすがにこれらの不満点をすべて解消するような変更は，増刷では対応できない．そこで，大幅に改訂・加筆して二巻に分けた「第2版」を上梓することにした．

　第I巻は，物理系の標準的な熱力学のカリキュラム（たとえば東京大学教養学部の理科一類向けの「熱力学」）の内容を包含したうえで，そこに不足している要素を加えて論理を再構成して，高い視点から理解できるようにしたものである．初版において説明不足だった点を何ヵ所も改訂し，冗長だった箇所はスリム化したので，初版の該当部分よりもわかりやすくなり，論理も明確になったと思う．

　第II巻の半分以上は，今回の改訂で追加したり，大幅に書き直した章である．15章は新たに加えた章で，実用的な計算法を解説した．16章の安定性の議論には15章の計算法をとり入れた．17章の相転移の章は，多成分系の一次相転移などについて大幅に加筆した．18章にも改訂を加えた．19章は新たに加えた章で，化学への応用の基本になりそうな事項を解説した．いわゆる「化学熱力学」の論理的なサポートになればと思う．20章も新たに加えた章で，

外場で不均一が生じる系の熱力学について解説し，重力場の影響で平衡状態の温度が一様でなくなる現象も本書の理論体系で自然に論じられることも説明しておいた．21 章にも改訂を加えた．

　今回の執筆の際にも，多くの方々に助けていただいた．とくに清水研究室の千葉侑哉氏と米田靖史氏には，たいへんお世話になり感謝に堪えない．白石直人氏や，筆者の講義を受けた金澤貴弘氏ら学生さんたちからもコメントを頂戴した．羽馬哲也氏と氏の講義の受講生の中の有志である，妹尾梨子，植田大雅，大野智洋，掛川桃李，齊藤孝太朗，徐亦航，曽宮一恵，竹下潤，田中健翔，谷本拓，長嶺直，平岡大和，宮崎出帆，村井亮太，村松朋哉，毛利優希，持田偉行フィッチ，矢野祥睦，山田耀，米倉悠記の各氏も原稿にコメントをくださった．深く感謝したい．また，澄さんには，猫が隠れている素敵な題字を書いていただいた．

　なお，出版後に訂正や改良箇所が見つかった場合には，「熱力学の基礎　清水」で検索すればサポートページが見つかるようにしておくつもりである．

　本書が，物理，化学，生物，地学，天文学，工学などで活躍される方々のお役に立つことを願っている．

　　2021 年 2 月

　　　　　　　　　　　　　　　　　　　　　　　　　　　　　清水　明

はじめに (初版の序)

　自然現象は，我々が見るスケールによってまったく違った振る舞いを示し，それぞれのスケールごとに普遍的な理論構造が隠れている．そして，異なるスケールの異なる理論が，深いところで結びついて，壮大な理論体系を成している．このように考える現代的な物理学では，ミクロなスケールの理論の主柱が量子論であり，マクロなスケールの理論の主柱が熱力学である．もちろん，化学や生物学にも熱力学は欠かせない．

　このように現代の科学の主柱となっている熱力学だが，昔から，わかりにくい理論だと言われている．プロの物理学者でも，プロになって何年も経ってからようやく熱力学がわかるようになってきたという話をよく聞く（筆者もそうだった）．

　そのようにわかりにくい理由は，熱力学の基本的な論理構成が，力学のみならず量子論や統計力学に比べても難しいからだと思われる．その高度な論理を，歴史的な発展を追いながら教えてゆく従来の教科書のスタイルでは，十分に説明できていないのではないか？　歴史は，熱力学を身につけた後で学べばよいのではないか？

　そこで本書では，歴史的な発展を追うのではなく，完成した熱力学の姿を最初から示すことにした．それも，適用範囲を限定した妥協した形で示すのではなく，どんな熱力学系にも適用できるような普遍的な理論として提示した．

　具体的には，相加変数を基本的な変数にとることによって，相転移があっても破綻しない堅固な論理構成とした（詳しくは1.3節）．さらに，単純系だけでなく複合系にも適用できる一般的な原理を提示した．また，相転移の理解に欠かせないのに従来のほとんどの教科書では解説されていなかった，特異性のある関数のルジャンドル変換を詳しく解説し，それを用いて，既習者の多くが苦手とする一次相転移もきちんと解説した．

　このように書くと，何か難しい本のように思われるかもしれない．しかし本書は，東京大学の教養学部の（物理を専門とする学科には進まない学生が大多数の）1年生向けの講義ノートを元にしており，まったくの初学者にも理解できるように懇切丁寧な説明に努めた．その副作用として厚い本になってしまったが，それは説明が丁寧であることと，適用範囲を狭めて簡単化するようなご

まかしをしなかった結果である．（薄い本では，内容かわかりやすさかどちらかが犠牲になる！）厚さに怖じ気づくことなく読み進めば，そのことを実感していただけると思う．

　最後になったが，本書の執筆にあたり，大野克嗣，小嶋泉，森越文明，小芦雅斗，竹川敦，北野正雄，武末真二，向山信治，早川尚男，弓削達郎，加藤岳生，関本謙，田崎晴明，佐々真一，杉田歩，戸松玲治，堺和光，山本昌宏，畠山温，加藤雄介，原隆，田崎秀一，本堂毅，原田僚，立本貴大，田中晋平の各氏には様々なご教示を頂戴した．筆者の講義を受けた学生諸君の質問や指摘も有益だった．また，教科書の薄さを競う昨今において，東京大学出版会の岸純青氏は，このような厚い本の出版を推進してくださった．この場を借りて皆様に感謝したい．

　なお，出版後にミスプリントなどが発見された場合は，`http://as2.c.u-tokyo.ac.jp`（「清水研」で検索しても見つかる）に公開してゆくので，利用していただきたい．

　　　2007 年 2 月

　　　　　　　　　　　　　　　　　　　　　　　　　　　　　清水　明

本書の読み方

- 本書はやや厚いですが，それは丁寧に説明しているためです．ですから，**斜め読みをしないできちんと読めば**，スムーズに理解できると思います．

- ♠ の付いた項目はやや難しいので，**初めて熱力学を学ぶ人は読む必要はあ**りません．興味がある場合は，いったん読了してから戻って読んでください．物理学科の 4 年生ぐらいまでに習う知識を前提にしている項目も含まれるので，**1〜2 年生の段階ではわからなくても気にしなくていいです．**

- ♠♠ の付いた項目は，さらに難しいか，詳細な議論です．特に興味があるか，研究に役立てたい読者向けの内容です．

- 脚注は，本文を読んでいて疑問がわからない限り，初学者は読む必要はありません．脚注とはそういうものです．

- 本書の練習問題をすべて解き終えた人は，市販の演習書を買う前に，本書の内容を手で隠して，その内容を自分で反復できるかどうかテストしてください．これは，決して**暗記せよという意味ではないです**．むしろそれとは正反対で，**自分で論理を組み立てられるようになれ**，ということです．具体的には，本書の記述のとおりでなくて良いから，それと内容的に同じ事を，自分自身の頭で論じられるかどうかをテストするわけです．これは，熱力学とか量子論のようなとっつきにくい学問を修得するための**最も効果的な勉強法**です．

- それでも時間が余って仕方がない人は，市販の演習書（たとえば参考文献 [5]）の問題を解くのもいいでしょう．しかし，上記を怠っていきなり演習書に手を出すのは，最悪です．

- **用語や記号は本によって違うのが常識ですから**，1.4 節に目を通してから読むことを勧めます．

教員の方へ

- 初めて熱力学を学ぶ学生向けに，半年間で講義する場合は，1章から14章まで（または16章まで）を，♠や♠♠の付いた項目を飛ばして講義するとよいと思います．東京大学の例で言えば，これで教養学部理科I類の1年生向けのシラバスの内容をカバーした上に，様々な「表示」の関係などの，シラバスには含まれない有用で一般的な内容も教えることができます．

- 化学熱力学を教える場合には，上記に加えて第II巻の16章，17章，19章を（やはり♠や♠♠の付いた項目を飛ばして）教えれば，標準的なシラバスの内容を十二分にカバーして高い視点から教えることができます．

- 講義の際には，詳細な議論はテキストに書いてありますから，**要点だけを講義すればよい**と思います．上記の範囲のページ数を，講義の総コマ数で割り算したページ数だけ1コマで進むことになりますが，筆者の経験では，それでまったく無理なく講義を進めることができています．

- 講義と並行して演習の時間があると理想的ですが，（東京大学のように）それが設けられていない場合には，毎回レポート問題を（本書の練習問題の中からでも構いませんから）出して，各回の講義の内容を，学生に着実に理解させるようにお願いいたします．

- 当然のことではありますが，復習を欠かさないように学生に強く言ってあげてください．本書は，最小限の仮定（要請）から様々な結果を導き出してゆくスタイルですから，とりわけ復習が大事です．

目　次

第 II 巻　　目　次

本書で用いる主な記号

S：エントロピー　　U：エネルギー　　V：体積　　N：物質量　　$\vec{M}$：全磁化

$U, \boldsymbol{X} \equiv U, X_1, \cdots, X_t$：エントロピーの自然な変数の一般的な表記
$S, \boldsymbol{X} \equiv S, X_1, \cdots, X_t$：エネルギーの自然な変数の一般的な表記

$S^{(i)}$：部分系 i のエントロピー（上付き添え字 (i) は部分系 i の量を表す）
$\widehat{S} = \displaystyle\sum_i S^{(i)}$：局所平衡エントロピー
$\boldsymbol{C} \equiv C_1, C_2, \cdots, C_b$：複合系に課された内部束縛

B：逆温度　　T：温度　　P：圧力　　μ：化学ポテンシャル
$\vec{H}$：外部磁場
$\Pi_0, \Pi_1, \cdots, \Pi_t$：エントロピー表示の狭義示強変数の一般的な表記で，たとえば $\Pi_0 = B$
$P_0, P_1, \cdots, P_t$：エネルギー表示の狭義示強変数の一般的な表記で，たとえば $P_0 = T$

s：エントロピー密度　　u：エネルギー密度　　v：体積密度
n：物質量密度　　x_t：X_t の密度

F：Helmholtz エネルギー　　G：Gibbs エネルギー　　H：エンタルピー

Q：熱　　W：仕事　　η：効率
C_V, C_P：定積熱容量，定圧熱容量　　c_V, c_P：定積モル比熱，定圧モル比熱
α：熱膨張率

N_{A}：アボガドロ定数　　R：気体定数　　$\gamma = 1 + 1/c$：理想気体の内部自由度に関わる定数

$h(p) \equiv [f(x) - xp](p)$：凸関数 $f(x)$ のルジャンドル変換
他の数学記号については付録 A

■：例を述べるとき，その終わりを示すマーク

熱力学の基本原理

────── **要請 I**：平衡状態 ──────

(i) [**平衡状態への移行**] 系を孤立させて（静的な外場だけはあってもよい）十分長いが有限の時間放置すれば，マクロに見て時間変化しない特別な状態へと移行する．このときの系の状態を平衡状態と呼ぶ．

(ii) [**部分系の平衡状態**] もしもある部分系の状態が，その部分系をそのまま孤立させた（ただし静的な外場は同じだけかける）ときの平衡状態とマクロに見て同じ状態にあれば，その部分系の状態も平衡状態と呼ぶ．平衡状態にある系の部分系はどれも平衡状態にある．

────── **要請 II**：エントロピー ──────

(i) [**エントロピーの存在**] 任意の系の様々な平衡状態のそれぞれについて，値が一意的に定まるエントロピーという量 S が存在する．

さらに，系に対して行う操作の範囲を決めたとき，それらの操作を含む適当な一群の操作たちと，それらによって移り変わる状態たちについて，以下が成り立つ．

(ii) [**単純系のエントロピー**] 単純系の S は，エネルギー U と，いくつかの相加変数 $\boldsymbol{X} \equiv X_1, ..., X_t$ の関数である：

$$S = S(U, \boldsymbol{X}) \qquad （単純系）.$$

これを（エントロピー表示の）基本関係式と呼び，$U, \boldsymbol{X} (= U, X_1, \cdots, X_t)$ をエントロピーの自然な変数と呼ぶ．変数の数 $t+1$ は，変数の値と無関係である．単純系の部分系は，元の単純系と同じ基本関係式を持つ．

(iii) [**基本関係式の解析的性質**] 基本関係式は，連続的微分可能であり，特に U についての偏微分係数は，正で（U が物理的に許される範囲のすべての値をとりうるならば）下限は 0 で上限はない．

(iv) [**均一な平衡状態**] 平衡状態にある単純系は，それぞれがマクロに

見て空間的に均一な部分系たちに分割できる（部分系の間の境界は
マクロに見て無視できる）．それぞれの均一な部分系の状態は，エ
ントロピーの自然な変数 $U, \boldsymbol{X}$ が適切に選んであれば，その部分系
の $U, \boldsymbol{X}$ の値で一意的に定まる．また，その部分系には，それと同じ
$U, \boldsymbol{X}$ の値を持つ不均一な平衡状態は存在しない．

(v) **[エントロピー最大の原理]** 単純系 $i\ (= 1, 2, \cdots)$ のエントロピーの自
然な変数を $U^{(i)}, \boldsymbol{X}^{(i)}\ (= U^{(i)}, X_1^{(i)}, \cdots, X_{t_i}^{(i)})$，基本関係式を $S^{(i)} =$
$S^{(i)}(U^{(i)}, \boldsymbol{X}^{(i)})$ とするとき，これらの単純系の複合系は，与えられ
た条件の下で，すべての単純系が平衡状態にあって，かつ

$$\widehat{S} \equiv \sum_i S^{(i)}(U^{(i)}, \boldsymbol{X}^{(i)})$$

が最大になるときに，そしてその場合に限り，平衡状態にある．そ
のときの複合系のエントロピーは，$\widehat{S}$ の最大値に等しい．

第1章
熱力学の紹介と下準備

　熱力学 (thermodynamics) には，大きく分けて**平衡系の熱力学** (equilibrium thermodynamics) と**非平衡系の熱力学** (nonequilibrium thermodynamics) とがある．後者はまだ，限られた状況でしか成り立たないような理論しかできていないので，単に「熱力学」と言えば，普通は平衡系の熱力学のことを指す．本書でもこの用法を用いることにして，以後は「平衡系の」を省略する．本書で解説するのは，その熱力学の基礎である．

1.1　ミクロ・マクロと陥りやすい幻想

　物理学では，考察の対象になるものを自然界から適宜抜き出して，**系** (system) と呼ぶ．電子・原子・分子のような，近似的に物質の基本構成要素と見なせるものを，**ミクロ（微視的な）系** (microscopic system) と呼ぶ（詳しくは下の補足）．ミクロ系の振舞いは量子論で良く記述できるが，量子論の効果（**量子効果**）が無視できるような状況であれば，古典力学や古典電磁気学でも記述できる．一方，我々の身近にある気体とか液体とか固体は，電子や原子などの構成要素が，莫大な数（**マクロな** (macroscopic) **数**，たとえば 10^{24} 個）集まって，**相互作用している系**である[1]．そのような系を，**マクロ（巨視的な）系** (macroscopic system) と呼ぶ．

　マクロ系では，その全体（あるいはマクロ系と見なせるような大きさの部分系）が変化するような**マクロな変化**も起こるし，数個の分子が跳ねた程度の**ミクロな変化**も起こる．マクロな変化を伴う現象を，**マクロな振舞い** (macroscopic behavior) と言う．**熱力学の対象は，マクロ系のマクロな振舞い**である．したがって，**ミクロ系や，マクロ系のミクロな変化は対象外**である．

---

1)　♠ 相互作用のない粒子たちの系である「理想気体」も熱力学に出てくるが，その物理的
　　意味は p.106 脚注 6.

　ところで，物理学者の信念といおうか，期待として，

 (i)　すべての自然現象は，ミクロな世界の基本法則に支配されているだろう

というものがある．簡単に言えば，量子論にすべて支配されている，ということである．この期待は，今のところ裏切られていない．このことから，次のような幻想に陥りがちである：

(ii)　マクロ系といえどもミクロ系の集まりなのだから，初期条件を与えれば，ミクロ系の運動方程式をすべて解くことが（技術的には大変でも）原理的にはできる[2]．それであらゆることが予言できるだろう．

ところが (ii) は，単純な系，理想化された系などでは概ね正しいものの，現実のマクロ系は**自由度が莫大**で[3]，**非線形な相互作用**がある[4]．このため，

- 運動方程式を，正確に解くのが原理的に不可能な系になっている[5]．

- 運動方程式を，計算機や摂動論[6]などで，近似的に（十分な精度で）解くことも原理的に不可能[7]．

- （運動方程式を解くのに必要な）初期条件のわずかな誤差も，著しく増幅され，結果をまったく変えてしまう．ところが，初期条件を正確に知るの

---

2)　♠ 古典力学と古典電磁気学なら，Newton（ニュートン）の運動方程式と Maxwell（マクスウェル）方程式を連立して解き，すべての粒子の軌道と，電磁場の分布と時間変化とを求めること．量子論では，Schrödinger（シュレディンガー）方程式を解いて，系の自由度に応じた莫大な数の引数を持つ波動関数を求めること．

3)　「自由度」とは，古典力学で言えば，系を記述するのに必要な，位置座標と速度の組の数のこと．詳しくは参考文献 [11]．

4)　「非線形な相互作用がある」とは，古典力学で言えば，運動方程式が位置座標や速度の 1 次式にならず 2 次式以上になることを言う．

5)　♠ 重心座標などの，少数の特殊な自由度の運動だけなら求まるが，すべての粒子の運動を求めるのは不可能，という意味．物理の様々な分野で，解ける系（可積分系）が話題になることがあるが，実際にはそのような系の存在確率はゼロであるので，現実の系の記述が目的である物理学の理論としては，最初にモデルをたてる段階で大胆な近似をして解けるようにしたことになる．

6)　「摂動論」とは，正確に解ける簡単な場合の解からのずれがわずかだと仮定して，そのずれ量を求めようという計算手法．

7)　♠ 一定の精度を保ちつつ，時刻 0 から t まで積分するためには，計算機の有効数字の桁数や，摂動論の次数を，t の指数関数で上げることが必要になってしまって，実行不能になる．

は，事実上不可能.

ということが言え[8]．(ii) は**マクロ系については幻想に過ぎないこと**がわかった．つまり，もしも我々がニュートン力学や量子論だけしか知らないとしたら，少数自由度の系か，単純化された理論モデルの多自由度系についてしか予言能力をもたないことになる．たとえミクロ系についての**基本法則を知った**ところで**それで自然を理解できるほど甘くはない**[9]．

♠ 補足：スケールの重要性

ミクロ系とかマクロ系についてもっときちんと理解したい人のために補足する．ある物理現象において生じるエネルギー変化などの特徴的な大きさの程度を**スケール** (scale) と言う．たとえば原子内の電子状態が関わる現象は，長さで 10^{-10} m 程度，エネルギーで 10^{-19} J 程度のスケールを持つ．現代の物理学では，あらゆる理論は適当なスケールの範囲内でのみ一定の精度で有効な理論，すなわち**有効理論** (effective theory) だと考えられている．したがって，**まず自分が扱いたい現象のスケールを決め**，それに応じた**適切な理論で記述する**ことになる．そのスケールにおいて，近似的に物質の基本構成要素と見なせるものがミクロ系である．したがって，**自分が扱うスケールを変えれば，同じ系がミクロな系になったりマクロな系になったりする**こともある．

また，スケールを決めるということは，必然的に**有効桁数を有限桁で打ち切る**ことにもなっている．たとえば，10^{-10} m 程度のスケールの現象を見るつもりなのに 50 桁まで計算してしまったら，10^{-60} m 程度の現象まで見ることになってしまい，自分が決めたスケールの外に出てしまうからだ．

自然現象は見るスケールを変えるとまったく違うように見える．それぞれのスケールで自然がどのように見えるかを明らかにするのが物理学であると言っても過言ではない．

---

8)　♠ これらは，いわゆる「エルゴード性」「混合性」「カオス」などと深く関係していて，統計力学が現実の系で成立していることの理由だと考えられている．

9)　わかりやすい例え：公理だけ知ってもその数学の内容はわからない，将棋のルールだけ知っても将棋に勝てるわけではない．

1.2 熱力学の意義

熱力学が作られた歴史的経緯は膨大な物語になるし，よくわからない部分もあるので，巻末の参考文献 [1] などを参照して欲しい．ここでは，熱力学が驚くべき理論体系であることを指摘し，その現代的な意義を概説する．

まず第一に，**本質だけを抽出する**ことに見事に成功した理論体系である．前節の (ii) が幻想であるからには，マクロ系を扱うためには，何か別のアプローチを考える必要がある．一番望ましいのは，**その複雑な運動の中から本質だけを抽出した，マクロ系専用の理論体系を構築する**事である．その理論は，10^{24} 程度の莫大な自由度をもつマクロ系を，ごく少数の変数だけで記述してしまうものであってほしい．もちろん，変数が少ないのだから，その系の**すべてを記述するのは不可能**だが，**本質的な部分だけは記述できてしまう**ような理論，ということである．果たして，そんな都合の良い理論ができるのだろうか？ 幸い，「平衡状態」と呼ばれる状態達と，その間の**遷移** (transition)（ピストンを押すなどしたときにどんな平衡状態からどんな平衡状態へと移り変わるか）に関しては，そのような理論が構築できた．それが熱力学である．

第二に，マクロ系がどこまで自由に操作できるかという**操作限界** (ほぼ**不可逆性** (irreversibility) と等価) を簡単な数式で見事に記述した理論体系である．この限界は，決して，**人間という生物種の能力の限界に由来するものではなく，自然界の法則によるもの**である．後に説明する「熱力学第二法則」が，この限界を記述する核心である．

第三に，たとえ前節の (i) もまた幻想だったとしても，熱力学はびくともせず，自然をよく記述する．実際，量子論が登場して**ミクロな物理学は大変革を受けた**が，そのときでも**熱力学はまったく変更を受けなかった**．それほどまでに堅固な理論がマクロレベルでは存在しているということは，それ自体驚きであり，深い意味と意義を持っている[10]．

---

10) このことを強調した物理学者は，アインシュタインや朝永振一郎など枚挙にいとまがない．

1.3 熱力学の様々な流儀

　物理学では，数学の公理に相当する出発点の「要請」（「仮定」とか「基本法則」とも呼ばれる）の選び方をある程度換えても，ほとんど同じ内容の理論が得られる．この事情は熱力学にも当てはまるので，**熱力学の出発点の「要請」には様々な選び方がある**[11]．様々な流儀をごく大ざっぱに分類してみよう．

　熱力学に登場する変数には，2.6 節で説明するように，大きく分けて「相加変数」（エネルギーや物質量など）と「狭義示強変数」（圧力や温度など）があるが，どちらを基本的な変数に選ぶかで，

A. 相加変数だけを基本的な変数に選んで熱力学を展開していく流儀

B. 基本的な変数の一部を狭義示強変数（特に温度）におきかえて熱力学を展開していく流儀

の 2 つの流儀がある．歴史的には温度などに着目して熱力学が作られてきた経緯があるので，B の流儀を採用する教科書が多い．しかし，13 章や 17 章で述べるように **B の流儀は「一次相転移」がある場合には不完全になるし，**そもそも相対論的な重力の効果があると 20 章で述べるように破綻してしまう．これに対して，J. W. Gibbs（ギッブズ）が創始した **A の流儀は，これらの難点がすべて解消される**上に，量子論や統計力学とのつながりもスムーズである．そこで，本書では A の流儀でいくことにする．

　この流儀で書かれた教科書はきわめて少ない上に，あったとしても A の流儀のメリットを十分に生かしているとは言いがたい．そこで本書では，A の流儀がもつ長所をフルに生かした**もっとも広い適用範囲を持つ一般的な形式を記述した教科書**を目指した．

　そういうわけで，本書では，たとえば「温度」が 6 章で始めて定義されることになる．熱力学は知らなくても温度は皆が日常的に使っているので，これは奇異に感じられるかもしれない．しかし，よく考えてみて欲しい．**温度とは何だろうか？**　ほとんどの人は，温度を理解しているわけではなく，見知って

11）　ただし，以下で説明するように，**必ずしも適用範囲は一致せず**，ある流儀では適用範囲内なのに，他の流儀では適用範囲外に出てしまうこともある．

いるだけだと思う[12]．だから，**先入観さえ捨てれば**，本書の流儀の方がわか
りやすいと感じる人は少なくないと思う．

1.4　用語や記号に関する注意

　熱力学に限ったことではないのだが，物理学では，用語は完全に統一されて
いるわけではない．統一する必要もないし，統一してしまうとかえって不便な
点も少なくないからである．そのため，**言葉の定義は，文献ごとに異なってい
る**．だから，**何を読むにしても，個々の用語をどういう意味で使っているかを
チェックしながら読むのが常識である**．特に熱力学の場合は，後述する「**準静
的過程**」や「**可逆過程**」などの重要な言葉の定義まで本によって異なるので，
要注意である．本を参照するときには，このあたりの定義を確認してから読む
必要がある．

　いずれの定義を使おうが，各人が自分なりに首尾一貫した論理を構築でき
れば，本質的な問題が発生することはまったくない．それぞれが正しく考えれ
ば，検証（実験）可能な結論については，常に同じ結果に到達できるからだ．

　数学用語についても必ずしも統一されていない．とくに本書では，「**増加**」
「**減少**」という言葉を広義に用いる．すなわち，関数 f が**増加関数**である，と
か**増加する**と言えば，$a < b$ であれば $f(a) \leq f(b)$ であるような関数を表
す．後者の不等式に等号も入っているので，$f(x) = $ 定数，も増加関数であ
る．同様に，関数 f が**減少関数**である，とか**減少する**と言えば，$a < b$ であれ
ば $f(a) \geq f(b)$ であるような関数を表す．そして，f が増加関数か減少関数の
いずれかであるときは，**単調関数**である，とか**単調**であると言うことにする．
したがって，**$f(x)$ が定数の場合，それは増加関数であり，かつ減少関数であ
り，単調関数である**，ということになる．

　これに対して，強い意味で増加する場合，すなわち，$a < b$ であれば $f(a) <
f(b)$ であるような場合には，頭に「強」を付けて，f は**強増加関数**である，と
か**強増加する**と言うことにする．同様に，強い意味で減少する場合，すなわ
ち，$a < b$ であれば $f(a) > f(b)$ であるような場合には，**強減少関数**であると
か，**強減少する**と言うことにする．そして，強増加関数か強減少関数のいずれ

---

12)　温度 ＝ 定数 × 平均運動エネルギー，と習った人もいると思うが，「スピン系」や量子
　　効果が顕著に表れる系などでは，それは正しくない．

かであるときは，**強単調関数**である，とか**強単調**であると言うことにする.

　また，**記号の意味も本によっても文脈によっても異なりうる**. つまり，記号は臨機応変に使い分けるべきものであり（そうしないとひどく煩雑になって困る！），文脈に応じて正しい意味をくみ取るべきものなのである. ただ，当然ながら，できるだけ物理学における標準的な記号を使うように努めた. それらについては，慣れない読者のために付録 A にまとめておいたので，ざっと見ておいて欲しい.

1.5 微分と偏微分

　熱力学では片側微係数や偏微分を多用するので，それらの要点を記しておく. 詳細は参考文献 [9], [10] をみて欲しい. 熱力学の計算に便利な計算手法は，熱力学に慣れた後の 15 章でまとめて解説するが，当面はこれぐらいで十分である.

1.5.1 片側微係数と微係数

　関数 $f(x)$ の**片側微係数**とは，**左微係数** $D_x^- f(x)$ または**右微係数** $D_x^+ f(x)$ のことで，それらは図 1.1 に示すように，点 x における左右の勾配のことである:

$$D_x^- f(x) \equiv \lim_{\epsilon \to +0} \frac{f(x) - f(x-\epsilon)}{\epsilon}, \quad D_x^+ f(x) \equiv \lim_{\epsilon \to +0} \frac{f(x+\epsilon) - f(x)}{\epsilon}.$$

(1.1)

点 x において左右の微係数が存在して一致するとき，その点において $f(x)$ は**微分可能**と言い，$D_x^- f(x) = D_x^+ f(x)$ の値を $f'(x)$ とか $f_x(x)$ とか $\dfrac{df(x)}{dx}$ と書いて，単に**微係数**または微分係数と呼ぶ.

　図 1.1 では，$x = a$ においては微分不可能だが，それ以外の点では微分可能である. **微分可能な関数は連続であるが，逆は必ずしも言えない**. 図 1.1 でも，$x = a$ において連続だが微分不可能である. また，このグラフのように，$f(x)$ が連続で微係数の極限値 $f'(a \pm 0) \equiv \lim_{\epsilon \to +0} f'(a \pm \epsilon)$ が存在すれば，$D_x^{\pm} f(a) = f'(a \pm 0)$ というわかりやすい関係式が成り立つ.

　ところで，下の問題で示すように，$f(x)$ が $x = a$ で微分可能であることは，

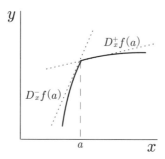

図 1.1 $x = a$ における $y = f(x)$ の左右の微係数 $D_x^{\pm} f(a)$ は，図の点線の傾きである．

$$x \to a \text{ で } f(x) = f(a) + f'(a)(x - a) + o(x - a) \qquad (1.2)$$

と同値である（記号 o の意味は付録 A）．したがって，$f(x)$ が $x = a$ で微分可能というのは，a の近くで

$$f(x) \simeq f(a) + f'(a)(x - a) \qquad (1.3)$$

のように，**$f(x)$ が 1 次式で近似できる**という意味なのである（詳しくは参考文献 [10]）．グラフで言うと，$x = a$ の近くでは $y = f(x)$ のグラフが接線 $y = f(a) + f'(a)(x - a)$ で近似できる，という意味である．たとえば，上式で $a = 0$ と選べば，

$$e^x \simeq 1 + x, \quad \ln(1 + x) \simeq x, \quad \frac{1}{1 + x} \simeq 1 - x \quad (|x| \ll 1) \quad (1.4)$$

という，$|x| \ll 1$ で有効な，よく使われる，**x の 1 次の精度の近似式**を得る．これに対して，図 1.1 の関数は，$x = a$ の近くでは一本の直線では近似できないから，$x = a$ で微分不可能なのである．

なお，$f(x)$ の微係数 $f'(x)$ が連続のとき，$f(x)$ は**連続的微分可能** (continuously differentiable) であると言う（詳しくは 1.5.3 項）．

問題 1.1 $f(x)$ が点 a で微分可能であることと (1.2) が同値であることを示せ．

1.5.2 偏微分

変数 x と y の 2 変数関数 $f(x, y)$ について，y を固定しておいて（つまり y を定数だと思って）x について微分することを，x に関する**偏微分**と言い，その微係数を

$$\frac{\partial}{\partial x} f(x, y) \ または \ \frac{\partial f(x, y)}{\partial x} \ または \ f_x(x, y)$$

と書いて**偏微分係数**あるいは**偏導関数**と呼ぶ．あるいは，偏微分係数のことを言っているのが明らかな場合は，**単に微係数と言うこともある**．同様に，x を定数だと思って y について微分することを，y に関する偏微分と言い，その偏微分係数を $\frac{\partial}{\partial y} f(x, y)$ または $\frac{\partial f(x, y)}{\partial y}$ または $f_y(x, y)$ と書く．

例 1.1 $f(x, y) = x^2 y^3$ ならば，$f_x(x, y) = 2xy^3$，$f_y(x, y) = 3x^2 y^2$ である．なお，これらの偏導関数を成分とするベクトル $(f_x, f_y) = (2xy^3, 3x^2 y^2)$ を $\vec{\nabla} f(\vec{x})$ と記す習慣だ．■

3 つ以上の引数（変数）を持つ関数 $f(x_1, x_2, \cdots, x_m)$ についても同様に，x_1 以外の変数を固定しておいて x_1 について微分することを，x_1 に関する偏微分と言い，その偏微分係数を

$$\frac{\partial}{\partial x_1} f(x_1, x_2, \cdots, x_m) \ または \ \frac{\partial f(x_1, x_2, \cdots, x_m)}{\partial x_1} \ または \ f_{x_1}(x_1, x_2, \cdots, x_m)$$

と書く．また，x_1 以外の変数を固定したときの x_1 についての片側微分係数を**片側偏微分係数**と言い，**左偏微分係数**を $D_{x_1}^- f(x_1, x_2, \cdots, x_m)$，**右偏微分係数**を $D_{x_1}^+ f(x_1, x_2, \cdots, x_m)$ と書く．もしも f が連続で偏微分係数の極限値

$$\frac{\partial}{\partial x_1} f(x_1 \pm 0, x_2, \cdots, x_m) \equiv \lim_{\epsilon \to +0} \frac{\partial}{\partial x_1} f(x_1 \pm \epsilon, x_2, \cdots, x_m) \quad (1.5)$$

が存在すれば，

$$D_{x_1}^\pm f(x_1, x_2, \cdots, x_m) = \frac{\partial}{\partial x_1} f(x_1 \pm 0, x_2, \cdots, x_m) \quad (1.6)$$

というわかりやすい関係式が成り立つ．左右の偏微分係数が存在して一致するとき**偏微分可能**と言い，$\frac{\partial}{\partial x_1} f(x_1, x_2, \cdots, x_m) = \frac{\partial}{\partial x_1} f(x_1 \pm 0, x_2, \cdots, x_m)$ となるわけだ．$x_2, x_3, \cdots$ についての偏微分も同様である．

$f(x, y)$ の偏導関数 $f_x(x, y), f_y(x, y)$ を，もう一度 x や y で偏微分すれば，

4 種類の 2 階偏導関数が得られる[13]：

$$\frac{\partial}{\partial x} f_x(x,y) = \frac{\partial^2}{\partial x^2} f(x,y) = f_{xx}(x,y), \tag{1.7}$$

$$\frac{\partial}{\partial y} f_y(x,y) = \frac{\partial^2}{\partial y^2} f(x,y) = f_{yy}(x,y), \tag{1.8}$$

$$\frac{\partial}{\partial y} f_x(x,y) = \frac{\partial^2}{\partial y \partial x} f(x,y) = f_{xy}(x,y), \tag{1.9}$$

$$\frac{\partial}{\partial x} f_y(x,y) = \frac{\partial^2}{\partial x \partial y} f(x,y) = f_{yx}(x,y). \tag{1.10}$$

これらをさらに偏微分すれば，$f_{xxx}(x,y)$, $f_{xxy}(x,y)$, $f_{xyy}(x,y)$ などの 3 階偏導関数が得られる．さらに偏微分を続ければ，もっと高階の偏導関数が得られる．

問題 1.2　例 1.1 の関数の 2 階偏導関数をすべて求めよ．

1.5.3　偏導関数の連続性

　$f(x,y)$ がある点 (x,y) で x について偏微分可能ならば，$f(x,y)$ はその点で x の関数として連続だが，偏導関数 $f_x(x,y)$ は必ずしも連続ではない（下の問題参照）．3 つ以上の引数を持つ関数 $f(x_1, x_2, \cdots, x_m)$ についても同様である．そこで，ある領域内で関数とその偏導関数が連続か否かを示す言葉を定義する：

数学的定義：　ある開領域で，$f(x_1, x_2, \cdots, x_m)$ の n 階までのすべての偏導関数が存在して，それらがすべて連続のとき，$f(x_1, x_2, \cdots, x_m)$ はその領域で **C^n 級**である，あるいは **n 階連続的微分可能**であると言う．特に，C^1 級であることを，単に**連続的微分可能** (continuously differentiable) であると言う．

たとえば，例 1.1 (p.9) の関数は C^∞ 級であるが，下の問題の関数はそうではない．また，明らかに，関数が C^{n+1} 級であれば，C^n 級でもある．

問題 1.3　♠ 次の関数が原点近傍で C^2 級でない（だからもちろん C^∞ 級でもない）ことを示せ．

---

13)　参考文献 [9] のように，$\dfrac{\partial^2}{\partial y \partial x} f(x,y)$ を $\dfrac{\partial^2}{\partial x \partial y} f(x,y)$ と書く流儀もある．

$$f(x,y) = \begin{cases} xy\dfrac{x^2 - y^2}{x^2 + y^2} & (x,y) \neq (0,0), \\ 0 & (x,y) = (0,0). \end{cases} \tag{1.11}$$

3章で説明するように,熱力学では,連続的微分可能(C^1 級）な関数が系のすべての性質を決める.ある関数が連続的微分可能であるとき,そこから帰結できることのひとつは,(1.2) を多変数に拡張した次の重要な定理である（詳しくは参考文献 [10])：

数学の定理 1.1 ある点 $\vec{a} \equiv (a_1, a_2, \cdots, a_m)$ の近傍において,関数 $f(\vec{x})$ $\equiv f(x_1, x_2, \cdots, x_m)$ が連続的微分可能であるとき,微係数から作ったベクトル $\vec{\nabla} f(\vec{a}) \equiv (f_{x_1}(\vec{a}), \cdots, f_{x_m}(\vec{a}))$ を（例 1.1 で述べたように) $\vec{\nabla} f(\vec{a})$ と書くと,次式が成り立つ：

$$\vec{x} \to \vec{a} \ \text{で} \ f(\vec{x}) = f(\vec{a}) + \vec{\nabla} f(\vec{a}) \cdot (\vec{x} - \vec{a}) + o\left(|\vec{x} - \vec{a}|\right). \tag{1.12}$$

つまり,$\vec{a}$ の近傍で連続的微分可能であれば,**$\vec{a}$ の近くでは一次式でよく近似できる**ということが言えるのである[14].

上の式を,熱力学でよく使われる形に表しておこう.$f(\vec{a})$ を左辺に移項してから,$\vec{x}, \vec{a}$ をそれぞれ $\vec{x} + d\vec{x}, \vec{x}$ に置き換えて,

$$f(\vec{x} + d\vec{x}) - f(\vec{x}) = df + o\left(|d\vec{x}|\right). \tag{1.13}$$

ここで,f の**微分** (differential)[15]df を

$$df \equiv \vec{\nabla} f(\vec{x}) \cdot d\vec{x}$$
$$= \frac{\partial f(\vec{x})}{\partial x_1} dx_1 + \frac{\partial f(\vec{x})}{\partial x_2} dx_2 + \cdots + \frac{\partial f(\vec{x})}{\partial x_m} dx_m \tag{1.14}$$

---

14) グラフで言うと,$\vec{x} = \vec{a}$ の近くでは $y = f(\vec{x})$ のグラフが「接平面」でよく近似できる,という意味である.

15) **全微分** (total differential) とも呼ぶ.単に「微分」と言うと,導関数を求める操作も「微分 (differentiation)」と言うので紛らわしいが,後者は本書では「微分する (differenciate)」という動詞としてのみ使うことで紛れを避ける.

と定義した．(1.13) から，$|d\vec{x}|$ が小さければ f の差（左辺）が f の微分 df で近似できる．その誤差（右辺の最後の項）は $|d\vec{x}|$ を小さくすればいくらでも小さくできて，しかも $d\vec{x}$ 自身よりも速くゼロに向かう．

もうひとつ，熱力学で有用なのは，2 階以上の偏導関数に関する次の定理である：

数学の定理 1.2　ある開領域で関数 $f(x_1, x_2, \cdots, x_m)$ が C^n 級であれば，その領域では n 階までの偏導関数は微分の順序に依らない．（したがって，偏微分の順序を気にしなくても良い！）

たとえば，ある開領域で $f(x, y)$ の 2 階偏導関数がすべて存在して連続であれば，$f_{xy}(x, y) = f_{yx}(x, y)$ である．13 章と 17 章で説明するように，**熱力学に現れる関数は，その引数達で張られる「空間」の中で，「相転移」という現象が起こる「相転移領域」以外では，何回でも偏微分可能で連続である．**だから，「相転移領域」以外では偏微分の順序を気にしなくてよい．

問題 1.4　$-\infty < x < +\infty, -\infty < y < +\infty$ で定義された 2 変数関数 $f(x, y) = x^2 e^y$ について，

(i) $(x, y) = (0, 0)$ と $(x, y) = (1, 1)$ における微分を，それぞれ求めよ．

(ii) 少なくとも C^2 級であることを示せ．

(iii) f_{xy}, f_{yx} をそれぞれ求め，$f_{xy} = f_{yx}$ を確認せよ．

♠ 補足：微分可能性と解析性

関数 $f(x)$ が，点 $x = a$ の近傍で $x - a$ の収束する冪級数に展開できるとき，$f(x)$ は点 $x = a$ で**解析的** (analytic) であると言う．多変数関数でも同様である．**点 $x = a$ で解析的な関数は，その点で何回でも微分可能（C^∞ 級）であるが，逆は（実関数の場合は）必ずしも成り立たない**（たとえば次の関数：$x \neq 0$ で $f(x) = e^{-1/x^2}$，$x = 0$ で $f(x) = 0$）．テイラー展開は，x を必要なだけ a に近づければいくらでも良い精度で近似できるとは言っているが，（収束半径を求めるために）x を a の近くの適当な点に固定した場合には，展開の次数を上げても近似の精度がいくらでも良くなるとは言っていないのだ．こういう知識は，17 章で述べる「相転移」の理解に必要になる．

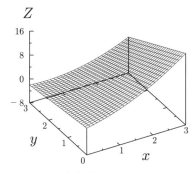

図 1.2 (1.15) で与えられる $Z = f(x, y)$ のグラフ.

1.6　ひとつの量が 2 通りに表されているときの注意

　熱力学では，ひとつの量がある一組の変数の関数として表されているときに，同じ量を，別の一組の変数の関数として表すことがよく行われる．その場合，どちらの表し方をしたかによって，一般には，(i) 解析的性質が異なるし，(ii) 偏微分係数の値も異なる．これは，数学的にはきわめて自明なことであるが，この事実をはっきりと認識していないと混乱するので，例を挙げて説明する．

　まず，(i) は次の例で十分だろう．ある量 Z が，x の関数として $Z = x$ $(-\infty < x < +\infty)$ と与えられているとすると，これは至るところ微分可能である．一方，これを $y \equiv x^3$ という変数 y で表すと，$Z = y^{1/3}$ $(-\infty < y < +\infty)$ となるので，$y = 0$ において微分不可能になってしまう．

　次に，(ii) の例を挙げよう．ある量 Z が，x と y の関数として

$$Z = f(x, y) = (x+1)(x-y+1) \tag{1.15}$$

と与えられているとする．そのグラフは図 1.2 のようになる．右辺は，$\eta = x - y$ とおいて y を消去すると $(x+1)(\eta+1)$ となるので，Z は x と η の関数としても表せる．この関数を $g(x, \eta)$ と記そう：

$$Z = g(x, \eta) = (x+1)(\eta+1). \tag{1.16}$$

このグラフは図 1.3 のようになる．

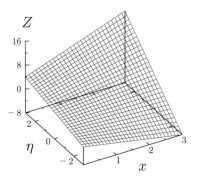

図 1.3　(1.16) で与えられる $Z = g(x, \eta)$ のグラフ.

このように，ある量 Z が，x と y の関数として $Z = f(x, y)$ とも与えられるし，(x と y の関数である) η を用いて $Z = g(x, \eta)$ とも与えられるとき，「Z の x に関する偏微分」と言っても，f と g のどちらを偏微分するのかはっきりしない．f を偏微分した

$$\frac{\partial}{\partial x} f(x, y) = 2x + 2 - y \tag{1.17}$$

なら y を固定して微分したものなので，熱力学では，$\left(\dfrac{\partial Z}{\partial x}\right)_y$ と書くことが多い．一方，g を偏微分した

$$\frac{\partial}{\partial x} g(x, \eta) = \eta + 1 = x - y + 1 \tag{1.18}$$

なら η を固定して微分したものなので，熱力学では，$\left(\dfrac{\partial Z}{\partial x}\right)_\eta$ と書くことが多い．特に，(熱力学に限らず) 物理では，$Z = f(x, y)$ と $Z = g(x, \eta)$ に別の記号 f, g を用いることを嫌って，

前者を $Z = Z(x, y)$，後者を $Z = Z(x, \eta)$ と書いてしまう　　(1.19)

ことが多い．つまり，**引数が異なれば異なる関数形を持つ**という記法を使うことが多い．そのときに，$\left(\dfrac{\partial Z}{\partial x}\right)_y$，$\left(\dfrac{\partial Z}{\partial x}\right)_\eta$ という記法は便利である．

さて，2 つのグラフを見比べてもわかるように，(1.17) と (1.18) は一般には**値が異なる**．たとえば，$(x, y) = (0, 0)$ という点では，$\left(\dfrac{\partial Z}{\partial x}\right)_y = 2$ であるのに対し，$\left(\dfrac{\partial Z}{\partial x}\right)_\eta = 1$ である．値が異なる理由は次のように解釈できる．山有り谷有りの地形を想像し，(x, y) を経度・緯度と考え，Z を海抜と考えよ

う．$\left(\dfrac{\partial Z}{\partial x}\right)_y$ は，y を固定して微分するのだから，x 軸に沿った方向（つまり
東西方向）に 1 m 移動したときの海抜（かいばつ）の変化のことである．一方，$\left(\dfrac{\partial Z}{\partial x}\right)_\eta$
は，$\eta = x - y$ を固定して微分するのだから，$x - y$ が一定である，斜め 45
度方向（つまり北東または南西方向）に移動したときの海抜の変化のことであ
る．しかも，x 軸に沿った（東西方向の）移動距離がちょうど 1 m になるよ
うな距離だけ移動するから，実際の移動距離は $\sqrt{2}$ m になる．歩く方向も実
際の移動距離も異なるのだから，海抜の変化が異なるのは当然である！（たま
たま一致するのは，真っ平らな地形などの特殊な場合に限られる．）

　このように，**同じ量の同じ変数に関する偏微分でも，どんな変数を固定して
微分するかによって値は異なる**のである．この簡単な事実を認識していない
と，熱力学がさっぱりわからなくなるので注意して欲しい．

問題 1.5　$-\infty < x < +\infty$，$-\infty < y < +\infty$ で定義された $Z = x^2 e^y$ につ
いて，$\eta \equiv y - x$ とおいて，$\left(\dfrac{\partial Z}{\partial x}\right)_\eta$ を計算して，それを x, y の関数として表
し，$\left(\dfrac{\partial Z}{\partial x}\right)_y$ と比較せよ．

問題 1.6　（この節の内容を一般的に理解するために有益！）x, y の関数 $Z =
Z(x, y)$ を，他の変数 ξ, η の関数として表した関数 $Z = Z(\xi, \eta)$ の偏微分係数
を考える．

(i)♠ 次の公式を証明せよ．ヒント：x, y と ξ, η にも関数関係があることにな
るから，$x = x(\xi, \eta), y = y(\xi, \eta)$ と考えて，問題 1.7 と同様にすればよい．

$$\left(\frac{\partial Z}{\partial \xi}\right)_\eta = \left(\frac{\partial Z}{\partial x}\right)_y \left(\frac{\partial x}{\partial \xi}\right)_\eta + \left(\frac{\partial Z}{\partial y}\right)_x \left(\frac{\partial y}{\partial \xi}\right)_\eta, \qquad (1.20)$$

$$\left(\frac{\partial Z}{\partial \eta}\right)_\xi = \left(\frac{\partial Z}{\partial x}\right)_y \left(\frac{\partial x}{\partial \eta}\right)_\xi + \left(\frac{\partial Z}{\partial y}\right)_x \left(\frac{\partial y}{\partial \eta}\right)_\xi. \qquad (1.21)$$

(ii) 上記の公式を，「η を固定して ξ を変化させたとき，$Z(x, y)$ の x, y が変化
する割合は…」という具合に解釈して納得せよ．

(iii) 上記の公式を (1.15) に適用して，(1.18) が導かれることを確認せよ．

(iv) 上記の公式を n 変数関数（$n = 1, 2, 3, \cdots$）の場合に拡張せよ．

問題 1.7　ある量 Z が，変数 x, y の関数としては，連続的微分可能な 2 変数
関数 $Z = Z(x, y)$ で与えられているとする．このような Z について，x, y を，
別の変数 t の関数 $x(t), y(t)$ としていっせいに変化させた場合を考える．（これ

は，問題 1.6 の特殊なケースと見なすこともできる.）ただし，$x(t), y(t)$ は t について微分可能とする.

(i) この場合，Z は変数 t の関数としては 1 変数関数となる：$Z(t) = Z(x(t), y(t))$. その微分が次式で与えられることを示せ. ヒント：(1.13) を dt で割算して $dt \to 0$ の極限をとるとよい.

$$\frac{dZ}{dt} = \left(\frac{\partial Z}{\partial x}\right)_y \frac{dx(t)}{dt} + \left(\frac{\partial Z}{\partial y}\right)_x \frac{dy(t)}{dt} \tag{1.22}$$

(ii) $Z = x^2 e^y, x = t^3, y = t^4$ のケースについて，上式の左辺と右辺を別々に計算し，たしかに上式が成り立っていることを確認せよ.

問題 1.8　この節の議論の内容を，最初の 2 つの式だけを見て，自分のスタイルで繰り返せ.

注意：以後もこのような設問が出てくるが，**丸暗記して繰り返せという意味ではない**. それとは正反対に，自分が理解した内容を自分なりに書き出してみよ，ということである. そうやって**自分の言葉でテキストを書く**ことが，**理解に至る最良の路**である.

第2章

「要請」を理解するための事項

　熱力学の基本的な「要請」は次章で説明するが，そのために必要な事項をこの章で説明する.

2.1　マクロに見る

　1.1 節で述べたように，マクロ系では，個々の粒子の運動を完全に追跡する（量子論で言えば波動関数を完全に求める）ことは不可能である. しかし，考えてみると，常にそんなことを知りたいというわけではなく，多くの場合は次のようなことを知りたいだけである:

- **マクロ系全体としての動きや変化**
  たとえば，「部屋の中で気体の入ったボンベを開けたらどうなるか?」という問題を考えると，「部屋中に気体が拡がる」というマクロ系全体としての動きや変化が重要であって，個々の気体分子がいつどこにいるかというようなミクロな詳細は，普通は興味がない. また，10^{24} 個の分子があるところに 1 個の分子が出入りしても，変化の割合はわずか 10^{-22}％ にすぎないので，そんなミクロな変化には普通は興味がない.

- **物理量の，マクロなスケールの空間・時間にわたる和や平均値**
  たとえば，気体が壁に及ぼす力であれば，壁全体が（＝マクロな空間スケールにわたる和），1 秒間に平均して（＝マクロな時間スケールでの平均），どれだけの力を受けるかに興味がある. 一方，壁を構成する分子の 1 個 1 個がどれだけの力を受けるかというようなミクロな空間スケールの詳細とか，壁が各瞬間ごとに受ける力のようなミクロな時間スケールの詳細には，普通は興味がない.

このように，多くの場合，マクロ系の**ミクロな振舞い**には**興味がなく**，**マクロ**

な振舞いにだけ興味がある．したがって，**マクロに見た系の振舞いだけを予言
できる理論を作れれば十分ではないか！** そのような理論の代表が熱力学であ
る．

2.2 熱力学で扱う状態

　さらに，日常経験を思い返してみれば，特殊な状態が頻繁に現れることに気
づく．たとえば，次のような実験を考えよう：

Step 1. 締め切った部屋を壁で隔てて，左右2つに分ける．

Step 2. 部屋の左側で窒素ガスのボンベを，右側で酸素ガスのボンベを空け
る．
　　—→ それぞれのボンベからガスが吹き出し，ガスの流れが生ずる．

Step 3. 十分長い時間が経つとボンベは空になり，部屋の空気も（マクロに見
る限り）流れなくなる．つまり，マクロな変化が止む．

Step 4. 突然，仕切の壁を取り払う．
　　—→ ガスの流れが発生し，2種類のガスが入り混じる．

Step 5. 十分長い時間が経つとガスは完全に入り混じり，（マクロに見る限り）
流れはなくなる．つまり，再び，マクロな変化が止む．

この実験の Step 3 や Step 5 では，マクロに見る限り何も変化しない状態が現
れた．このような状態は日常経験でも頻繁に目にする．
　一般に，孤立した（外部と隔絶された）マクロ系を**十分長い時間放っておく
と，マクロに見る限り何も変化が起こらない状態が達成される**．この特別な状
態を**熱平衡状態** (thermal equilibrium state)，あるいは単に**平衡状態** (equilib-
rium state) と呼ぶ（正確な定義は次章で与える）．
　この状態は，どんなマクロ系でもそのような状態を持つという意味で，非
常に**普遍的** (universal) な状態でもある．（平衡系の）熱力学は，この特別だが
普遍的な状態である**平衡状態のマクロな性質**と，ひとつの平衡状態からどの平
衡状態へと移り変わるかという遷移だけを考察の対象とすることにより，マ
クロ系の振舞いを簡潔に，普遍的に記述することに成功した理論である．つま

り，

- Step 3, Step 5 においてどんな状態が達成されるかを簡潔に予言すること
ができる.

- その反面，Step 2, Step 4 では，系は**非平衡状態** (nonequilibrium state)
にあるので，この間に起こる現象（どんな大きさの流れが生ずるかとか，
流れの分布がどうなるか等）は，考察の対象外で予言できない！

- それにもかかわらず，適当な条件の下では，Step 5 でどんな状態が達成
されるかを予言できる. つまり，Step 3 の平衡状態から，最後にどんな
平衡状態へ遷移するかが予言できる.

2.3　マクロな物理量

マクロな振舞いだけを見るためには，個々の分子の速度のような**ミクロな物
理量**は無視して，系全体のエネルギーのような**マクロな物理量**だけを考察の対
象にすればよい. それは，典型的には次のような物理量である[1]:

(a) 幾何学的な量
　　気体（の閉じこめられている容器）の体積 V とかゴムひもの長さなどの
　　幾何学的な量. 系がマクロ系であれば，これらもマクロな物理量である.

(b) ミクロな物理量を系全体にわたって足しあわせた量[2]
　　例：全磁化 (total magnetization) は，ミクロな磁気モーメント（磁石と
　　しての強さと向きを表す量）の系全体にわたる和である:

$$\vec{M} \equiv 系の磁気モーメントの総和 \qquad (2.1)$$

このような和をとると，系のサイズがマクロだから，マクロな物理量にな

---

[1] ♠♠ 数学レベルの高い論理性を追求する場合には，マクロ変数は数理論理学で言うとこ
ろの「無定義語」になる. しかし，筆者は**物理学全体を見たときに無定義語が最少になっ
ているようにしたい**ので，ミクロ系の物理や経験事実を利用し，物理学全体として辻褄が
合っているようにしたい.

[2] ♠ 局所的なミクロ物理量に適当な係数をかけて足した量. 物理的に無意味な量を排除す
るために，係数は $O(V^0)$ の周期を持つこととする.

る．全エネルギー E や全粒子数 N は，このタイプの物理量であり，しか
も「保存量」でもある．ここで**保存量**とは，全エネルギー E や全粒子数
N のように，孤立系においては時間が経っても（非平衡状態であっても）
値が変わらない量を言う．3.3.7 項で述べるように，そういう量は熱力学
では特に重要になる．

(c) ミクロな物理量を，**マクロなスケールで空間・時間平均した平均値**[3]
圧力 P，誘電体の分極，磁性体の磁化などは，マクロなスケールでの平
均値だから，マクロな物理量になる．

例：磁化 (magnetization) $\vec{m}$ は，次のような空間平均[4]で定義されるマク
ロな物理量である：

$$\vec{m}\Delta V \equiv \text{小さいがマクロな体積}\Delta V \text{の中の磁気モーメントの総和} \quad (2.2)$$

たとえば 1cm^3 の磁性体の中にはおよそ 10^{24} 個ぐらいの原子があるが，
その中の 1/1000 の体積 $\Delta V = 1$ mm^3 の部分も 10^{21} 個というマクロな個
数の原子を持つマクロ系である．このような体積が「**小さいがマクロな体
積**」である．（$\vec{m}\Delta V$ を全系にわたって足し上げれば全磁化 $\vec{M}$ になる．）

例：圧力 (pressure) P は，次式で定義されるマクロな物理量である：

$$P\Delta A \equiv \text{小さいがマクロな面 } \Delta A \text{ に働く力の総和の}$$
$$\text{短いがマクロな時間 } \Delta t \text{ にわたる平均値} \quad (2.3)$$

上と同様な理由で，ΔA は壁全体の面積よりはずっと小さくてもマクロな
大きさでありうる．それが「小さいがマクロな面」である．また，たとえ
ば 1 時間ぐらいの間の物質の変化に着目しているとき，$\Delta t = 10^{-3}$ s ととと

---

3) ♠ 平衡状態では，空間平均を行った段階で時間に依存しなくなる物理量も多く，その場
合は時間平均をする必要はない（心配なら時間平均もやっておいてもよい）．なお，統計
力学では，「統計平均」というものも行うのが普通であるが，そうするとこの傾向はますま
す強くなる．統計平均の物理的意味については誤解も目に付くが，それは執筆予定の拙著
『統計力学の基礎』で説明する．

4) ♠ この例では，空間平均は単純な平均だが，一般には，点 $\vec{r}$ におけるミクロな物理量
の値を $a(\vec{r})$ としたとき，その空間平均からマクロな物理量 $\mathcal{A}$ を作る仕方は，$\mathcal{A}_{\vec{k}} = \frac{1}{V}\sum_{\vec{r}}\cos(\vec{k}\cdot\vec{r})\,a(\vec{r})$ のように変調しつつ平均してもよい．たとえば，「反強磁性体」
における「staggered magnetization」はこの一例である．

ると，これは 1 時間 = 3600 s に比べるととても短い時間だが，物質の中で起こるミクロな過程の時間スケール（典型的には 10^{-9} s 以下）に比べればとても長い．それが「**短いがマクロな時間**」である．

(d) ミクロ系の物理量から単純に類推することが困難な，**熱力学特有の量**

上記の量はいずれも，ミクロ系の物理量の延長線上にある量だったので，わかりやすい量だったと思う．しかし，実は熱力学はそれだけではすまない．すなわち，後で定義するエントロピー S や温度 T など，意味のある定義がマクロ系でしかできないような熱力学特有の物理量も必要になる．

(e) 2 つの状態におけるマクロ物理量の値を**比較することで得られる物理量**

後述の「熱容量」とか「磁気感受率」のように，状態を変化させたときにマクロ物理量がどれだけ変化するかを表す量．状態を変化させるために温度や外部磁場の大きさを変えるので，それらに対する**応答** (response) とも呼ばれる．ひらたく言えば「手応え」である．**(a)-(d) は，個々の状態に関する量であったが，この (e) はそうではないことに注意して欲しい**[5]．

　次章で提示する熱力学の 2 つの基本原理（要請 I，要請 II）では，これらのマクロ物理量のうちの必要最小限のものに着目する．とくに要請 II においては，**異なる平衡状態では異なる値を持ち得るようなマクロ物理量だけに着目する**．たとえば電流，水流，熱流などの**マクロな流れ**は (c) に属するマクロな物理量であるが，これら[6]は熱平衡状態ではいつもゼロなので，要請 II で扱うマクロ物理量には入れない．そのため，（平衡系の）熱力学はそのような量の非平衡状態における値は予言できず，それらを求めるためには，**流体力学**や，（まだ未完成の）**非平衡系の熱力学** (nonequilibrium thermodynamics) が必要になる．ただし，**平衡に達するまでに流れた総流量であれば，多くの場合に熱力学で予言できる**．

　これらの物理量の単位については，できるだけ国際単位系 (SI) に合わせるが，この単位系は数年ごとに改訂されるので，ここでは，通常の実験精度の

---

5) そのため，(e) の量は，後述の「完全な熱力学関数」の 2 階以上の微係数で表される．ニュートン力学では，各瞬間の状態は座標と速度で決まるが，加速度は異なる時刻の状態間の速度変化であった (参考文献 [11])．それと同様である．

6) ♠ 正確に言うと，エネルギー散逸を伴う流れ．

範囲では困らない程度の説明をする（詳しい定義を知りたい場合には検索エンジンなどで調べればよい）．SI では，エネルギーの単位は J（ジュール）で，圧力の単位は (2.3) から N/m^2（これを **Pa**（パスカル）と記す）である．天気予報に出てくる hPa（ヘクトパスカル）は，h（ヘクト）= 100 だから，10^2 Pa のことである．ただし本書では，イメージが浮かびやすいように，平均的な大気圧（$\simeq 1.01 \times 10^5$ Pa）を単位とする atm（**気圧**）を意図的に用いた部分もある．また，粒子数は「個」で表すと巨大な数になってしまって不便なので，個数を**アボガドロ定数**と呼ばれる

$$N_{\mathrm{A}} \equiv 6.02214076 \times 10^{23}\,\mathrm{mol}^{-1} \tag{2.4}$$

で割り算した**物質量**（単位は **mol**（モル））を用いる．たとえば，粒子数が 1.20×10^{24} 個であれば，$1.20 \times 10^{24}/N_{\mathrm{A}} \simeq 2.0$ mol という具合である．飴を「何個」と数えるよりも「何袋分」と数えた方が便利なことが多いが，それと同じことである．

♠ 補足：物質量と質量の関係

　普通の物体であれば，通常の実験条件では，N と全質量は比例するので，物質量を測定するには全質量を測って換算することが多い．そのため，最初から N の代わりに物体の全質量を用いて熱力学を論じることもある．しかし物理的には，物質量は一般的な意味での charge [7] の総和と考えるべきであり，charge の総和は全質量とは必ずしも比例しない（後者は一部がエネルギーに置き換わりうる）．つまり，物質量は，charge で数えた個数を定数 N_{A} で割り算した量とすべきである．本書の初版の出版時には，SI の mol の定義には質量が用いられていて，この補足はそれに対する不満の意味もあったが，2019 年に SI も概ねこの方向に改訂された．したがって，本書では物質量を全質量で置き換えることはしない．物質量をちゃんと charge の総和にしておけば，全質量はエネルギーの勘定の中に自動的に入っている．

---

7)　♠ 総和が孤立系で保存される離散的な量で，電荷 (electric charge) もその一種．他に「バリオン数」などがある．

2.4 エネルギー

　前節に列記したマクロ変数の中でも，エネルギーはとりわけ重要であるので，少し詳しくみておこう．まず，エネルギーは保存されるが，保存されるのは，あくまで全エネルギーであることに注意する．力学によると，多数の粒子よりなる物体が重力を受けているとき，その全エネルギー E は

$$E = E_{全体運動} + E_{全体位置} + E_{内部} \tag{2.5}$$

のように分解できる．$E_{全体運動}$ はこの物体の全体としての（並進と回転の）運動エネルギー，$E_{全体位置}$ は全体としての位置エネルギー，$E_{内部}$ はこれら以外のエネルギーである．物体がたとえ全体としては（位置エネルギーがゼロになる位置に）静止していたとしても，物体内部では分子がうごめいているので，分子間の相対運動による運動エネルギーやポテンシャルエネルギーを持っている[8]．それが $E_{内部}$ であり，しばしば**内部エネルギー** (internal energy) と呼ばれる．後述するように，このような**見落としがちなエネルギーも漏れなく合算した全エネルギーこそが保存される**というのが，熱力学のポイントのひとつである．

　ところで，物理学では，**状況に応じて，これで十分だという最小限の理論を選び出して分析する**[9]．たとえば，物体内部の状態がマクロにみて変わらないような実験をするのであれば，近似的に**剛体**[10]と見なすことができる．そのようなケースを扱うのが，いわゆる「剛体の力学」である．その場合は，$E_{内部}$ はどうせ変化しないから，$E = E_{全体運動} + E_{全体位置}$ としてしまって構わない．反対に，全体としての運動も位置エネルギーも変わらないけれども物体内部の状態がマクロにみて変わるような実験をするのであれば，熱力学

---

[8]　気体分子運動論を中途半端に学んだための誤解だと思うが，$E_{内部}$ が運動エネルギーだけから成ると誤解しているのをよく見かける．それは，理想気体という，分子間のポテンシャルエネルギーが無視できる特殊な系だけの話なので，この機会に誤解を正して欲しい．

[9]　もしも，なんでもかんでも量子論で扱おうとするような人がいたとしたら，それは「鶏を割くに牛刀を用う」よりもっと愚かな行為である．牛刀で鶏を割くのは，不便ではあってもできるからまだいいが，量子論だけでマクロ系を分析するのは，前に述べたように原理的に不可能なので，愚かさもきわまっている．

[10]　まったく歪まず，内部構造も持たない，という仮想的な物体のこと．

で扱う必要がある．その場合は，$E_{\text{全体運動}}, E_{\text{全体位置}}$ はどうせ変化しないから，$E = E_{\text{内部}}$ としてしまって構わない．すなわち，**熱力学の対象にするエネルギーを U と記す**と，

$$U = E_{\text{内部}} \tag{2.6}$$

とすればよい．

　それでは，図 2.1 のような実験はどう扱うか？　すなわち，高密度の重い気体[11]が，初め (a) のように容器の上部に閉じこめられていて，仕切り板を取り除いたとすると，やがて (b) のように容器全体に拡散する．このような実験を行う場合は，(a) と (b) とでは，$E_{\text{全体位置}}$ が異なる．したがって，もしもこの問題を熱力学だけで扱いたいのであれば，

$$U = E_{\text{内部}} + E_{\text{全体位置}} \tag{2.7}$$

とするのが自然である[12]．ただしこの場合は，$U = E_{\text{内部}}$ と選んだ場合と比べて，U の中身が違うし，全体としての位置を表す変数を後述の「エントロピーの自然な変数」に含めることが必要になるので，**$U = E_{\text{内部}}$ の場合の表式をうっかりそのまま使ってしまわないように注意すること**[13]．

　このように，**問題に応じて，エネルギーの中の必要最小限の部分を U に採用すればよい**．ここでは物体が重力を受けているときの例で説明したが，事情は電場や磁場の中に置かれた物体でも同様で，電場や磁場による位置エネルギーなどを U に含めるかどうか，問題に応じて適宜判断することになる．

　さて，このようにして選んだ U について，エネルギー保存則より直ちに次のことが言える：

● 外部と何もやりとりしない系，すなわち孤立系（詳しくは 2.7.1 項）では，U は保存される．つまり，ある過程の前後における U の変化量を ΔU と書くと，

---

11)　低密度の軽い気体では，$E_{\text{全体位置}}$ の変化は無視できるほど小さいので考慮しなくてすむ．

12)　類似したケースを 9.6 節や 20 章で実際に分析する．あるいは，U は (2.6) のままにして（ただしエネルギー保存則 (2.8) には $E_{\text{全体位置}}$ からの寄与も付加して）熱力学と力学とを併用する方法もある．

13)　♠ たとえば，「U に関する偏微分」のときに，全体としての位置を表す変数も固定して微分することになる．これに関して混乱しそうな点は p.167 問題 9.4 で注意する．

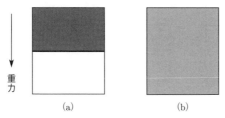

図 2.1　圧縮されて高密度になった重い気体が，初め (a) のように容器の上部に閉じこめられていた．仕切り板を取り除くと，やがて (b) のように容器全体に拡散した．すると，(a) に比べて (b) の状態は，$E_{\text{全体位置}}$ が減ってその分 $E_{\text{内部}}$ が増えている．

$$\Delta U = 0 \quad (\text{孤立系}). \tag{2.8}$$

● 外部とエネルギーのやりとりがある場合は，

$$\Delta U = 外部から流れ込んだエネルギーの正味の総量. \tag{2.9}$$

エネルギー保存則はミクロ系の物理学でもとても重要であったが，熱力学でもきわめて重要である．

2.5　部分系・複合系

2.3 節で述べたように，マクロ系は，かなり細かく（空間的に）分割してもやはりマクロ系である[14]．分割したひとつひとつのマクロ系を，**部分系** (subsystem) と呼ぶ．

明らかに，部分系は一般には孤立系ではない．逆に，**孤立系でない系は一般に，その系を含む大きな孤立系の部分系であると，十分な精度で見なすことができる**．なぜなら，熱力学の対象になるような系であれば，実験精度や時間スケールが（p.3 の補足で述べたように）与えられたとき，それに応じて着目系から十分遠く離れた境界を選んで，そこを完全な壁で囲ってしまっても，違いが出ないと期待できるからである[15]．

---

14)　♠ 煩雑な議論を避けるために，部分系に分割するときには，滑らかな面で，どの方向のサイズも同程度であるように分割するとする．

15)　たとえば，試験管に入った系の熱力学的性質を 1 分間ぐらい測る実験をしているとき

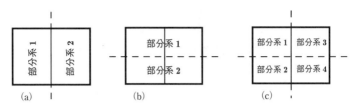

図 2.2 容器の中に仕切り壁が 1 つある. (a) のように仕切り壁の左右をそれぞれ部分系と考えることもできるし, (b) のように全系を縦に 2 分割して考えて上下それぞれを部分系と考えることもできる. また, (c) のように上下左右に 4 分割して考えてそれぞれを部分系と考えてもよい. 他にも様々な分割の仕方がある.

　部分系もマクロ系なのだから, やはり熱力学の対象になる. 熱力学ではこの事実を積極的に利用する. 特によく行うのは, ひとつのマクロ系を, いくつかの部分系に分割して考えることである. このとき, もとのマクロ系 (全体系) は「部分系が寄り集まってできている」と見なせる. このように複数の系が集まってできているとみなせる系を, 一般に**複合系** (composite system) と呼ぶ. 本書では, 部分系 $1, 2, \cdots$ より成る複合系を

$$1 + 2 + \cdots \tag{2.10}$$

と記すことにする.

　また, 部分系に分割するのは, **仮想的に**分割するだけでもよい. つまり, 新しい仕切り壁を設けて本当に分割するというのではなくて, **考察の便宜上, 部分ごとに分けて考えるというだけでも良い**のである.

　さらに, **部分系に分割する仕方は何通りも可能である**. たとえば, 図 2.2 のように容器の中に仕切り壁が 1 つだけある場合, 部分系への分割の仕方は, たとえば図の (a), (b), (c) のように様々な仕方がある. (a) の場合には仕切り壁のある位置で分割して考えているが, (b), (c) ではそうしていない. 全体系は, (a), (b) の場合は $1 + 2$ という複合系で, (c) の場合は $1 + 2 + 3 + 4$ という複合系である.

　このような様々な分割の仕方の中から, 自分の考察に便利な仕方を選び出し, それに熱力学を適用すれば有用な結論が得られる. その実例は後でたくさん出てくる.

に, 実験室全体を誰かが完全な壁で囲っても, 実験結果には違いが出ないであろう.

2.6 相加変数・示量変数・示強変数

ひとつのマクロ系において，あるマクロな物理量 X を考える．このマクロ系を，複数の部分系に仮想的に分割し，各部分系に，$i = 1, 2, \cdots$ と番号を付ける．あるいは，結局同じことだが，複数のマクロ系 $i = 1, 2, \cdots$ があったとき，その全体をひとつのマクロ系と見なすのでもよい．部分系 i におけるこの物理量の値を $X^{(i)}$ としたとき[16]，

$$X = \sum_i X^{(i)} \tag{2.11}$$

が（任意の分割の仕方と任意の状態について）成立すれば，X を「**相加的 (additive) な物理量**」とか，**相加変数** (additive variable) と言う．たとえば体積 V は相加的である．2.3 節の (b) のタイプの物理量（物質量 N，エネルギー U，全磁化 $\vec{M}$ など）も相加的である．（U の相加性に疑問を持った読者は 2.9 節参照．）さらに，後で定義する「エントロピー」も相加的である．

特に，マクロに見て均一な状態[17]にある系の部分系を見ると，その部分系 i における相加変数 X の値 $X^{(i)}$ は，その部分系の体積 $V^{(i)}$ に比例する：

$$X^{(i)} = KV^{(i)} \quad \text{for マクロに見て均一な状態にある系の部分系.} \tag{2.12}$$

ただし，K は，X の種類と系がどんな均一な状態にあるかで決まる定数である．このとき，X は「**示量的 (extensive) な物理量**」または**示量変数** (extensive variable) であると言う．つまり，**相加変数は，均一な状態では示量変数でもある**．

均一でない系においても，（熱力学の対象である）平衡状態では，十分小さな部分系を見れば，不均一さは無視できるほど小さくなる．たとえば，背の高い容器に気体を入れたときの平衡状態は，重力のために，下にいくほど圧力が大きくなるので不均一だが，たとえば 1 cm 角ほどの部分系を見ると，十分均一だと見なせる．したがって，熱力学では，均一でない系においても「示量変数」が定義できる．そうすると，相加性と示量性を特に区別する必要もなくなるので，**熱力学では，相加変数を示量変数と呼んでしまうことも多い**．

---

16) 以後，原則として，**部分系の量は，このように括弧に入れた上付き添え字で表すことに**する．

17) この語の正確な定義は 3.1 節で与えるが，ここでは直感的に解釈しておけばよい．

一方，6 章で定義する温度 T や化学ポテンシャル μ は，示量変数とはまったく異なる性質を持ち，**示強変数** (intensive variable) と呼ばれる（圧力 P も示強変数のひとつであるが，詳しくは後述する）．示量変数との違いとしては，たとえば，マクロに見て均一な状態にある系について，示強変数はどの部分系においてもその体積に依らずに同じ値を持つ．ただし，この性質だけならば示量変数を体積 V で割り算した**示量変数の密度**でも持っていることに注意しよう．このような量も示強変数と呼ぶことが多いのだが，それは混乱の元になる．そこで本書では，**示量変数の密度を示強変数と呼ぶことを避け，温度などの，6 章で定義する示強変数だけを示強変数と呼ぶ**．さらに，特にこの意味の示強変数であることを強調する必要があるところでは，**狭義示強変数** (intensive variable in a narrow sense) と呼ぶことにする．

2.7 束縛

熱力学の議論の対象になる典型的な系は，シリンダーなどの容器に入れた物質，つまり，壁に囲まれた物質である．そして，その容器の中に，ピストンや板などの，物質や熱の移動を制限するものがあることが多い．これらの壁やピストンなどにより，物質やエネルギーのマクロな移動に一定の制限が課される．この制限なり制約を，**束縛** (constraint) とか**拘束**と呼ぶ．束縛を与える機能を持つものを，壁に限らずひっくるめて呼ぶときは，「」を付けて**「壁」**と記すことにする．「壁」を動かすことにより，束縛条件を変化させ，人為的に V や N などの値を変えることができる．

2.7.1 束縛の種類

熱力学の議論をするときには，どのような「壁」があるかを，すなわち，**系に課された束縛条件を，すべて指定する必要がある**．つまり，すべての「壁」について，その位置だけでなく，**可動** (movable)，つまり動くかとか，**透熱** (diathermal)（熱を通す：その意味は後できちんと定義する）か**断熱** (adiabatic)（熱を通さない）か，などの諸々の性質を明示しておく必要がある．とくに，物質も熱も電場などの「場」も通さないような固定された**堅い** (rigid)（力を受けても変形しない）壁を，本書では**完全な壁** (perfect wall) とか**完全**

な仕切りと呼び，完全な壁で作られた容器を**完全な容器**と呼ぶことにする[18]．

たとえば，熱力学の対象となる物質を完全な容器に入れれば，それは外部と何もやりとりできない**孤立系** (isolated system)[19]になる．すなわち，外部との間で物質の移動もないし，熱の移動や体積の増減に伴うエネルギーのやりとりもないし，電場などの「場」を通じて相互作用することもない系になる[20]．

ここで，重要な注意をしておく：熱力学においては，**特に断らない限り，「壁」は，拘束を課す以外には，直接的にはマクロには無視できるほど小さい影響しか及ぼさないとする**．たとえば，気体が封入された容器に分厚い仕切り板を挿入したら系の体積が変わってしまうので，特に断らない限りは，体積が気体の総体積よりもずっと小さいような薄い仕切り板を挿入することを仮定する．また，たとえ薄くても，大きな熱容量（後述）を持つ仕切り板を挿入したら，系全体の熱容量は変わってしまうが，そういうことが無いような，熱容量が気体の熱容量に比べてずっと小さい仕切り板を挿入することを仮定する．このような**熱力学的性質がすべて無視できるような「壁」を挿入するだけで，系の熱力学的性質が大きく変わる現象にこそ興味があるからだ**．

また，上記の「壁」の性質は，相加変数に関する拘束条件として表せることが多い．たとえば，「堅くて固定された透熱の壁」というのは，7章や8章で説明するように，「容器の体積は変えることができないがエネルギーのやりとりは許す」と言い表すことができる．

このように，本書では，

───── **約束**：束縛について ─────

特に断らない限り，束縛とか「壁」は，

- 拘束を課す以外には，直接的にはマクロには無視できるほど小さい影響しか及ぼさないとする．

- 相加変数に関する拘束条件（ある値に固定するとか，ある範囲の値

---

18) この「完全な」の用法は，それほど一般的ではない．一般的には，いちいち「堅くて物質を通さない断熱の」などと書く．

19) 熱力学以外の物理学ではこれを**閉じた系** (closed system) とも呼ぶが，熱力学に限っては，この言葉を外部と熱のやりとりがある系にも使うのが標準的である．紛れを避けるために，本書では「閉じた系」という言葉は使わない．

20) マクロな大きさのやりとりが無ければよい．つまり，**たとえ外部と物質などをやりとりしても，それがミクロな量に過ぎなかったら，マクロ系としては孤立している**．

に制限するなど）を与えるものとする.

これに当てはまらないケースは, 熱力学を身につけてから応用問題として考えればよい.

2.7.2　束縛条件を相加変数で表現する

詳しくは次章で述べるが, 日常経験からもわかるように, 同じ物質でも, V や N を変えれば異なる平衡状態が実現される. また, たとえ V や N が同じ値でも, 束縛条件を変えれば異なる平衡状態になる. つまり, **平衡状態は, V や N だけでなく, 束縛条件の関数でもある.** ところで, 上で「束縛は相加変数に関する拘束条件を与えるもの」と約束したので, **束縛条件は相加変数に対する条件式として表現することができる.** その具体的な表現の仕方は, **問題に応じて適切な形を選ぶ.** それを簡単な例で説明する.

図 2.3 の (a) または (b) のように, 完全な容器の真ん中に気体は通さないが熱は通すような仕切り板を設けて, 容器を左右に仕切る. 板の左右をそれぞれ部分系 1, 2 と見なし, それぞれに気体を入れる. それぞれの部分系の U, V, N の値を, 上付き添え字 [(1)], [(2)] を付けて表す.

(a) と (b) で共通な束縛条件は 2 つある. ひとつは「系全体としては孤立している」という条件であり, C_0 と記すことにする. もうひとつは「仕切り板は気体を通さない」という条件であり, C_1 と記すことにする. 一方, (a) にはなくて (b) だけにある束縛条件は, 「仕切り板が固定されている」という条件である. それを C_2 と記そう. これらの束縛条件はいずれも, 以下のように相加変数で表現することができる.

まず, C_0 を相加変数で表すには, これと保存則を組み合わせて得られる帰

(a)　　　　　　　　　　　　　(b)

図 2.3　内部に仕切り板を持つ複合系. (a) では仕切り板がピストンのように可動なのに対し, (b) では固定されている.

結である「U, V, N があらかじめ与えられた一定値になる」という事実を相加変数で表現すればよい. たとえば,

$$U = 5000 \text{ J}, \ V = 1 \text{ m}^3, \ N = 1 \text{ mol}. \tag{2.13}$$

問題によっては,「これらの変化量（頭に Δ を付けて表す）が, どんな過程においてもゼロ」で充分なこともある:

$$\Delta U = 0, \ \Delta V = 0, \ \Delta N = 0. \tag{2.14}$$

これはまた, 相加性 (2.11) を用いて, 部分系の相加変数に対する束縛条件の形に書くこともできる:

$$\Delta U^{(1)} + \Delta U^{(2)} = 0, \ \Delta V^{(1)} + \Delta V^{(2)} = 0, \ \Delta N^{(1)} + \Delta N^{(2)} = 0. \tag{2.15}$$

これらの表現の中から, 問題に応じて適切な形を選べばよい. ただし, 後に説明するように, 熱力学で孤立系を論ずる際には, 全系の U, V, N の値は, たとえば (2.13) のように与えて（固定して）議論することが多い. そのような場合には, **U, V, N の値を与えて固定した時点で C_0 を課したことになるので, わざわざ C_0 を書き加えることはしない.**

C_1 については, その帰結である「$N^{(1)}, N^{(2)}$ があらかじめ与えられた一定値になる」という事実を表現すればよい. それは単純には, たとえば,

$$N^{(1)} = 0.6 \text{ mol}, \ N^{(2)} = 0.4 \text{ mol} \tag{2.16}$$

となるが, これだと, (2.13) の $N = 1$ mol という内容も含んでいるので C_0 と重複している. それでは何かと不便なので, 普通に U, V, N の値を与えて議論する場合には, (2.16) の 2 つの式のどちらか一方だけを採用する. あるいは, 両式の差をとった

$$N^{(1)} - N^{(2)} = 0.2 \text{ mol} \tag{2.17}$$

でもよい. また, $\Delta N^{(1)} = 0$ または $\Delta N^{(2)} = 0$ だけですむこともある. これらの表現の中から, 問題に応じて最も便利なものを選べばよい.

(b) だけに課される束縛条件 C_2 については, その帰結である「$V^{(1)}, V^{(2)}$ があらかじめ与えられた一定値になる」という事実を表現すればよい. 表現の仕方は C_1 と同様である. すなわち, 単純には, たとえば,

$$V^{(1)} = 0.7 \text{ m}^3, \; V^{(2)} = 0.3 \text{ m}^3 \tag{2.18}$$

となるが，これだと C_0 と重複するので，普通に U, V, N の値を与えて議論する場合には，(2.18) のどちらか一方だけを採用するか，両式の差をとった，

$$V^{(1)} - V^{(2)} = 0.4 \text{ m}^3 \tag{2.19}$$

にする．また，$\Delta V^{(1)} = 0$ または $\Delta V^{(2)} = 0$ だけですむこともある．これらの表現の中から，問題に応じて適切な形を選べばよい．

　以上のように，束縛条件をすべて相加変数で表現することができた．このとき，たとえば C_1 について (2.16) のどちらか一方だけ（あるいは (2.17)）を採用したように，**束縛条件が，他の束縛条件や，全系における相加変数の値を与えたことと重複せずに独立に（別々に変えられるように）なるように表現しておく**と約束する．

　熱力学では，これらの束縛条件のもとでの微分が頻繁に出てくる．束縛条件のために，いくつかの相加変数が独立でなくなるので，次の問題で練習して欲しい．

問題 2.1　関数 $f(x, y)$ に $U^{(1)}, U^{(2)}$ を代入した，$Z = f(U^{(1)}, U^{(2)})$ について，C_0 のもとでの，つまり，$U = U^{(1)} + U^{(2)}$ が一定の下での偏微分 $\left(\dfrac{\partial}{\partial U^{(1)}} Z \right)_U$ を，(1.22) を用いて $f_x(U^{(1)}, U^{(2)}), f_y(U^{(1)}, U^{(2)})$ で表せ．

2.7.3　内部束縛

　上の例に出てきた束縛条件は，次の 2 種類に大別できる．まず C_0 は，系全体のことを述べていて，要するに保存則であるから，**孤立系であればいつでも共通**であり，系の内部の構造や個性を反映したものではない．それに対して，C_1, C_2 は，系の内部に存在する束縛条件を表すので，**内部束縛** (internal constraint) と呼ばれ，**系の内部の構造の個性を表す**ので，個々の系の平衡状態を決定するのに本質的な役割を演ずる．

　たとえば，(a) の場合には C_0 と C_1 のもとでの平衡状態になり，(b) の場合には C_0, C_1, C_2 のもとでの平衡状態になるが，後に示すように（これぐらいなら日常経験からも予想できるように），

(a) の場合には，仕切り板の左右で，温度 T も圧力 P もともに一致するよう

に仕切り板が移動し，エネルギーも移動して，平衡状態になる．つまり，

$$T^{(1)} = T^{(2)}, \; P^{(1)} = P^{(2)} \tag{2.20}$$

が成り立つような平衡状態が達成される．

(b) の場合には，仕切り板の左右で温度が一致するようにエネルギーが移動するが，仕切り板は移動できないので，圧力が左右で異なるような平衡状態になる：

$$T^{(1)} = T^{(2)}, \; P^{(1)} \neq P^{(2)}. \tag{2.21}$$

この $T^{(1)}, T^{(2)}$ の値は，(a) の場合とは異なる．

このように，内部束縛条件の違い（C_2 の有無）のために，U, V, N の値は同じでも，$T^{(i)}, P^{(i)} \; (i = 1, 2)$ の値が異なるような，異なった平衡状態が実現される．

(2.20)，(2.21) だけなら日常経験からも予想できるが，熱力学を用いれば，(a)，(b) それぞれについて，平衡状態における $T^{(i)}, P^{(i)}$ の具体的な値も予言できるし，部分系の他のマクロ変数（$U^{(i)}, V^{(i)}$ など）の値も予言できる．さらには，もっと複雑な，日常経験からは予想がつかないような状況における平衡状態も予言できる！

2.8 マクロに見て無視できるほど小さい量

マクロ変数の値は，一定のように見えても，精度を上げて測れば，一般には平均値の周りに時々刻々ゆらいでいることがわかる（たまたま厳密に一定値を保つマクロ変数もあるが）．あるいは，同じ条件で平衡状態を用意して実験しても，マクロ変数の値は一般には実験ごとに平均値の上下にばらついている．だから，**今までに述べたことは，実は平均値についてのみ成立する**．そのことが問題にならないことを説明しよう．

均一な平衡状態を考える．3.3.4 項で説明するように，平衡状態が不均一になることもあるのだが，その場合でも，適切な部分系に分割して考えれば個々の部分系は均一な平衡状態にあるので，部分系ごとに以下のことが成り立つ．したがって，均一な平衡状態だけ考えておけば十分なのである．

ゆらぎがとくに大きくなりそうなのは，孤立していない系のマクロ変数であ

る．そこで，均一な平衡状態にある大きな系の中の一部分を（物理的に境界が
あるわけではないが）部分系と考えて，この部分系のマクロ変数 $U, N, P, T,$
$\cdots$（部分系の添え字は省略する）のゆらぎが，部分系の体積 V（物理的な境
界がないので任意に選べる）にどのように依存するかを考える．

　まず，示量変数 $U, N, \cdots$ について考える．2.6 節で述べたように，これら
の（平均）値は，V に比例する．たとえば N について言えば，その平均値を，
平均であることを強調するためにこの節では $\langle\ \rangle$ で囲んで $\langle N \rangle$ と記すと，

$$\langle N \rangle = KV. \tag{2.22}$$

我々が興味があるのは，2 つの異なるマクロ状態における $\langle N \rangle$ の差 $\Delta\langle N \rangle$ で
ある．上式の定数 K は，系がどのような状態にあるかで決まる V に依らない
定数であったから，系全体が別の（均一な）状態にあるときは，別の値を持つ
から，

$$\Delta\langle N \rangle = (2 \text{ つの状態で決まる } V \text{ に依らない定数}) \times V. \tag{2.23}$$

一方，ゆらぎの大きさを標準偏差[21]δN で表すと，その大きさは，平衡状態で
は空間的に遠く離れた 2 地点間の相関がなくなることから

$$\delta N = o(V) \tag{2.24}$$

となることが（ここではやらないが）示せる．したがって，両者の比は，V
$\to \infty$ で，

$$\frac{\delta N}{\Delta\langle N \rangle} \propto \frac{o(V)}{V} \to 0. \tag{2.25}$$

つまり，平均値の周りに δN だけゆらいでいても，それは興味のある量である
$\Delta\langle N \rangle$ の大きさに比して，$V \to \infty$ では 0% の誤差をもたらすだけである．つ
まり，相対的に無視できる．

　実際のマクロ系は V が有限の大きさではあるが，V は十分大きいので，や

---

21)　$\delta N \equiv [\langle(N - \langle N \rangle)^2\rangle]^{1/2}$ を標準偏差と言い，平均値の周りにどれくらいばらついて
　　いるかの目安を与える．

はり誤差は十分小さく相対的に無視できる[22]．そのような微小な差異を無視
することも，物理学で重要な**不要なものを捨てて本質を抽出する**ことの一環で
ある．これを行ってはじめて，美しく，かつ，強力な理論に到達できたのであ
る．

このように，一般に，

$$\text{異なる状態における示量変数の平均値の差} \propto V, \tag{2.26}$$

$$\text{個々の状態における示量変数のゆらぎの大きさ} = o(V) \tag{2.27}$$

であることが言え，示量変数のゆらぎは相対的に $o(V)/V \to 0$ のようになり，
無視できる．

次に，示量変数の密度や，温度 T のような示強変数について考える．その
（平均）値は V に依存しないのであったから，2つの異なるマクロ状態におけ
る平均値の差も V に依らない．一方，ゆらぎについては（ここではやらない
が）$o(V)/V$ であることが示せる．すなわち，

$$\text{異なる状態における示強変数の平均値の差}$$

$$= \text{2つの状態で決まる } V \text{ に依らない定数}, \tag{2.28}$$

$$\text{示強変数のゆらぎの大きさ} = o(V)/V. \tag{2.29}$$

したがって，示量変数の場合と同様に，ゆらぎは相対的に $o(V)/V \to 0$ のよ
うになり，無視できる[23]．

このように，示量変数についても示強変数についても，ゆらぎは相対的に無
視できる．そのため，特に必要（または興味）がある場合を除き，マクロ変数
の値はその平均値に等しいと思って良くなる．そこで，**平均値であっても，特
に必要がある場合を除き，**⟨ ⟩ **を省いて単に N とか T と書くことにする．**

ゆらぎに限らず，熱力学では，割合で言って $o(V)/V$ になる違いは無視す

---

22)　正確に言うと，V を大きくしていけば必ず要求する精度に達する，ということを
(2.25) が保証している．たとえば，誤差 10^{-5}％ の精度で議論したいときに，$V = 1$
cm^3 では誤差が 1％ もあってダメだとしても，$V = 1$ m^3 にすれば 10^{-6}％ となって
条件が満たされる．

23)　♠ 自然科学であるから，実際の実験操作との対応を注意しておく．たとえば普通の温
度計で大きな系の温度を測ったら，それは温度計を当てた付近の温度だけを測っているか
ら，いくら V を大きくしてもゆらぐ．だから，$V \to \infty$ で示強変数がゆらがなくなると
いう理論的な結論は，実は**系全体にわたる空間平均をとればゆらがない**と言っているので
ある．理論をあまり額面通りに受け取ってはいけない．

る．つまり，**示量変数については $o(V)$ の違いを無視し，示量変数の密度や示強変数については $o(V)/V = o(1)$ の違いを無視する**[24]．「マクロ変数が変化しない」とか「マクロ変数の値が等しい」と言うときも，それは，変化量や差が厳密にゼロであるという意味ではなく，割合で言って $o(V)/V$ 以下であるために**相対的に無視できるという意味**である．以下では，その程度の大きさの量のことを，「マクロに見て無視できるほど小さい量」と言うことにする．

なお，以上のようなことは，入門的な熱力学の教科書には書かないのが普通なのだが，マクロ系の物理学としての熱力学をできるだけ正しく理解してもらう，という本書の目的には必須なので説明した．

♠ 補足：ゆらぎの物理

本書ではこれ以上深入りしないが，ゆらぎは，それはそれで大変面白いものである．たとえば δN について言えば，その大きさは典型的には $O(V^{1/2})$ である．これは割合で言うと，V^{-1} ではなく，$\propto V^{-1/2}$ という微妙な大きさ（$\propto V^{-1}$ よりはるかに大きい！）になっているので，測ろうと思えば比較的容易に測れるし，実は，非平衡現象を論ずるときに本質的な役割を果たす．機会があったら，是非勉強して欲しい．

2.9 ♠U が相加的になる理由

複合系の U を，ミクロ系の物理学のエネルギーの表式を使って書き下すと，たとえば次のような形をしているはずである：

$$U = \sum_i U^{(i)} + \frac{1}{2} \sum_i \sum_{j(\neq i)} U_{\text{int}}^{(ij)}. \tag{2.30}$$

ここで，$U_{\text{int}}^{(ij)}$ は，部分系 i と 部分系 j の間の**相互作用エネルギー** (interaction energy) であり，部分系 i の中の粒子 α と，部分系 j の中の粒子 β の間の，ミクロな 2 粒子間[25]相互作用エネルギー $v_{\text{int}}^{\alpha\beta}$ の総和である：

---

24) ♠ これは物理的には，**表面の効果などを無視する**ことにもなっている．また数学的には，O や o の記号の意味からわかるように，$V \to \infty$ における漸近的振舞いを見る，と言っていることになる．

25) 簡単のため 3 粒子以上の間のミクロな相互作用はないとする．

$$U_{\text{int}}^{(ij)} = \frac{1}{2} \sum_{\alpha \in i} \sum_{\beta \in j} v_{\text{int}}^{\alpha\beta}. \tag{2.31}$$

この表式からわかるように，U が相加的になるためには，$U_{\text{int}}^{(ij)}$ が $U^{(i)}$ に比べて無視できるほど小さい必要がある．そのようになるかどうかは，$v_{\text{int}}^{\alpha\beta}$ が粒子間距離 r の関数として r の大きいところでどのように振る舞うかが影響する[26]．

一般に，$v_{\text{int}}^{\alpha\beta}$ が，r を増すとある距離から急激に（典型的には指数関数的に）小さくなるとき，$v_{\text{int}}^{\alpha\beta}$ による力は**短距離力** (short-range force) であると言うことが多い（ただし脚注 28 参照）．たとえば，$v_{\text{int}}^{\alpha\beta}$ が r の大きいところで

$$v_{\text{int}}^{\alpha\beta} \sim \frac{\exp[-r/r_{\text{int}}]}{r} \tag{2.32}$$

のように振る舞う場合，r を増していくと，$r \simeq r_{\text{int}}$ を過ぎたあたりから急激に小さくなるので，これは短距離力である．そして，この境目の距離 r_{int} を相互作用の**到達距離** (range) と呼ぶ．それに対して，いくら距離が離れても徐々に小さくなるだけの，いわば $r_{\text{int}} = \infty$ の相互作用を[27]，**長距離力** (long-range force) と呼ぶ．たとえば，クーロン力とか万有引力とか双極子相互作用では，相互作用のポテンシャルが

$$v_{\text{int}}^{\alpha\beta} \sim 1/r^\nu \quad (\nu > 0) \tag{2.33}$$

のように，いくら r を増してもゆっくりと（r の逆冪で）小さくなっていくだけなので，長距離力である．

もしも $v_{\text{int}}^{\alpha\beta}$ が短距離力であれば，次のようになる．部分系 i と 部分系 j が接触している面積を A とすると，$U_{\text{int}}^{(ij)}$ に寄与するのは，Ar_{int} 程度の体積内の粒子だけである．一方，$U^{(i)}$ に寄与するのは，部分系 i の体積 $V^{(i)}$ 内の粒子である．両者の比をとると，

$$\left| \frac{U_{\text{int}}^{(ij)}}{U^{(i)}} \right| \sim \frac{U_{\text{int}}^{(ij)} \text{ に寄与する粒子のいる体積}}{U^{(i)} \text{ に寄与する粒子のいる体積}} \sim \frac{Ar_{\text{int}}}{V^{(i)}}. \tag{2.34}$$

---

26) r の小さいところでは，排他律や不確定性などの量子論の効果が（たとえば参考文献 [11] の 5.11 節に書いたような形で）強く効いたり，$v_{\text{int}}^{\alpha\beta}$ が斥力になったりする．これらの効果により，$U^{(i)}$ に下限があるとする．

27) たとえば，(2.32) で $r_{\text{int}} \to \infty$ とすれば，(2.33) で $\nu = 1$ とした式になる．

この比は平衡状態にあるマクロ系ではゼロとみなせる. なぜなら,r_int はミクロな相互作用で決まる距離なので一定でかつミクロな大きさであることに注意すると,たとえば部分系 i が一辺 L の立方体のとき,L を大きくするにつれて,上式 $\sim \dfrac{L^2 r_\mathrm{int}}{L^3} = \dfrac{r_\mathrm{int}}{L} \to 0$ となるからだ.したがって,(2.30) の右辺の第 2 項を入れようが入れまいが結果は 0 % しか違わず,無視してよい.つまり,

$$U = \sum_i U^{(i)} + o(V) \tag{2.35}$$

のように,**U は $O(V)$ の精度で相加的**になっていて,余分な $o(V)$ の項は,2.8 節で述べたように相対的に無視できる.この意味で,**相互作用が短距離力であれば,平衡状態における U は相加的になる.**

一方,$v_\mathrm{int}^{\alpha\beta}$ が長距離力の場合には,U が相加的にならないケースもありうる[28].たとえば,$\nu = 1$ であるクーロン力や万有引力がまともに効いてしまえばダメである.幸い,クーロン力の場合には,正負の電荷が等量あれば,互いに中和し合って,実効的に (2.32) のような形の短距離力になることが多い.重力(万有引力)の場合は引力しかないから中和できないのだが,幸い,通常の実験では,粒子間の力の大きさは,重力よりも他の力の方が圧倒的に大きいので,粒子間の重力は無視できることが多い[29](重力が主役を演ずるのは,天体の物理などだけである).また,$\nu = 3$ である双極子間相互作用は,系全体にわたって双極子たちがバラバラな向きを向いていれば,互いに打ち消し合うので結果的に U が相加的になる.このように,たとえ $v_\mathrm{int}^{\alpha\beta}$ が長距離力であっても,それがまともに効くことはめったにないので,ほとんどの場合に U は相加的と見なせるのである(そうでなくなる場合の例は,18 章で触れる).

---

28) 実は,$\nu > 3$ の長距離力ならばまともに効いても大丈夫なことが示せる.このことから,$\nu > 3$ ならば短距離力と呼ぶ流儀もある.

29) 地球による重力については,地球が圧倒的に重いので無視できない場合も多いが,それは系を構成する粒子の間の力ではないので,U の相加性を壊さない.

第3章
熱力学の基本的要請

　熱力学の対象になるような任意のマクロ系について，以下で説明する2つ
の**要請 I, II** が成立すると仮定する．これらは数学で言えば公理にあたるが，
熱力学は自然科学であるから，その要請は，経験と矛盾せず，それを仮定する
ことによって理論が綺麗に構成できて，膨大な実験事実を説明・予言できるも
のでなければならない．それゆえ，自然科学の要請はしばしば**基本法則**とも呼
ばれる．マクロ系に対して，人類が長い間そのような基本法則を探し求めて行
き着いたのが，熱力学の要請である．その要請の提示の仕方には1.3節で述べ
たような任意性があるが，本書では，1.3節のAの流儀のメリットを生かした
提示の仕方を採用する．

3.1　同じ状態・異なる状態

　量子論でもそうであったが[1]，熱力学でも，まず，その理論では何をもって
「同じ状態」とか「異なる状態」と言うのかを，明確化する必要がある．熱力
学ではマクロな物理量だけを問題にするので，ミクロな物理量の値だけが異な
るような2つの状態は，ミクロに見ると別の状態だが，マクロに見ると同じ
状態と言うべきである．つまり，状態が同じか否かは，ミクロな物理量は見ず
に，マクロな物理量だけを見て判別すべきである．
　このとき，マクロな物理量の値の差は，2.8節の意味で無視できるほど小さ
いときは，無視すべきである．また，個々の状態の属性を比較したいのだか
ら，見るべきマクロ物理量は，2.3節の (e) のような2つの状態に関する量で
はなく，(a)-(d) のような個々の状態に関するマクロ物理量だけでよい．その
うちの (d) のタイプの物理量は，(a)-(c) の物理量で十二分に決まってしまう
ことが後に分かる．また，任意の部分系のマクロな物理量も見て判別すべきだ

---

1)　♠量子論における正確な定義は，参考文献 [11] の第2章を見よ．

が，部分系の (a) のタイプの物理量は系のどの部分に着目するかを自分で決め
たときに定まるし，部分系の (b)-(c) のタイプの物理量は全系の (c) のタイプ
の物理量に含まれている．そこで，「マクロに見て」同じ状態であるか否かを
次のように定義する[2]：

定義：マクロに見て同じ状態・異なる状態

マクロ系の 2 つの状態について，2.3 節の (a)〜(c) のタイプのマクロ物
理量をすべて比較したとき，どの量の値の差もマクロに見て無視できる
ほど小さければ，この 2 つの状態は**マクロに見て同じ状態**であると言う．
そうでない場合には，この 2 つの状態は**マクロに見て異なる状態**である
と言う．

たとえば，「マクロに見て時間変化しない」というのは，時間が経ってもマク
ロに見て同じ状態のままである，という意味であり，マクロには無視できる程
度の大きさの変化はありうる．

　この概念に慣れるための「肩慣らし」として，「マクロに見て均一な状態」
をきちんと定義してみよう：

定義：マクロに見て均一な状態

系の中の，同じ形の同じ体積（形も体積も任意）の 2 つの部分系に着目
したとき，その部分系たちをどこから取り出しても，マクロに見て同じ
状態であれば，その系の状態は**マクロに見て均一な状態**と言う．

一見すると自明な概念に思える「均一な状態」をわざわざこのように定義する
理由は，（論理的な思考に慣れてもらう狙いもあるが）ほとんどの場合に，**マ
クロに見て均一な状態はミクロに見ると均一ではない**からである．たとえば，
平衡状態にある気体はマクロに見れば均一だが，ミクロに見ると，瞬間瞬間の
粒子たちの位置は決して等間隔でもないし，密集している所もまばらな所もあ
るので，均一ではない．マクロには均一に見えるのは，マクロ変数しか見ない
ためにミクロな濃淡は見えないからである．このように，「均一」かどうかは

---

2) ♠♠ ただし，21.4 節で述べるように，実はマクロ系の状態にも「混合状態」「混合相」
　というものがありうるので，そこまで含めるのであれば，少し定義を拡張して，参考文献
　[11] の量子論における定義と似たような定義を採用する必要がある．

何を見るか（マクロ変数だけを見るか，個々の粒子の位置などのミクロな変数
も見るか）で変わるのである．

以下では，誤解のおそれが少ないときには，しばしば「マクロに見て」を省
いて単に**同じ状態，異なる状態，均一な状態，変化しない**などと言うことにする．

3.2 平衡状態

2.2 節で述べたように，（平衡系の）熱力学は平衡状態に着目する．そこで，
「マクロ系は，一時的に非平衡状態になっても，やがては平衡状態へと移行す
る」という経験事実を要請 I として採用する[3]．具体的には，次の2つの項目
(i), (ii) を要請する．

まず，次のことを要請する：要請 I-(i) 系を孤立させて十分長いが有限の時
間放置すれば，マクロに見て時間変化しない特別な状態へと移行する．この
ときの系の状態を**熱平衡状態** (thermal equilibrium state) と呼ぶ．あるいは，
熱力学を論じていることが明白な場合には，単に**平衡状態** (equilibrium state)
と呼ぶ．

この要請は，平衡状態を定義し，「（熱力学の対象になるような）どんな系で
も，しばらく孤立させておけば平衡状態に移行する」と言っている．また，平
衡状態におけるマクロ変数の値を，一般に，マクロ変数の**平衡値** (equilibrium
value) と呼ぶ．たとえば，

例 3.1 完全な容器に入れた気体をしばらく放置すれば，始めはどんな状態に
あったとしても，やがて，マクロに見て時間変化しない状態に落ち着く．それ
が平衡状態である．そのときのマクロ変数（たとえば温度・圧力）の値が，こ
の平衡状態におけるそれぞれの平衡値である．■

一般に，マクロに見て時間変化しない状態を（マクロに見た）**定常状態**
(steady state) と呼ぶが，**定常状態は必ずしも平衡状態ではない**．たとえば，

例 3.2 抵抗に電池をつなげてしばらく放置すれば，電流も温度[4]も他のどん

---

3)　これは，いまだにミクロ系の物理学から十分には示せてはいない深遠な経験事実である．
4)　ジュール熱が周りの環境に定常的に放出され，温度が一定になる．（♠♠ この場合の温度
　の定義が気になる人は 14.6.2 項を見よ．）

なマクロ変数もマクロには時間変化しない定常状態になる．しかし，この抵抗の状態は熱平衡状態ではない．この状態は，抵抗が外部（電池）からエネルギー供給を受け続けるから定常になっているのであって，「孤立させて」という要請 I-(i) の冒頭の条件を満たさないからである（下の問題参照）．■

この例からわかるように，平衡状態は特別な定常状態なのだ．それを正しく指定するために，要請 I-(i) の冒頭に「孤立させて」と付けたのである．

問題 3.1　例3.2において，抵抗も電池も電線もすべて完全な容器に入れた系を考えれば，それは孤立系になる．この孤立系の平衡状態はどんな状態であると考えられるか？

　次に，部分系の平衡状態について要請する：要請 I-(ii)　もしもある部分系の状態が，その部分系をそのまま孤立させたときの平衡状態とマクロに見て同じ状態にあれば，その部分系の状態も平衡状態と呼ぶ（ことにする）．**平衡状態にある系の部分系はどれも**（このように定義された）**平衡状態にある**（と要請する）．

　つまり，平衡状態にある系の部分系の状態は，その部分系をそのまま孤立させたときの平衡状態と同じであり，それも平衡状態と呼ぶわけだ．たとえば，図 3.1(a) の系が孤立していて平衡状態にあるとき，白い部分との境界にある壁を (b) のように完全な壁に変えて，灰色の部分を孤立系にしたとする．あるいは (c) のように，(a) や (b) から灰色に塗った部分系をそっくりそのまま切り出して，完全な容器に入れて孤立系にしてもよい．そのとき，灰色の部分の状態は，(a), (b), (c) のどの場合も同じであり，したがってどれもみな平衡状態と呼ぼうというのである．また，この要請の「平衡状態にある系の部分系は…」には孤立系という限定はないので，**平衡状態にある部分系のそのまた部分系も平衡状態にある**ことになる．たとえば (a) の灰色の部分の下半分も平衡状態にある．

　経験上，以上のことは**静的**（時間変化しない）な**外場**（静磁場や重力などの外からかける場）があっても同様である．初学者は外場がないケースだけ考えればよいが，念のため外場のことも括弧内に入れて整理すると次のようにな

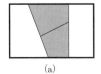 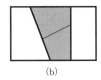

(a)   (b)   (c)

図 3.1 太線は完全な壁を表し, 細線は (熱を通すとか移動できるなどの) 完全でない壁を表す. (a) では, 全体系は孤立していて平衡状態にあり, 灰色に塗った部分は孤立していない. (b) では, (a) の状態で, 白い部分との境界にある壁を完全な壁に変えて, 灰色の部分を孤立系にした. (c) では, (a) や (b) から灰色に塗った部分系を切り出して完全な容器に入れて孤立系にした. いずれの場合も, 灰色の部分の平衡状態は同じである.

る[5]:

要請 I：平衡状態

(i) **[平衡状態への移行]** 系を孤立させて (静的な外場だけはあってもよい) 十分長いが有限の時間放置すれば, マクロに見て時間変化しない特別な状態へと移行する. このときの系の状態を**平衡状態** (equilibrium state) と呼ぶ.

(ii) **[部分系の平衡状態]** もしもある部分系の状態が, その部分系をそのまま孤立させた (ただし静的な外場は同じだけかける) ときの平衡状態とマクロに見て同じ状態にあれば, その部分系の状態も平衡状態と呼ぶ. 平衡状態にある系の部分系はどれも平衡状態にある.

♠ **補足：時間スケールごとの平衡状態**

たとえば分子で構成されている気体を考えよう. 厳密に言うと, 分子の寿命は無限ではない. しかし, 通常は, この気体について,

$$平衡状態に達するまでの時間 \ll 分子が壊れてしまう時間 \qquad (3.1)$$

---

5) **♠♠ 熱力学は, 対象とする熱力学系がマクロに静止している座標系で適用するのが原則である.** このことは, 重力や慣性力のように外場の有無が座標系の取り方に依存するケースではとくに重要で, そういう座標系で外場の有無を判断し, 熱力学を適用する必要がある. そうして得た結果を, 必要なら他の座標系へと変換すればよい. なお, 固体をねじって両端を接着したメビウスの輪のような系では, 接着した後は外力は不要になるが, そういう場合も外力があるケースに準ずる.

であるから，この間に十分に広い時間帯がある．その時間スケールの中で実験
をすれば，この分子の気体の平衡状態が達成され，熱力学が適用できる．この
時間スケールよりもずっと先に，いつか分子が壊れても，その実験には関係ない．

　また，分子が壊れて他の分子に変わってしまうぐらいの時間スケールで実
験を行う場合には，こんどは，それらの分子が入り交じった平衡状態が達成さ
れ，そのときもまた熱力学が適用できる．そのまたずっと先に，たとえば原子
を構成する原子核が崩壊してしまっても，その実験には関係ない．

　このように，**各時間スケールごとに，それぞれの平衡状態があり，熱力学が
適用できる**．このような階層性は，何も熱力学に限ったことではなく，たとえ
ば原子の電子状態を量子力学で扱うとき，原子核が崩壊するよりもずっと短い
時間スケールを仮定して，原子核を永遠不変の粒子とみなして解析しているの
である．

3.3　エントロピー

　要請 II は，熱力学で最も重要で最もわかりにくい量である「エントロピー」
というものについての要請である．これは 5 つの小項目 (i)〜(v) に分けて述
べよう．

　物理学では，一般に，ある物理量が「存在する」と言う意味は，日常言語と
は異なり，**その物理量を矛盾なく定義する**ことができて，**しかも客観的に測
定する手段がある**という意味だ．つまり，見たり触ったりできる必要はなく
「そういう量を定義したら，測れるし矛盾なく理論が展開できる」という意味
なのだ．本書では，まずこの意味でエントロピーが存在することを要請する：

要請 II-(i) 任意の系のそれぞれの平衡状態ごとに値が一意的に定まる**エントロ
ピー** (entropy) という量 S が存在する．

　続く小項目 (ii)〜(v) をこれから述べるが，それによって S がどんな物理量
かが規定される．その後，何章もかけて，S の様々な「顔」を徐々に明らかに
していく．

3.3.1　操作の範囲

　要請 II-(ii)〜(v) を説明する前に，その前提を説明しよう．たとえば，ピス
トンの付いた断熱容器に気体を閉じこめてピストンを押すと，気体の体積が減
少し，（しばらくすると）ピストンを押す前とは違った（圧力の高い）平衡状

態になる．また，仕切り板で二分された容器の片側に気体を入れておいて仕切り板をはずすと，気体は全体に拡がり，仕切り板をはずす前とは違った平衡状態になる．また，普通の絶縁体（誘電体）に静電場をかけると，電気分極（誘電分極）が生じ，電場をかける前とは違った（電気分極がある）平衡状態になる．また，絶縁体を温めると，温める前とは違った（温度の高い）平衡状態になる．

これらの例の「ピストンを押す」「静電場をかける」「温める」のように，系に何か（マクロに）働きかけることを**操作** (operation) と呼ぼう．同じ「ピストンを押す」という操作でも押す量が違えば異なる操作だし，同じ「静電場をかける」という操作でも静電場の向きや大きさが違えば異なる操作である．

系に操作を行うと，上の例のように，一般には操作の前とは異なる平衡状態が実現される．したがって，始め何らかの平衡状態にあった系に様々な操作を行ってゆくと，様々な平衡状態を得ることができる．このことを，操作によって系が様々な平衡状態の間を**遷移** (transition) する，と言う．普通の絶縁体は電場をかけなければ分極が現れないことからわかるように，特定の操作をしなければ現れない（そこへと遷移しない）平衡状態もある．したがって，**遷移しうる平衡状態の範囲は，どんな操作を行うかに依存する**．

始め何らかの平衡状態にあった絶縁体について，A さんが行う操作の範囲（種類や大小）を適当に決めたとしよう．たとえば，「温める」「圧縮する」という操作をすると決めたとしよう．そうすると，「温める」「圧縮する」だけでなく（実際に A さんが行うかどうかは別として）冷やすとか，引き延ばす（圧縮の反対）とか，温めながら圧縮するなどの操作も含んだ，適当な一群の操作たちと，それらによって移り変わる状態たちに対して，以下で述べる要請 II-(ii)〜(v) が成立する．

一方，B さんは，同じ絶縁体について，「温める」「圧縮する」に加えて「静電場をかける」という操作もするとしよう．そうすると，A さんのときの一群の操作に加えて，冷やしながら静電場をかけるなどの操作も含んだ，もっと広い一群の操作たちと，それらによって移り変わる状態たちに対して，やはり以下で述べる要請 II-(ii)〜(v) が成立する．このとき，B さんのケースの方が，A さんのケースよりも，すぐ下で説明する「基本関係式」の変数の数が増える．そして，A さんのケースは，B さんのケースの特殊な場合と見なせる．

このように，**系に対して行う操作の範囲を決めたとき，それらの操作を含む適当な一群の操作たちと，それらによって移り変わる状態たちについて**，以下で説明する要請 II-(ii)〜(v) を要請する．

3.3.2　単純系

マクロ系は，一般には，様々な内部束縛が課され，外場や外力もかかっているような複雑な系である．熱力学ではそれを単純な部分系に分割して考え，そのひとつひとつの部分系を**単純系** (simple system) という．

外場や外力がないときには，単純系とは，内部束縛がない系である．たとえば図 3.1(a) の系の場合，壁で隔てられた 4 つの部分系の集まりだと考えれば，それぞれの部分系は単純系になる．

外場や外力がかかっている場合には，内部束縛がないことに加えて，その外場や外力によって平衡状態に生ずる不均一が無視できるほど小さく分割したものが，単純系になる[6]．たとえば，上下方向に細長い容器に入った重い気体の場合には，重力によって下の方ほど密度が高い不均一な平衡状態になるから，内部束縛がなくても単純系ではない．この場合には，均一と見なせる程度の厚さの部分系に分けて考えれば，それぞれの部分系が単純系になる（その実例を20 章で解説する）．まとめると，

───────── **定義：単純系** ─────────

内部束縛がなく，外場や外力はかかっていないか，もしくは，かかっていてもそれによって平衡状態に生ずる空間的な不均一が無視できるほど小さいとき，そのような系を，**単純系** (simple system) と呼ぶ．

3.3.3　単純系に対する要請

単純系について，まず，どれだけの変数の値を指定すれば S の値が定まるかを規定する：要請 II-(ii) 単純系の S は，エネルギー U と，いくつかの相加変数

$$\boldsymbol{X} \equiv X_1, ..., X_t \tag{3.2}$$

の関数である：

$$S = S(U, \boldsymbol{X}) \qquad (単純系). \tag{3.3}$$

───────────

6)　♠♠ 外場や外力についての注意は，p.43 の脚注 5.

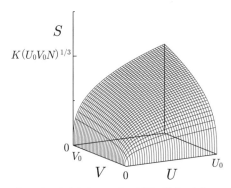

図 3.2 式 (3.5) で与えられる S を，紙面に描けるように N を固定して，U, V の関数としてプロットしたグラフ．ただし，U_0, V_0 は，適当な基準の状態における U, V の値である．

両辺で同じ文字 S を使っているが，1.5 節で述べたように，左辺は S の値を表し，右辺はそれを $U, \boldsymbol{X}$ の関数として与える関数を表している．

例 3.3 $t = 2$ で，$X_1 = V$（体積），$X_2 = N$（物質量）であり，U, V, N の変域は

$$U > 0, V > 0, N > 0 \tag{3.4}$$

で，S は次式で与えられる[7]：

$$S = K(UVN)^{1/3}. \tag{3.5}$$

ただし K は正の定数である．この関数のグラフを図 3.2 に示す．∎

おいおいわかるように，(3.3) は系の熱力学的性質を決定する基本的な関係式になっている．そのため，（エントロピー表示の）**基本関係式** (fundamental relation) と呼ばれる．また，その引数である $U, \boldsymbol{X}\ (= U, X_1, \cdots, X_t)$ を，エントロピーの**自然な変数** (natural variables) と呼ぶ．その理由は，13 章で説明するように，**S を別の変数の関数として表しても基本関係式にはならず**，

---

7) この関数形はわかりやすい例として文献 [2] から採ったものであるが，このような物質が実在するかどうかは不明である．

$U, \boldsymbol{X}$ が S にとって特別な変数だからである．特に，これらが**どれも相加変数**
であることを忘れないで欲しい．実際，上記の例でも，U, V, N はすべて相加
変数である．

　ところで，明らかに，単純系の部分系はやはり単純系である．したがって，
上記の II-(ii) から，部分系も基本関係式を持つ．それについて，次のような
自然な要請をする[8]：<u>要請 II-(ii) つづき</u> 単純系の部分系は元の単純系と同じ
基本関係式を持つ．

　これを式で書くと，単純系の任意の部分系 i について，その部分系の $S^{(i)}$
と，$U^{(i)}, \boldsymbol{X}^{(i)}$ $(= U^{(i)}, X_1^{(i)}, ..., X_t^{(i)})$ の間に (3.3) と同じ関数関係

$$S^{(i)} = S(U^{(i)}, \boldsymbol{X}^{(i)}) \qquad （単純系の任意の部分系） \qquad (3.6)$$

がある，という主張である．つまり，右辺の関数形に，部分系ごとに異なり
うることを示す添え字 (i) が不要で，引数の種類も数も関数形も (3.3) と同じ，
ということだ．

　さらに，基本関係式が良好な解析的性質を持つことを要請する：<u>要請 II-(iii)</u>
基本関係式 (3.3) は，連続的微分可能である[9]．特に U についての偏微分係数
は正で，下限は 0 で，上限はない．

　付録 A で説明したように，**下限は最小値とは異なり実際にその値をとる**
とは限らない．この場合はまさにそのケースで，「微係数は正」と言っている
のだから 0 には到達できない．それでも **0 にいくらでも近い値をとりうる**と
言っているのだ．たとえば上の例 3.3 でも，U が有限である限りは，U につ
いての S の偏微分係数は決して 0 にはならない．それでも，U をいくらでも
大きくすれば微係数はいくらでも 0 に近づくので，下限は 0 だ．

---

8)　これは，平衡状態が均一ならば自明だが，たとえ不均一な場合でも成り立つと要請して
　　いるのである．部分系の平衡状態が不均一でも構わない．混合物の場合が気になる人は，
　　4.3.4 項を見よ．

9)　♠♠5.3 節で $S(U, \boldsymbol{X})$ が凸関数であることを示すが，凸関数は偏微分可能なら連続的微
　　分可能性も言える．そのため，実は，偏微分可能性（つまり狭義示強変数が状態量である
　　こと）だけを要求すれば十分である．さらに，6 章の脚注 1) で述べるように，たとえ偏
　　分可能性を仮定しなくても熱力学の論理体系は構築できそうなのだが，p.89 の補足で説明
　　するように，実際の物理系でそのような例を筆者は知らない．本書では，わかりやすく最
　　初から連続的微分可能性を仮定しておいた．なお，文献 [7] では連続的微分可能性を証明
　　しているが，本書とは公理系が異なる．

3.3.4 単純系の平衡状態は必ずしも均一ではない

外場のない単純系の平衡状態は，外場や内部束縛により強制的に不均一にされることはないから，空間的に均一になると期待したくなるが，必ずしもそうではない．外場も仕切り壁もないのに，不均一な平衡状態が**自発的**に現れることがある．

たとえば，宇宙船の中のように重力が無視できる環境で，容器に閉じ込めた水蒸気を徐々に冷ますと，水蒸気の一部が結露して液体の水に変わる．頃合いを見計らって，これ以上冷めないように容器を断熱材でくるんでしばらく待てば，やがて平衡状態に達するだろう．すると，図 3.3 (a) や (b) のような，水と水蒸気が共存する，均一でない平衡状態が現れる．重力がないために，重い方（水）が下になるということがないので，(a) になるか (b) になるか，あるいは別の配置になるかは，11.7 節で説明するように実験するたびに異なったりするが，ともかく不均一な平衡状態が自発的に現れる．このことを，水が液体の**相** (phase) と気体の相に**相分離** (phase separation) して**相共存** (phase coexistence) 状態が現れた，と言い表す．後の 17 章で述べるように，一般に，相分離が起こりうるのは**一次相転移** (first-order phase transition) と呼ばれる現象が起こるときである．水蒸気が水になるのも一次相転移である．

では，重力がかかっていたらどうなるか？　重力が弱い場合には，たとえばそれが左向きにかかっていれば，水の方が重いのでそちらに引かれ，(a) が平衡状態として実現される．ただ，その場合でも，不均一な平衡状態が出現すること自体は重力とは無関係な水という物質の熱力学的な性質であり，弱い重力の役割は，ただ，水と水蒸気のどちらが左に来るかという，不均一の空間的配置を決めているだけである．つまり，重力が不均一を生じさせたわけではない．3.3.2 項で述べた単純系の定義において，「外場がかかっていてもそれによって平衡状態に生ずる空間的な不均一が無視できるほど小さいような系を」と

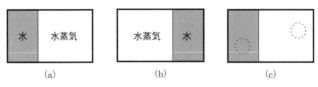

図 3.3　仕切りのない容器の中で，（液体の）水と水蒸気が共存する平衡状態．重力は無視できるとしている．(a), (b) のどちらも U, V, N が同じ値を持つ平衡状態である．いずれの場合も，(c) に破線で描いたような部分系の状態について，要請 II-(iv) が成り立つ．

書いたのは，そういう意味であり，したがってこの系は単純系である．

　一方，重力が強い場合には，水と水蒸気のそれぞれについて，重力が働く方向に行くほど水分子の密度が高くなるという不均一を，重力自体が生じさせてしまう．そのため，もはやこの系は単純系ではなくなる．この系を単純系に分割するためには，重力による不均一が無視できるぐらいの薄さの部分系に分ければよい．そうすれば，それぞれが単純系になる（詳しくは 20 章）．

　なお，初学者は，外場も一次相転移もない場合だけを想定して読み進んでもよい．そうすれば，単純系とは単に内部束縛のない系のことになり，しかもその平衡状態は均一になるので，わかりやすいだろう．

3.3.5　平衡状態の中の均一な部分に関する要請

　3.3.3 項の要請 II-(ii) により，単純系においては，$(t+1)$ 個の相加変数 $U, \boldsymbol{X}$ の値を定めれば，S の値は一意的に決まる．これは必ずしも，平衡状態がマクロ状態として一意的に定まることを意味しない．実際，一次相転移が起こる場合には，図 3.3 のように，（この場合の $U, \boldsymbol{X}$ である）U, V, N だけ指定しても，(a), (b) のような（マクロに見て）異なる平衡状態があり得る（詳しくは 17 章）．

　しかし，図 3.3 (c) に破線で示したような空間的に均一な状態にある部分系に着目すれば，その状態は，その部分系の U, V, N の値で一意的に定まる．たとえば，水の部分にある部分系は，水蒸気の部分にある部分系よりも，V が同じでも N の値が大きいので，部分系が水という液体状の平衡状態であるか，それとも水蒸気という気体状の平衡状態であるかが，その部分系の U, V, N の値と対応する．つまり，均一な部分系に着目すれば，それが水か水蒸気か U, V, N の値で区別できる．また，そのような水または水蒸気が 100%のときの U, V, N の値を持ちながら水と水蒸気の両方が共存するような不均一な平衡状態がその部分系で実現することはあり得ない．

　これを一般化して要請として採用する[10]：要請 II-(iv) 平衡状態にある単純系は，それぞれがマクロに見て空間的に均一な部分系たちに分割できる（部

---

[10]　♠♠ 実を言うと，熱力学だけ見たときには，その論理構造にはこの要請は必要がない．むしろ，この要請を課したために，要請しない場合に比べて t が増えることがあるというデメリットさえある．しかし，1.3 節で述べたように熱力学が物理学全体を支える主柱のひとつになっていることを考えるとこのような強い要請をおいた方が良いと思うので，本書では要請しておくことにした．

分系の間の境界はマクロに見て無視できる）．それぞれの均一な部分系[11]の状態は，エントロピーの自然な変数 U, X が適切に選んであれば，その部分系の U, X の値で一意的に定まる．また，その部分系には，それと同じ U, X の値を持つ不均一な平衡状態は存在しない．

言い換えると，そのようなエントロピーの自然な変数の組 U, X が存在するということだ．また，直接的には部分系についての要請ではあるが，単純系全体の平衡状態も，それが均一であれば（全体をひとつの均一な部分系とみなせるから）単純系全体の U, X で一意的に定まることになる．要するに，全体系だろうと部分系だろうと，単純系の均一な平衡状態は U, X で一意的に定まるし，その U, X の値を持つ不均一な平衡状態はその系にはない，と言っているわけだ．つまり，**単純系の均一な平衡状態は，U, X の値と一対一に対応する**．

♠ 補足：相加変数の値が平衡状態に達するまでの間に時々刻々変わる場合

ある始状態から出発して平衡状態に達するまでの間に，エントロピーの自然な変数の一部が（非平衡状態でも定義できているとして），時々刻々値を変えることがある．その場合は，当然ではあるが，下の問題で示すように，**均一な平衡状態と一対一に対応するのは，始状態の相加変数の値ではなく，平衡状態になった後の相加変数の値である**．たとえば，

例3.4 18章で説明するように，単純な強磁性体（磁石になるような物質）のエントロピーの自然な変数は，$U, V, N, \vec{M}$ である．ただし，$\vec{M}$ は (2.1) で定義された全磁化である．この場合，$t = 5$ で，$X_1 = V$, $X_2 = N, X_3 = M_x, X_4 = M_y, X_5 = M_z$ である．普通の実験の状況では，$\vec{M}$ の値は平衡になるまでの間に値が変化しうる[12]．均一な平衡状態と一対一に対応するのは，平衡になる前の（始状態の）$U, V, N, \vec{M}$ ではなく，平衡になった後の $U, V, N, \vec{M}$ の値である．■

---

11) ♠ 具体的な形状は球でも立方体でもなんでも良いが，全系と同じ空間次元の立体で，極端につぶれたり極端に凸凹したりはしていないとする．

12) ♠ 宇宙空間にポカンと磁性体を浮かせて実験するのであれば，孤立系の全角運動量保存則から $\vec{M}$ が保存されることもある．しかし，普通の実験では，磁性体は机に固定されていたり容器に入っているので，磁性体単独の全角運動量は保存されない．誤解のないように念を押すと，どちらの場合でも熱力学は成立する．ただ，$\vec{M}$ が保存されるかどうかだけが状況によって変わりうる，ということである．

問題 3.2 ♠ この例のように，ある相加変数の値が平衡状態に達するまでの間に時々刻々変わる場合には，始状態におけるその相加変数の値が平衡状態と一対一に対応することはありえないことを思考実験で示せ．ヒント：始状態から出発して平衡状態になるまでの過程を A さんが観察していて，途中から B さんも観察を始めることを考えよ．

3.3.6　熱力学的性質が同じ状態の同一視

　上述の要請 II-(iv) では，まず均一な部分系に分割するわけだが，分割したときにその形状は知っているはずなので，この要請の後半は，均一な部分系の形状が既知のときに，その平衡状態は $U, \boldsymbol{X}$ でマクロに見て一意的に（3.1 で定義した意味の通りに）定まると言っている．裏を返せば，形状まで $U, \boldsymbol{X}$ で定まるとは言っていない．実際，異なる形状の容器に入れた物質が $U, \boldsymbol{X}$ の値は同じ，ということが頻繁にある．それにもかかわらず，多くの場合，$U, \boldsymbol{X}$ だけに着目して形状を気にせずに熱力学を運用できる．それは，熱力学でマクロ系を解析する際には，以下のような状態の「同一視」ができるからだ．

　系の物理的な性質のうち，熱力学で解析したり予言したりする対象となる性質を**熱力学的性質** (thermodynamic property) と言う．しばしば，形状などがマクロに異なる 2 つの平衡状態が，熱力学的性質についてはまったく同じだ，というケースがある．たとえば，一成分の単純な気体や液体では $U, \boldsymbol{X} = U, V, N$ である．そのような物質を，図 3.4 のように立方体の容器に入れた場合と球形の容器に入れた場合を比較しよう．どちらも U, V, N の値は同じで，均一平衡状態にあるとする．すると，図の点線のように，それぞれから，同じ形状で同じ体積の部分系を任意の位置から取り出してみると，2 つの部分系は U, V, N も形状も一致するから，要請 II-(iv) より，完全に同じ状態にある．その意味では，両者は「どこを見ても同じ状態」なのに，全体の形状だけがマクロに見て異なっている．この形状の違いは，熱力学的性質の相違をもたらさない．なぜなら，全体の U, V, N も同じなので，U, V, N と $S(U, V, N)$ から導かれるマクロ物理量の値はすべて一致するからだ．そのため，熱力学の議論を展開する上では，図の 2 つの状態を同一視して構わない．

　不均一な平衡状態についても，次のような同一視が可能である．たとえば，図 3.3 (p.49) のように不均一な平衡状態が自発的に生ずる場合，図の (a) になるか (b) になるかという液体部分と気体部分の空間的な配置は，全体の U, V, N だけでは定まらない．これは，たとえ同じ容器に入れられていたとしても，

図 3.4 同じ体積の立方体の容器と球形の容器に同じ気体を入れる. どちらも U, V, N の値は同じだとする.

物質が自発的に気相と液相に分離するときの配置が定まらない, ということである. それでも, (a) と (b) の気相同士, 液相同士を比べてみれば. それぞれの U, V, N の値は等しい (ことが 17 章でわかる). すると, 上記の均一な平衡状態同士の比較になり, (この図ではそれぞれの形状まで同じだが) たとえ形状が異なっても同一視できる. 全体系も, それぞれが同一視できる部分系をくっつけただけだから, 熱力学的な性質は同じであり, やはり同一視できる.

　以後、このように, 単純系の平衡状態について, **全系の U, X の値は同じなのに, (容器の) 形状や相の空間的配置だけが異なっているという平衡状態は, 常に同一視する**. 大部分の気体や液体の平衡状態はこのような同一視ができるので, いちいち形状や相の配置の詳細を気にかける必要がなくなる[13].

　ここで「相の空間的配置だけが」と強調してある理由を説明しよう. 上記の例では, (a) と (b) で同じ相同士の対応がちょうど付いたので問題なく同一視ができたが, 18 章で述べる例では, 全系の U, X の値は同じなのに, 共存する相の内訳が異なる (たとえば磁化の向きが異なる) ような平衡状態が可能になる. ただし. 全体系の熱力学的性質は全体の U, X で決まるので同じである. そのような平衡状態まで同一視するかどうかは, 目的次第で変わる. もしもそのような同一視もすれば, 平衡状態は常に U, X により定まることになるが, 「そういう同一視まですれば」ということを強調する場合には, 「U, X により**実質的に定まる**」と言うことにする. 逆にひとつの平衡状態に対し, その U, X の値が定まるのは自明だから, 以上のすべての同一視を行うと. **単純系の平衡状態はエントロピーの自然な変数の値と, 実質的に一対一に対応する**[14].

---

13) ♠♠ 固体の場合には, U, X に結晶の向きやそれぞれの方向のサイズに結びついた量が含まれるので, 形状が異なれば U, X の値が一致しないことがある. そういう場合には同一視できないが. そもそも U, X の値が異なるのだから, この同一視の例外にはならない.

14) ♠♠ 数学的な言い方をすると, マクロ状態の集合の真部分集合である平衡状態の集合

　なお，平衡状態が不均一になるかどうかについては，後述のようにきちんと解析すれば判定できるので，**まずは単純系の平衡状態は均一だと思って計算を始めることを勧める**．それで矛盾が出なければ（本当に均一であるか，または均一・不均一に無関係な量を計算したということになるので）問題ない．矛盾が出たときだけ不均一を考慮すればよい．以下の議論でも，**第 I 巻では，特に断らない限り，単純系の平衡状態は均一だ（一次相転移が起こらず外場で無理矢理不均一にされることもない）として議論する**．

3.3.7　エントロピーの自然な変数について

　ここまでの要請により，単純系では，**エントロピーの自然な変数の値だけ指定すれば平衡状態が実質的に定まる**ことになる．おいおい説明するように，エントロピーの自然な変数の一部を温度や圧力などで代用してしまうと，この著しい特徴を一般には失う．**エントロピーの自然な変数は，熱力学の中で特別な地位を占める変数**なのである．

例 3.5　内部に仕切りを持たない容器に入れた気体の平衡状態は，U, V, N の値を定めれば一意的に定まる．つまり，温度 T や圧力 P はもちろん，任意に部分系に分割して考えたときの $U^{(i)}, V^{(i)}, N^{(i)}, T^{(i)}, P^{(i)}$ などの値もすべて一意的に定まる．この場合，$t = 2$ で，$X_1 = V, X_2 = N$ である．■

例 3.6　完全な容器に 2 種類の気体 A, B（それぞれの物質量 N_A, N_B）を入れてしばらく放置すれば，やがて，マクロには変化しない状態に落ち着く（要請 I-(i)）．それが平衡状態である．それは，重力が無視できれば均一で，U, V，N_A, N_B の値だけを定めれば一意的に定まる（要請 II-(iv)）．つまり，温度や圧力などの残りのマクロ変数の値もすべて一意的に定まる．この場合，$t = 3$ で，$X_1 = V, X_2 = N_A, X_3 = N_B$ である．■

　物理学者や化学者の経験によると，エントロピーの自然な変数の数 $t+1$ は，ミクロ系の物理学で必要な変数の数（たとえば 10^{24}）よりも圧倒的に少ない．たとえば上の 2 つの例では，それぞれ $t = 2, 3$ であった．しかも，物質の量

の中に，上記の意味で同じだとみなせる平衡状態を同一視するという**同値関係** (equivalence relation) を置き，**同値類** (equivalence class) を作る．そうしてできた**商集合** (quotient set) の元が，$U, \boldsymbol{X}$ と一対一に対応する．

を（物質の種類を変えずに）増やした場合，ミクロ系の物理学では必要な変数の数が物質量に比例して増えてしまうのに，熱力学では t はまったく変わらない[15]．このように，**個数が物質量に無関係な，少数個の変数の組で，平衡状態が実質的に一意的に指定できてしまう**，というのが熱力学の核心のひとつである．

では，個々の物質について，そのエントロピーの自然な変数が何であるかを見いだすにはどうするか？　その一般論は 4.3.3 項に記すが，ここでは保存量についてだけ述べる．**マクロな物理量の中に相加的な保存量があれば，普通はそれはエントロピーの自然な変数に含まれる**．なぜなら，孤立系の平衡状態を考えると，保存量の値はずっと変わらないのだから，その値が異なる状態は必ずマクロに見て異なるからだ．上記の例でもエネルギーや物質量は相加的な保存量であるから，エントロピーの自然な変数に含まれている．

ただし，相加的な保存量の全てが自然な変数に必要だと言っているわけではない．3.3.1 項で述べたように，その保存量の値が同じ状態たちしか考えない（その保存量の値が変わるような操作も一切しない）のであれば，エントロピーの自然な変数から外して単なる定数だと見なすことができるからだ．たとえば，全運動量と全角運動量はずっと同じ値に留まるような仕方で実験をすることが多いので，通常は，エントロピーの自然な変数には入れなくてすむ．

♠♠ 補足：可積分系と熱力学

ミクロ系の物理学で使われるモデルの中には，自由度と同じ個数の（互いに独立であるなどのしかるべき条件を満たす）保存量を持つような特殊なモデル（**可積分系**と呼ばれる）がある．たとえば，古典自由粒子たちが集まった系は可積分系で，i 番目の粒子の運動量の絶対値を p_i としたときに，$\sum_i p_i^2$, $\sum_i p_i^4, \sum_i p_i^6, \cdots$ はすべて独立な，相加的な保存量である．そのような莫大な数の保存量がすべてエントロピーの自然な変数に含まれるとしたら，自然な変数の数 t は巨大な数になってしまうし，物質量を増すと t も増えてしまうので熱力学と矛盾する．したがって，現実の系は可積分系ではありえないと考えられている．

---

15)　このことが要請 II-(ii) の文言のどこに含まれているかというと，t が $U, X_1, \cdots, X_t$ の値と無関係であることだ．なぜなら，上述の例を見てもわかるように，$U, X_1, \cdots, X_t$ の値を増減することが物質量を増減することに相当するからだ．

3.3.8　複合系に対する要請

　最後に，複合系について要請する．そのために，まず次のことに着目する：熱力学の対象になる系は，**複合系を部分系に分割するときに，すべての部分系が単純系になるように分割することができる**[16]．たとえば図 3.5 のような系では，すべての壁のところで分割してやれば，どの部分系も単純系になる．

　そのように単純系に分割して考えると，要請 II-(ii) より，各部分系のエントロピー $S^{(i)}$ はその自然な変数 $U^{(i)}, \boldsymbol{X}^{(i)}$ $(= U^{(i)}, X_1^{(i)}, \cdots, X_{t_i}^{(i)})$[17]の関数である：

$$S^{(i)} = S^{(i)}(U^{(i)}, \boldsymbol{X}^{(i)}) \qquad (単純系である部分系 i). \qquad (3.7)$$

すべての部分系の $U^{(i)}, \boldsymbol{X}^{(i)}$ を並べたものを $\{U^{(i)}, \boldsymbol{X}^{(i)}\}$ と略記しよう：

$$\{U^{(i)}, \boldsymbol{X}^{(i)}\} \equiv U^{(1)}, \boldsymbol{X}^{(1)}, U^{(2)}, \boldsymbol{X}^{(2)}, \cdots. \qquad (3.8)$$

もしも複合系全体が平衡状態にあれば，どの部分系も平衡状態にあることが要請 I から言えるが，そのときの $\{U^{(i)}, \boldsymbol{X}^{(i)}\}$ の値（平衡値）を決定する問題を考える．

　一般には，複合系には内部束縛がある．今考えているように部分系がどれも単純系になるようにしてあれば，複合系の内部束縛条件 $C_1, C_2, \cdots$ はすべて，部分系たちの間の束縛条件になり，$\{U^{(i)}, \boldsymbol{X}^{(i)}\}$ に課された条件として表現できる[18]．また，たとえば複合系が孤立していれば，そのエネルギー U $(=$

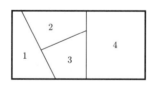

図 3.5　内部に「壁」を持つ系．「壁」のところで分割すれば，部分系 1, 2, 3, 4 はいずれも単純系になる．

---

16)　♠♠ 極端に強い空間勾配の外場がかかっていて，それによって生ずる不均一がミクロなスケールでも無視できない場合には，これはできないので熱力学が使えない．ただ，そういう極端な状況では，そもそも物質が安定に存在するかどうかすら疑わしいので，そこから調べ直す必要があるだろう．

17)　この節の議論では，異なる部分系には異なる物質が入っているかもしれないので，自然な変数の数も部分系ごとに異なりうる．そのため，t_i にも添え字 i を付けた．

18)　相加変数を $X_0, X_1, \cdots$ のように一般的な形に表記するときには，当然ながら，常に

$\sum_i U^{(i)}$) とか物質量 $N\ (=\sum_i N^{(i)})$ のような保存量は，最初に与えた値に固定されるので，それらもやはり，$\{U^{(i)}, \boldsymbol{X}^{(i)}\}$ に課された条件になる．平衡状態を云々する以前に，そのような与えられた条件だけで $\{U^{(i)}, \boldsymbol{X}^{(i)}\}$ の値の一部は固定されてしまうが，すべてを決定するには，平衡状態に特有の何か他の情報が一般には必要である．たとえば，

例 3.7 2.7.2 項の例では，$\{U^{(i)}, V^{(i)}, N^{(i)}\} = U^{(1)}, V^{(1)}, N^{(1)}, U^{(2)}, V^{(2)}, N^{(2)}$ であるが，C_1 は $N^{(1)}, N^{(2)}$ で，C_2 は $V^{(1)}, V^{(2)}$ で表現できた．その結果，たとえば図 2.3(b) のケースでは，C_1 を表す (2.17) と C_2 を表す (2.19) とが，$\{U^{(i)}, V^{(i)}, N^{(i)}\}$ に課された．したがって，$U = U^{(1)} + U^{(2)}, V = V^{(1)} + V^{(2)}, N = N^{(1)} + N^{(2)}$ の値を (2.13) で与えれば，全部で 5 本の式が 6 つの変数 $U^{(1)}, V^{(1)}, N^{(1)}, U^{(2)}, V^{(2)}, N^{(2)}$ に課されることになる．これらの変数の平衡値をすべて決定するには，式が 1 本足りない． ■

そこで最後の要請の登場となる．系を，すべての部分系が単純系になるように分割し，部分系の $S^{(i)}$ をすべての部分系について足しあげたものを $\widehat{S}$ と記すことにする：

$$\widehat{S} \equiv \sum_i S^{(i)}(U^{(i)}, \boldsymbol{X}^{(i)}). \tag{3.10}$$

これは $\{U^{(i)}, \boldsymbol{X}^{(i)}\}$ の関数である．内部束縛などの与えられた条件を満たす範囲内で，$\{U^{(i)}, \boldsymbol{X}^{(i)}\}$ の値を様々に変えてみると，$\widehat{S}$ の値も様々に変わる．それについて，**エントロピー最大の原理** (entropy maximum principle) と呼ばれる次の要請をする：<u>要請 II-(v)</u> 与えられた条件の下で，すべての単純系が平衡状態にあって，かつ $\widehat{S}$ が最大になるときに，そしてその場合に限り，複合系は平衡状態にある．そのときの複合系のエントロピーは，$\widehat{S}$ の最大値に等しい．

つまり，与えられた条件の下で許される範囲で $\{U^{(i)}, \boldsymbol{X}^{(i)}\}$ の値を様々に変えてみたときに，

同じ種類の変数に同じ下付き添え字の番号を割り振ることで，相加性

$$X_k = \sum_i X_k^{(i)} \quad (k = 0, 1, \cdots, t) \tag{3.9}$$

が成り立つようにしておく．

$$\text{複合系の } S = \max_{\text{許される範囲の } \{U^{(i)}, \boldsymbol{X}^{(i)}\}} \widehat{S}(\{U^{(i)}, \boldsymbol{X}^{(i)}\}) \qquad (3.11)$$

であり，最大値を与える $\{U^{(i)}, \boldsymbol{X}^{(i)}\}$ の値がその平衡値になる，という要請である．次章以降で説明するように，この要請により，複合系の，与えられた条件の下で達成される平衡状態が，通常の目的には十分な程度に決定できる．

まとめると，要請 II は次のようになる：

━━━━━ 要請 II：エントロピー ━━━━━

(i) **[エントロピーの存在]** 任意の系の様々な平衡状態のそれぞれについて，値が一意的に定まる**エントロピー** (entropy) という量 S が存在する．

さらに，系に対して行う操作の範囲を決めたとき，それらの操作を含む適当な一群の操作たちと，それらによって移り変わる状態たちについて，以下が成り立つ．

(ii) **[単純系のエントロピー]** 単純系の S は，エネルギー U と，いくつかの相加変数 $\boldsymbol{X} \equiv X_1, ..., X_t$ の関数である：

$$S = S(U, \boldsymbol{X}) \qquad \text{（単純系）}. \qquad (3.12)$$

これを（エントロピー表示の）**基本関係式** (fundamental relation) と呼び，$U, \boldsymbol{X} \, (= U, X_1, \cdots, X_t)$ をエントロピーの**自然な変数** (natural variables) と呼ぶ．変数の数 $t+1$ は，変数の値と無関係である．単純系の部分系は，元の単純系と同じ基本関係式を持つ．

(iii) **[基本関係式の解析的性質]** 基本関係式 (3.12) は，連続的微分可能であり，特に U についての偏微分係数は，正で（U が物理的に許される範囲のすべての値をとりうるならば）下限は 0 で上限はない．

(iv) **[均一な平衡状態]** 平衡状態にある単純系は，それぞれがマクロに見て空間的に均一な部分系たちに分割できる（部分系の間の境界はマクロに見て無視できる）．それぞれの均一な部分系の状態は，エントロピーの自然な変数 $U, \boldsymbol{X}$ が適切に選んであれば，その部分系の $U, \boldsymbol{X}$ の値で一意的に定まる．また，その部分系には，それと同じ $U, \boldsymbol{X}$ の値を持つ不均一な平衡状態は存在しない．

(v) [**エントロピー最大の原理**] 単純系 i $(= 1, 2, \cdots)$ のエントロピーの自然な変数を $U^{(i)}, \boldsymbol{X}^{(i)}$ $(= U^{(i)}, X_1^{(i)}, \cdots, X_{t_i}^{(i)})$, 基本関係式を $S^{(i)} = S^{(i)}(U^{(i)}, \boldsymbol{X}^{(i)})$ とするとき, これらの単純系の複合系は, 与えられた条件の下で, すべての単純系が平衡状態にあって, かつ

$$\widehat{S} \equiv \sum_i S^{(i)}(U^{(i)}, \boldsymbol{X}^{(i)}) \tag{3.13}$$

が最大になるときに, そしてその場合に限り, 平衡状態にある. そのときの複合系のエントロピーは, $\widehat{S}$ の最大値に等しい.

後に 6.6 節で, 要請 I, II の他にもうひとつ付加的な仮説を紹介する. しかし, その付加的な仮説がなくても熱力学は強力な理論として成立するので, **要請 I, II が熱力学の基本的な要請（基本原理）である**[19]. 次章以降で, この 2 つの要請から何が結論できるかを詳しく調べてゆく（これはちょうど, 数学で, 少数の公理から数多くの定理を導いて無数の問題を解いてゆくのと同様である）. 読者は, この 2 つの要請が導く広大な世界に驚くに違いない.

---

19) 後の章で示すように, これらの要請から, いわゆる「熱力学第一法則」も「熱力学第二法則」も導かれる.

第4章

要請についての理解を深める

前章で，熱力学の基本原理をすべて提示したが，この章では，まず具体例で
その基本的な使い方を理解してもらう．ついで，物理的な意味や幾何学的解釈
などを説明して理解を深める．

4.1 簡単な具体例

要請 II-(v) を，2.7.2 項の複合系に適用してみよう．ここでやってみること
は，全系（複合系）の U, V, N と内部束縛条件が与えられたときに，図 2.3 の
(a), (b) それぞれの場合にどのような平衡状態が実現されるかを見いだすこと
である．

4.1.1 単純系への分割

要請 II-(v) を適用するために，この複合系を単純系に分割して考える．(a),
(b) いずれの場合も，仕切を境にして 2 つの部分系 1, 2 に分けて考えれば，部
分系がすべて単純系になる．したがって，部分系が平衡状態にあるときのエン
トロピー $S^{(i)}$ $(i = 1, 2)$ は，$U^{(i)}, V^{(i)}, N^{(i)}$ の関数として一意的に定まる：

$$S^{(i)} = S^{(i)}(U^{(i)}, V^{(i)}, N^{(i)}). \tag{4.1}$$

これを足しあげたものが $\widehat{S}$ である：

$$\widehat{S} \equiv S^{(1)}(U^{(1)}, V^{(1)}, N^{(1)}) + S^{(2)}(U^{(2)}, V^{(2)}, N^{(2)}). \tag{4.2}$$

これは $U^{(1)}, V^{(1)}, N^{(1)}, U^{(2)}, V^{(2)}, N^{(2)}$ の関数であるが，これらの変数は全系
（複合系）の U, V, N と，

$$U = U^{(1)} + U^{(2)}, \; V = V^{(1)} + V^{(2)}, \; N = N^{(1)} + N^{(2)} \tag{4.3}$$

のように関係しているので，$\widehat{S}$ は $U, V, N, U^{(1)}, V^{(1)}, N^{(1)}$ の関数としても表

せる：

$$\widehat{S} = \widehat{S}(U^{(1)}, V^{(1)}, N^{(1)}, U^{(2)}, V^{(2)}, N^{(2)}) = \widehat{S}(U, V, N, U^{(1)}, V^{(1)}, N^{(1)}).$$
(4.4)

例によって，中辺と右辺は関数形が異なるが，同じ記号 $\widehat{S}(\ )$ を用いた.

4.1.2 エントロピー最大の原理の適用

要請 II-(v) によれば，この複合系の平衡状態は，与えられた条件（U, V, N の値と内部束縛と (4.3)）の下で，$\widehat{S}$ が最大になるような $\{U^{(i)}, V^{(i)}, N^{(i)}\}$ の値を持った状態である. 得られた $\widehat{S}$ の最大値

$$S \equiv \max_{\text{許される範囲の } \{U^{(i)}, V^{(i)}, N^{(i)}\}} \widehat{S}$$
(4.5)

が，この複合系（が平衡状態にあるとき）のエントロピー S であり，それを与える $\{U^{(i)}, V^{(i)}, N^{(i)}\}$ の値が，この複合系（が平衡状態にあるとき）の $\{U^{(i)}, V^{(i)}, N^{(i)}\}$ の値（平衡値）である.

与えられた条件のうち，(a), (b) で異なるのは内部束縛だけであり，(a) では C_1, (b) では C_1, C_2 であった. この束縛の違いにより，**動かせる $U^{(i)}$,** **$V^{(i)}$, $N^{(i)}$ の範囲が**，(a) と (b) とで異なる. このために，S や $U^{(i)}, V^{(i)}$, $N^{(i)}$ の平衡値も，したがって平衡状態も，(a) と (b) とで異なることになる. いずれの場合も，以下の結果からわかるように，**複合系の S の値は，U, V,** **N と内部束縛の関数として一意的に決まる**. すなわち，S は，(a) では U, V, N と C_1 の関数 $S = S(U, V, N; C_1)$ で，(b) では U, V, N と C_1, C_2 の関数 $S = S(U, V, N; C_1, C_2)$ になる.

束縛条件である C_1 や C_2 の関数というのは意味がわかりにくいかもしれないが，2.7.2 項で説明したようにしてこれらを相加変数で表現しておけば，単に，それらの相加変数の関数になっているという意味である. たとえば，C_2 を，$V^{(1)}$ の値を（あらかじめ与えられた値に）与えることによって（たとえば $V^{(1)} = 0.6 \text{ m}^3$ のように）表現すると，「S の値は，U, V, N だけでなく，$V^{(1)}$ の値にも依存する」という意味である[1].

---

1) $V^{(2)}$ への依存性については，2.7.2 項で説明したように，V と $V^{(1)}$ の値を与えれば (4.3) より $V^{(2)}$ の値も与えたことになるので，自動的に考慮されている.

4.1.3　具体的な計算

　具体的に計算するために，容器に入れた物質が，p.47 例 3.3 のようなものだとしよう．3.3.6 項で述べたように形状だけの違いがあっても同一視できるので[2]，$U^{(i)}, V^{(i)}, N^{(i)}$ の平衡値さえ求めれば，部分系 i の平衡状態を完全に求めたことになる．そうやって**すべての部分系の平衡状態を完全に求めれば，複合系の平衡状態も完全に求まったことになる**．複合系は，単にその部分系たちがくっついているだけだからだ．

　簡単のため，C_1 は

$$N^{(1)} = N/2 \quad (\text{ゆえに } N^{(2)} = N/2) \tag{4.6}$$

であるとして，(3.5) を (4.2) の右辺に代入すると，

$$\widehat{S} = K \left(\frac{N}{2} \right)^{1/3} \left[\left(U^{(1)} V^{(1)} \right)^{1/3} + \left(U^{(2)} V^{(2)} \right)^{1/3} \right]. \tag{4.7}$$

これが (4.3) を満たす範囲で最大になる条件を見つけるために，(4.3) を代入して $U^{(2)}, V^{(2)}$ を消去すると，

$$\widehat{S} = K \left(\frac{N}{2} \right)^{1/3} \left[\left(U^{(1)} V^{(1)} \right)^{1/3} + \left((U - U^{(1)})(V - V^{(1)}) \right)^{1/3} \right]. \tag{4.8}$$

これのグラフは図 4.1 のようになる．**図 3.2 (p.47) の個々の単純系のエントロピーは上限がないのに，$\widehat{S}$ は最大値を持つ**ことに注目して欲しい．だからこそ，$\widehat{S}$ の最大値を議論することに意味があるのだ．

　ここから先の計算は，(a), (b) で異なる．まず (b) の場合は，C_2 が課されていて $V^{(1)}$ の値が固定されているから，

$$S(U, V, N; C_1, C_2) = \max_{U^{(1)}} \widehat{S} \tag{4.9}$$

が，この複合系が平衡状態にあるときのエントロピー S であり，それを与える $U^{(1)}$ の値が，$U^{(1)}$ の平衡値である．1 つの変数 $U^{(1)}$ だけをふって最大値を求めるのだから，高校で習った 1 変数関数の最大値を求めるやり方で求まる．すなわち，(4.8) を $U^{(1)}$ で偏微分したものを 0 とおいて $U^{(1)}$ の平衡値を求め，その平衡値を (4.8) に代入すれば $S = \max_{U^{(1)}} \widehat{S}$ を得る．結果は，

---

2)　♠17 章に述べる定理から一次相転移も起こらないことがわかるので，「実質的に」ではなく完全に同一視できる．

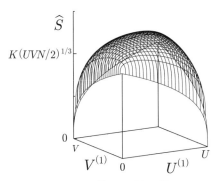

図 4.1 式 (4.8) で与えられる $\widehat{S}$ を，$U^{(1)}, V^{(1)}$ の関数としてプロットしたグラフ．

$S(U, V, N; C_1, C_2)$

$$= K \left(\frac{UN}{2} \right)^{1/3} \left[\left(\frac{V^{(1)}}{1 + \sqrt{\dfrac{V - V^{(1)}}{V^{(1)}}}} \right)^{1/3} + \left(\frac{V - V^{(1)}}{1 + \sqrt{\dfrac{V^{(1)}}{V - V^{(1)}}}} \right)^{1/3} \right],$$

$$(4.10)$$

$$U^{(1)} = \frac{U}{1 + \sqrt{\dfrac{V - V^{(1)}}{V^{(1)}}}}. \tag{4.11}$$

たとえば，C_2 が

$$V^{(1)} = V/3 \quad (\text{ゆえに } V^{(2)} = 2V/3) \tag{4.12}$$

であれば，

$$S(U, V, N; C_1, C_2) = \frac{\left(1 + \sqrt{2}\right)^{2/3}}{6^{1/3}} K(UVN)^{1/3}, \tag{4.13}$$

$$U^{(1)} = (\sqrt{2} - 1)U \quad \left(\text{ゆえに } U^{(2)} = (2 - \sqrt{2})U\right) \tag{4.14}$$

が，平衡状態における $S, U^{(1)}$ の値になる．これは，図 4.1 で言えば，$V^{(1)} = V/3$ という，$U^{(1)}$ 軸に平行な平面上で $\widehat{S}$ の最大値を探したことになる．

　一方，(a) の場合は，C_2 が課されていないので，$U^{(1)}$ だけでなく $V^{(1)}$ の値

も変わりうるから,

$$S(U, V, N; C_1) = \max_{U^{(1)}, V^{(1)}} \widehat{S} \tag{4.15}$$

が, この複合系が平衡状態にあるときのエントロピー S であり, それを与える $U^{(1)}, V^{(1)}$ の値が, その平衡値である. これらを求めるには,

$$S(U, V, N; C_1) = \max_{U^{(1)}, V^{(1)}} \widehat{S} = \max_{V^{(1)}} \left(\max_{U^{(1)}} \widehat{S} \right) = \max_{V^{(1)}} S(U, V, N; C_1, C_2) \tag{4.16}$$

であるから (最後の等式は (4.9) を用いた), $V^{(1)}$ を変化させたときの (4.10) の右辺の最大値と, それを与える $V^{(1)}$ の値を求めればよい. そのためには, (4.10) の右辺を $V^{(1)}$ で偏微分してゼロとおけばいいのだが, それをまともに計算するのは少し面倒だ. そこで落ち着いて眺めてみると, (4.10) の右辺は, $x = V^{(1)}$, $X = V$ とおいたときに,

$$f(x) + f(X - x) \tag{4.17}$$

という形をしている. 実は, **この形は熱力学で頻繁に出てくる**ので, この機会に扱い方を説明しよう. 上式を x で微分したものをゼロとおくと,

$$f'(x) = f'(X - x) \tag{4.18}$$

を得る. 次章で示すように, きちんと要請 II の要請を満たすエントロピーの表式から出発したのであれば, $f'(x)$ は x について (1.4 節で説明した意味での) 単調関数になる. しかも今の場合は, $f(x)$ が x の 1 次式ではないから $f'(x)$ は定数ではない. ゆえに, $f'(x)$ は強単調関数である. したがって, 上式を満たすのは,

$$x = X - x \quad \text{すなわち} \quad x = \frac{X}{2} \tag{4.19}$$

のときだけである. つまり, (4.10) は

$$V^{(1)} = V/2 \quad (\text{ゆえに } V^{(2)} = V/2) \tag{4.20}$$

のときに最大になり, これを (4.10), (4.11) に代入して,

$$S(U, V, N; C_1) = K(UVN)^{1/3} \qquad (4.21)$$

$$U^{(1)} = U/2 \quad (\text{ゆえに } U^{(2)} = U/2) \qquad (4.22)$$

が, $S, U^{(1)}$ の平衡値 になる. これは, 図 4.1 で言えば, $U^{(1)}, V^{(1)}$ に特に制限をおかずに $\widehat{S}$ の最大値を探したことになる. だから, まさしくグラフが一番高くなっている $V^{(1)} = V/2, U^{(1)} = U/2$ という点が得られたのだ. こうして得られた (4.20)〜(4.22) は, 先に求めた (4.12)〜(4.14) とは値が異なる. すなわち, C_2 の有無によって, 異なる平衡状態が達成される.

問題 4.1 （**重要：本書を理解するために必ず解いてください！**）この節の議論の内容を, 図 2.3 と (3.5) だけを見て, 自分のスタイルで繰り返せ.

4.2 物理的意味と幾何学的解釈

前節の具体例で, 要請 I, II を使ってどう計算するかは見えてきたと思う. 本節では, その物理的意味と幾何学的解釈を説明する.

4.2.1 局所平衡状態

物理的意味を見るためには, **エントロピーは平衡状態でしか定義されていない**ことに着目する. つまり, $S^{(i)}$ も S も, 平衡状態でしか定義されていない.

たとえば, (4.2) の右辺の和のひとつひとつの項 $S^{(i)}(U^{(i)}, V^{(i)}, N^{(i)})$ は, 部分系 $i (= 1, 2)$ が, 引数として与えられる $U^{(i)}, V^{(i)}, N^{(i)}$ の値をもって平衡状態にあるときのエントロピーの値である. つまり, $U^{(i)}, V^{(i)}, N^{(i)}$ の値には（許される範囲で）何を代入しようが, 部分系 i にはそれぞれの値に対応した平衡状態があり, その平衡状態におけるエントロピーの値が $S^{(i)}(U^{(i)}, V^{(i)}, N^{(i)})$ である.

ところが, そのように部分系たちの $U^{(i)}, V^{(i)}, N^{(i)}$ の値を（許される範囲で）勝手に設定したならば, それらはたいていは, 複合系全体が平衡状態にあるときの平衡値とは異なる. 複合系の平衡状態を与えるのは, $\widehat{S}$ を最大にするという特殊な値の $U^{(i)}, V^{(i)}, N^{(i)}$ だけだからだ.

ところが, 勝手に設定した $U^{(i)}, V^{(i)}, N^{(i)}$ の値に対しても, (3.13) の右辺の和の各項はきちんと定義されているのだから, 足した結果である $\widehat{S}$ もきちんと定義できている. このように, $\widehat{S}$ は, 複合系としては平衡状態ではないよ

うな $U^{(i)}, V^{(i)}, N^{(i)}$ の値についても定義されているのである.

　一般に，全系を見ると平衡状態ではないかもしれないが，適当に分割したときの各部分系を見ると（つまり局所的には）平衡状態と見なせるような状態を，**局所平衡状態** (local equilibrium state) と呼ぶ. このような状態は，実際の実験で現れるとは限らないので[3)]，一般には**仮想的な状態** (virtual state) にすぎない. 上記のように，そのような仮想的な状態についても，$\hat{S}$ の方は定義できているわけだ. そして，$U^{(i)}, V^{(i)}, N^{(i)}$ の値を様々に振って $\hat{S}$ の最大値を求めることは，いわば，$U^{(i)}, V^{(i)}, N^{(i)}$ の値を仮想的に変化させてみて $\hat{S}$ の最大値を求めることになる[4)].

　このような $\hat{S}$ のことを，S と同じに「エントロピー」と呼んでしまう文献も少なくないが，本書では混乱を避けるために，$\hat{S}$ は**局所平衡エントロピー**と呼ぶことにする. これらの用語を用いて要請 II-(v) を大ざっぱに表現すると次のようになる:

── 要請 II-(v)（エントロピー最大の原理）**の大ざっぱな表現 ──**

様々な局所平衡状態の中で，与えられた条件下で局所平衡エントロピーを最大にする状態が平衡状態である.

4.2.2　状態空間

　上に述べたことを幾何学的に解釈してみよう. 一般の場合について説明するが，それがわかりにくく感じる人は，$t = 1$ で $U, X_1 = U, V$ という 2 変数である場合を想定して読むとよい.

　まず，単純系を考える. そのエントロピーの自然な変数 $U, \boldsymbol{X}$ $(= U, X_1, \cdots, X_t)$ を座標軸とする（我々の住む 3 次元空間ではない数学的な）空間 $\mathcal{E}$ を考える. 座標軸の数，つまりこの空間の次元 $\dim \mathcal{E}$ は，

---

3) もちろん，束縛を自由に追加してよいのならば，そのような状態を実際に作れる. すなわち，$\{U^{(i)}, \boldsymbol{X}^{(i)}\}$ を所望の値に固定する束縛を課した上で全系が平衡状態になるまで待てば，そのような状態を実現できる. しかし，束縛の追加なしでは一般には難しい.

4) ♠ このような $U^{(i)}, V^{(i)}, N^{(i)}$ の仮想的な変化を**仮想変位** (virtual displacement) と呼ぶ. この類のことは，物理ではよく行われる. その典型例が解析力学で，ラグランジアン $L(q, \dot{q})$ は，実現しないような仮想的な軌道に対応する $q, \dot{q}$ の値についても定義されている. そして，$q, \dot{q}$ の値をそのような仮想的な値も含めて様々に変化させてみたときに，作用積分が極値を持つような $q, \dot{q}$ が実現する軌道となる.

$$\dim \mathcal{E} = t + 1 \tag{4.23}$$

である. この空間の各々の点は, この単純系の平衡状態と一対一に (不均一な平衡状態についても 3.3.6 項で述べたように少なくとも実質的に) 対応する[5]. そこで, この空間のことを単純系の**熱力学的状態空間** (thermodynamic state space), または単に**状態空間** (state space) と呼ぶ.

$\mathcal{E}$ の各々の点について, S の値がひとつずつ定義されている. つまり, **S は状態空間の上で定義された関数である**と解釈できる. その形状は, もう一本の座標軸 S を追加した $(t+2)$ 次元空間で S 軸を上向きにして $S = S(U, \boldsymbol{X})$ のグラフを描くと, 次章で述べるように, 必ず, 背中を丸めたようになっている. その一例が図 3.2 (p.47) である.

次に, 複合系について考えよう. 例によって単純系たちに分割して考え, すべての単純系のエントロピーの自然な変数を集めた $\{U^{(i)}, \boldsymbol{X}^{(i)}\}$ $(= \{U^{(i)}, X_1^{(i)}, \cdots, X_{t_i}^{(i)}\})$ を座標軸とする (我々の住む 3 次元空間ではない数学的な) 空間 $\widehat{\mathcal{E}}$ を考える. 座標軸の数, つまりこの空間の次元 $\dim \widehat{\mathcal{E}}$ は, 各部分系の状態空間 $\mathcal{E}_i$ の次元の和である:

$$\dim \widehat{\mathcal{E}} = \sum_i \dim \mathcal{E}_i = \sum_i (t_i + 1) \geq \dim \mathcal{E}. \tag{4.24}$$

最後の不等式は, $U = \sum_i U^{(i)}, X_1 = \sum_i X_1^{(i)}, \cdots$ で張られる $\mathcal{E}$ が $\widehat{\mathcal{E}}$ の部分空間だからである. $\widehat{\mathcal{E}}$ の各々の点が, 4.2.1 項で述べた局所平衡状態である. この空間 $\widehat{\mathcal{E}}$ のことも「状態空間」と呼ぶ文献もあるが, $\mathcal{E}_i$ とは違って, この空間の大部分の点は複合系の平衡状態ではない. そこで本書では, $\widehat{\mathcal{E}}$ を**局所平衡状態空間**と呼んで, 状態空間とは区別しておく. **$\widehat{S}$ は局所平衡状態空間の上で定義された関数**なのである. その一例が図 4.1 (p.63) である.

ところで, 4.1 節で見たように, $U, \boldsymbol{X}; \boldsymbol{C}$ $(= U, X_1, \cdots, X_t; C_1, \cdots, C_b)$ の値を一組指定すると, $\{U^{(i)}, \boldsymbol{X}^{(i)}\}$ の値の範囲が制限される. これは, 局所平衡状態を, $\widehat{\mathcal{E}}$ の中のある (多次元の) 面の中に制限することと解釈できる. その面の中で $\widehat{S}$ の値が最大になる点を見つければ, それが複合系の平衡状態であり, その最大値が複合系のエントロピー S である. たとえば 4.1 節の (b) の場合は, $U^{(1)}$ 軸に平行な平面上で $\widehat{S}$ の最大値を探して平衡状態を見つけた

---

5) それに対して, 非平衡状態は, エントロピーの自然な変数だけでは一般にはまったく状態が定まらないので, **非平衡状態は状態空間の中にはいない**.

のであった.

　$U, \boldsymbol{X}; \boldsymbol{C}$ の値を様々に変えると，それらが定める面も様々に変わるので，$\hat{S}$ の最大値 S も様々に変わる．このため，S の値は $U, \boldsymbol{X}; \boldsymbol{C}$ の関数になる．このとき，$U, \boldsymbol{X}$ の値が同じであれば，内部束縛 $C_1, \cdots, C_b$ が少ないほど，最大値を探す範囲が広くなるので S は大きくなる．ゆえに[6]，

定理 4.1　任意の内部束縛 C_k について，(それがあるときのエントロピー) ≤ (ないときのエントロピー) である:

$$S(U, \boldsymbol{X}; \cdots, C_{k-1}, C_k, C_{k+1}, \cdots) \leq S(U, \boldsymbol{X}; \cdots, C_{k-1}, C_{k+1}, \cdots).$$
$$(4.25)$$

要するに，**$U, \boldsymbol{X}$ の値が同じなら，内部束縛が少ないほどエントロピーは大きな値になる**.

4.3　要請 II について

4.3.1　エントロピー最大の原理の言い換え

　要請 II-(i) より，平衡状態における S の値は一意的に決まっている．その値は，単純系の場合には，要請 II-(ii) より $U, \boldsymbol{X}$ の値で決まる．複合系の場合でも，要請 II-(v) より (4.1 節の例でも見たように)，系全体の $U, \boldsymbol{X}$ の値と，内部束縛 $\boldsymbol{C}$ $(\equiv C_1, \cdots, C_b)$ を与えれば，S の値が定まる．つまり，複合系の S は，$U, \boldsymbol{X}$ と $\boldsymbol{C}$ の関数である:

$$S = S(U, \boldsymbol{X}; \boldsymbol{C}) \quad (複合系).\qquad (4.26)$$

この関数について，要請 II-(v) から直ちに次の定理を得る[7]:

定理 4.2　複合系の S は，どの部分系も単純系になるように任意に分割したときに，その部分系たちのエントロピー $S^{(i)}$ との間で

---

6)　参考文献 [2] では，この定理を基本的な要請に選んでいる.

7)　♠$U, X_1, \cdots, X_t$ の値があらかじめ固定されてはいない場合でも，$U, X_1, \cdots, X_t$ の取りうる値のそれぞれについて (4.27) が成り立つ.

$$S(U, \boldsymbol{X}; \boldsymbol{C}) \geq \sum_i S^{(i)}(U^{(i)}, \boldsymbol{X}^{(i)}) \quad (\text{等号は平衡状態}) \qquad (4.27)$$

を満たし，等号は，$\{U^{(i)}, \boldsymbol{X}^{(i)}\}$ の値が平衡値を持つときに，そしてその場合に限り成立する．ただし，右辺の $\{U^{(i)}, \boldsymbol{X}^{(i)}\}$ の値の範囲は，左辺の引数として与えられた $U, \boldsymbol{X}; \boldsymbol{C}$ の下で，相加性を満たすような範囲内とする．

この定理は便利なので，次章以降でしばしば利用する．

4.3.2 ♠ 単純系への分割の任意性

要請 II-(v) のエントロピー最大の原理は，単純系から複合系を構成するような表現にしてある．

一方，実用上は，まず複合系が与えられて，それを単純系に分割して適用することが多い．このとき，単純系への分割は一意的ではないので，様々な分割の仕方がありうる．その**すべての分割の仕方について (3.11) が要請される**．

また，たとえ**分割前の系が単純系であっても構わない**．それを任意に部分系に分割したとき，やはり (3.11) が成り立つ．そのため，図 3.5 を壁のところで分割するような必要最低限の分割だけ考えれば十分である．それ以上分割してもやはり (3.11) が成り立つことになるからだ．

さらに，分割前の系が単純系のとき，まったく分割しなくても，それは一個の部分系に分割しているわけだから，やはり (3.11) が成り立つ．ときには，そのような使い方も有用になる．

要請 II-(v) の表現は，これらのことも含意するような表現にしたつもりである．

4.3.3 基本関係式の求め方

系を構成する単純系たちの基本関係式が知れていれば，$\widehat{S}$ の関数形がわかる．そうすれば，与えられた条件の下で達成されうる平衡状態に関して，要請 II が予言してくれる．したがって，**任意の系が与えられたとき，その部分系を成す単純系の基本関係式が具体的に知れれば，系の熱力学的性質に関する完全な知識を得たことになる**．では，どうやって基本関係式の具体形を，その自

然な変数が具体的に何であるかを含めて，知ることができるのか？[8]

　そのひとつの方法は，実験で決定することである．たとえば 14.7 節で述べるような実験を行うことで基本関係式が決定できれば，それを用いて，**まだ実験を行っていないような事柄についてもすべて予言できるようになる**ので，これはとても有用なやり方である．

　別の方法としては，ミクロ系の物理学（量子論や古典力学）と「統計力学」（21 章参照）を用いて基本関係式を計算で求めることである．計算がうまく遂行できる場合には，**まだ何も実験が行われていないような系についても様々な予言ができる**ことになり，これも非常に有用なやり方である．

　ただしこれは，簡単な系を除くと大変に困難で，しばしば実行不可能ですらある作業なので，量子論と統計力学さえあれば良いというわけにはいかず，実験などの助けを借りる必要がある．そもそも，たとえ基本関係式を量子論と統計力学で首尾良く求めることができたとしても，熱力学の助けがなければ，量子論と（平衡）統計力学だけでは，たとえば 11 章で導く熱機関の最大効率すら計算できない．前にも述べたように，量子論で直接にマクロ系の振舞いを予言することは事実上不可能だからだ．

　このように，実験と理論が揃ってはじめて，その理論も**量子論・統計力学・熱力学の 3 者が揃ってはじめて**，マクロ系について**様々な予言ができるよう**になるのである．

4.3.4 ♠ 混合物の基本関係式

　物質 A だけが容器に入っている単純系の基本関係式が $S_A = S_A(U, V, N_A)$ で，別の物質 B だけが容器に入っている単純系の基本関係式が $S_B = S_B(U, V, N_B)$ であることがわかっているとする．一方，ひとつの容器に物質 A,B が両方とも入っている単純系の基本関係式を $S = S(U, V, N_A, N_B)$ とする．このとき，$S_A(U, V, N_A)$ と $S_B(U, V, N_B)$ の知識だけから $S = S(U, V, N_A, N_B)$ はわかるのだろうか？　答えは，一般にはノーである．

　もしも，A,B が決して混じり合わずに，いつも容器の中で分離しているのであれば，それぞれの U, V に添え字 A,B を付けて，単純に $S = S_A(U_A, V_A,$

---

8)　このように，基本原理以外にも系に特有な情報が必要になるのは，熱力学に限ったことではない．たとえば古典力学では，基本原理は運動方程式（またはラグランジアン）だが，個々の系の運動方程式（ラグランジアン）がどうなるかは，その変数が具体的に何であるかを含めて，別途必要な情報である．

$N_A) + S_B(U_B, V_B, N_B)$ が成り立つのだが，混じり合うことがあれば，こうは
いかない．たとえば，水と油がひとつの容器に入っている系を考える．我々が
普段目にするような温度・圧力では，水と油は分離している（ほとんど溶け合
わない）．しかし，別の温度・圧力では，一様に混ざることもある（たとえば，
温度を上げて両者が気体になれば，混合気体になる）．だから，水の基本関係
式と油の基本関係式を個別に知っていても，この系の基本関係式はわからな
い．

　このように，一般には，**混合物の熱力学的性質は，個別の物質の熱力学的性
質からはわからない**．ただし，適当な仮定のもとで，混合物の基本関係式を近
似的に構成することはできる．もちろん，その近似が有効な範囲でしか使えな
いが，それでも様々な有用な結果を得ることができる．それはとくに化学の分
野で活用されているので，19 章で解説する．

　なお，物質 A,B から成る単純系で，A,B が容器の中で分離しているような
平衡状態において，A だけから成る部分を取り出して別の容器に移したと
する．その A だけから成る単純系の基本関係式 $S = S_A(U, V, N_A)$ は，物質
A,B から成る単純系の基本関係式 $S = S(U, V, N_A, N_B)$ で $N_B = 0$ とおいた
ものに等しい．このように，要請 II-(ii) の「単純系の部分系は，元の単純系
と同じ基本関係式を持つ」という主張は，異なる物質が空間的に分離している
単純系の平衡状態でも矛盾なく成り立つ．

4.3.5 ♠ エントロピーとは何か？

　「〇〇さんはどういう人？」と訊かれても，「優しい人だ」（性格）「3 人姉妹
だ」（家族構成）「チャイコフスキーが好きだ」（音楽の趣味）などとたくさん
の「答え」があるように，「エントロピーとは何か？」という問いの答えも無
数にありうる[9]．その中で，この章に記したのは，熱力学を理解する上での核
心的な側面である．しかしそれだけでは不満だという人のために，本書を読み
進めるうちにわかってくるエントロピーの意味のうちで，最も重要なことを先
取りして述べよう．

　それは，10 章で述べるように，エントロピーが状態変化の可能性と深く関
係しているということである．たとえば，断熱・断物の壁で囲まれた系には，

---

[9] 今までに発見された「答え」だけでも，それをすべて書き並べたらこの本よりも厚い本
になってしまう．

どんなふうに力学的仕事をしようとも，エントロピーを減少させるような状態変化を引き起こすことはできないことがわかる．このように，**マクロ系に引き起こせる変化には，ミクロ系の物理学にはないような原理的制限があり，エントロピーはそれを簡潔にかつ定量的に表す量になっている**．具体的にこれがもたらす驚くべき結論の数々は，後の章で述べる．

このような著しい帰結を要請 I, II から導くことができるのだが，参考文献 [7] のようにこの定理と要請をひっくり返すこともできる．すなわち，要請 I, II の代わりに，次のような要請を出発点においてみる：「断熱・断物の壁で囲まれた系の任意の2つの状態 A, B について，A から B への状態変化が力学的仕事だけで起こせるか否かが定まっている」．つまり，状態たちの間に一本の序列がつけられる，ということだ．もちろんこれだけでは熱力学の要請としては足りないので，他にもいくつかの要請をおく．そうすると，任意の状態について，その大小がこの序列の順番を決める（$X_A \leq X_B$ であれば A から B への状態変化が力学的仕事だけで起こせる）ような，何か相加的な量 X が（定数倍などのつまらない不定性を除いて実質的に）一意的に定義できることが示せる．それがエントロピーになる．

なお，要請 II では平衡状態についてのみエントロピーを定義している．非平衡状態でもエントロピーを定義しようという試みはたくさんあるのだが，(1) 広い範囲の系に対して well-defined で，(2) どの系にとっても十分な予言力がある量になっていて，(3) 断熱自由膨張などの時間発展があっても平衡状態になるたびに熱力学の S と一致する，という条件を全て満たす定義は今のところない．これに限らず，「情報エントロピー」など，「エントロピー」という言葉が様々な分野で様々な意味で使われるようになった．それらと区別するために，熱力学の S をわざわざ**熱力学エントロピー** (thermodynamic entropy) と呼ぶこともある．これとミクロ系の理論（古典力学や量子力学）との関係は，21章で説明する．

第5章

エントロピーの数学的な性質

　熱力学ではエントロピーがとても重要な役割を担っている．そのことは次章以降の議論で次第に明らかになるが，その前に，要請 II から直ちに導かれる，エントロピーの数学的な性質をいくつかこの章で見ておく．要請 II は見るからに物理的な要請なので，エントロピーの数学的性質についてはほとんど規定していないようにみえるかもしれないが，以下で示すように，実際には非常に多くのことを規定しているのである．

5.1　相加性・同次性・密度

5.1.1　相加性

　要請 I より，系全体（複合系）が平衡状態にあれば，その部分系も平衡状態にある．要請 II-(v) より，そのときの $\{U^{(i)}, V^{(i)}, N^{(i)}\}$ の値（平衡値）を (4.27) の右辺に代入すれば等号が成り立つ：

$$S(U, X_1, \cdots, X_t; C_1, \cdots, C_b) = \sum_i S^{(i)}(U^{(i)}, X_1^{(i)}, \cdots, X_{t_i}^{(i)}) \quad \text{（平衡状態）}.$$

$$(5.1)$$

さらに，この右辺をいくつかの部分系ごとにくくって，たとえば

$$S = (S^{(1)} + S^{(2)}) + (S^{(3)} + S^{(4)} + \cdots) + \cdots \tag{5.2}$$

のようにすると，右辺の最初の括弧は部分系 1 と 2 の複合系である 1＋2 のエントロピーであり，2 番目の括弧は複合系 3＋4＋ ⋯ のエントロピーである．したがって，複合系を合わせてできた複合系についても（つまり，部分系が単純系でないような複合系についても），平衡状態では

$$S = \sum_i S^{(i)} \tag{5.3}$$

が成立する．ゆえに，

定理 5.1 エントロピーは相加的である. したがって, 均一な平衡状態で
は示量的である.

こうして, 平衡状態に関する限り, S は $U, X_1, \cdots, X_t$ と同じように相加的な
マクロ変数になっていることがわかった. ただし, 非平衡状態に関しては, U
などは定義できていても S は定義できていない (4.3.5 項参照) ことを忘れな
いで欲しい.

5.1.2 同次性

4.3.3 項で述べたように, 任意の系が与えられたとき, その部分系を成す単
純系の基本関係式を知れば, 系の熱力学的性質に関する完全な知識を得たこと
になる. そこで, **この章の残りの節では, 単純系だけを扱い**, その基本関係式
の基本的な性質を調べよう. 記述の簡略化のために, U を X_0 と書くことにす
ると, エントロピーの自然な変数は $X_0, X_1, \cdots, X_t$ ということになる. また,
特に断らない限り, $X_1 = V$ に選ぶことにする.

なお, 「均一な平衡状態にある」という条件を付けていない結果は, 平衡状
態が均一でなくても単純系でありさえすれば成り立つのだが, 熱力学を**初めて
学ぶ読者は, 均一な平衡状態にある単純系の話だと思って読むことを勧める**.
均一でない場合が気になる人は, 5.1.4 項も見よ.

まずこの項では, **同次性**というものを説明する. 平衡状態にある単純系を,
どの部分系も $X_0^{(i)}, \cdots, X_t^{(i)}$ の値が同じになるように p 個に仮想的に分割し
て考える. すると,

$$X_k^{(i)} = X_k/p \quad (k = 0, \cdots, t). \tag{5.4}$$

また, (5.1) の左辺からも束縛条件がはずれた

$$S(X_0, \cdots, X_t) = \sum_{i=1}^{p} S(X_0^{(i)}, \cdots, X_t^{(i)}) \tag{5.5}$$

という式を得る. ここで, 単純系の部分系は元の単純系と同じ基本関係式を持
つこと (要請 II-(ii)) を用いた. 両式を合わせると,

$$S(X_0, \cdots, X_t) = pS(X_0/p, \cdots, X_t/p) \tag{5.6}$$

となる．この表式を利用すると，任意の正数 λ に対して次式が示せる（下の問題）：

$$S(\lambda X_0, \cdots, \lambda X_t) = \lambda S(X_0, \cdots, X_t) \qquad \text{（単純系）．} \tag{5.7}$$

たとえば，$X_0, X_1, X_2, \cdots, X_t$ を $U, V, N, \cdots, X_t$ とすると，

$$S(\lambda U, \lambda V, \lambda N, \cdots, \lambda X_t) = \lambda S(U, V, N, \cdots, X_t) \qquad \text{（単純系）} \tag{5.8}$$

ということである．ある関数 $f(x, y, \cdots)$ が，（f の定義域を $(\lambda x, \lambda y, \cdots)$ が飛び出さないような範囲の）任意の正の実数 λ について

$$f(\lambda x, \lambda y, \cdots) = \lambda^\ell f(x, y, \cdots) \qquad \text{（ℓ は実数）} \tag{5.9}$$

を満たすとき，f は ℓ **次同次関数**であると言うことにすると，(5.7) は次のことを言っている：

定理 5.2 単純系のエントロピーは，その自然な変数の 1 次同次関数である．

問題 5.1 (5.7) を示せ．ヒント：$S(U, X_1, \cdots, X_t)$ は連続関数だから，任意の正数 λ に十分近い有理数で成り立つことは，λ でも成り立つ．だから，λ が正の有理数のときに示せば十分である．

5.1.3 エントロピー密度

S の同次性は，様々な形に利用できる．特に，以下に述べる事実は重要である．具体的な方がわかりやすいので，$X_0, X_1, X_2, \cdots = U, V, N, \cdots$ の場合について説明するが，一般の場合も同様である．

V_0 をマクロな大きさの単位体積（たとえば $1\,\mathrm{m}^3$）とする．(5.8) の λ を V_0/V という値にとると，

$$\frac{S\left(V_0 \dfrac{U}{V}, V_0, V_0 \dfrac{N}{V}, \cdots, V_0 \dfrac{X_t}{V}\right)}{V_0} = \frac{S(U, V, N, \cdots, X_t)}{V} \tag{5.10}$$

を得る．右辺を s と書き，左辺の引数の中に現れた量を，

$$u \equiv \frac{U}{V}, \ n \equiv \frac{N}{V}, \ \cdots, \ x_t \equiv \frac{X_t}{V} \tag{5.11}$$

と書くと，これらは，元の量である S や $U, N, \cdots$ の値を単位体積あたりに換算したものなので，**示量変数の密度**を表す[1]．すなわち，s は**エントロピー密度** (entropy density) であり，u は**エネルギー密度** (energy density)，n は**物質量密度**，以下同様である．

　(5.10) の左辺は，V_0 は値が固定されているので，$u, n, \cdots, x_t$ の関数である．したがって (5.10) は，右辺の s が $u, n, \cdots, x_t$ だけの関数だと言っている：

$$s = s(u, n, \cdots, x_t). \tag{5.12}$$

言い換えると，S が $S = Vs(u, n, \cdots, x_t)$ と表せることになる．$S(U, V, N, \cdots, X_t)$ の引数は $(t+1)$ 個あるが，$s(u, n, \cdots, x_t)$ の引数は t 個しかない．余分な 1 個である体積 V は，単に s にかかる係数に過ぎない．これは，系の性質に依らずに（単純系でありさえすれば）成り立つから，**系の個性は s だけに反映される**ことになる．こうして，次のことがわかった：

定理 5.3　エントロピーの自然な変数の数が $(t+1)$ 個であるような単純系の性質は，t 個の変数をもつ関数であるエントロピー密度 s で決まり，基本関係式は次のように表せる：

$$S = S(U, V, N, \cdots, X_t) = Vs(u, n, \cdots, x_t) \qquad (単純系). \tag{5.13}$$

したがって，$s(u, n, \cdots, x_t)$ も**基本関係式**を与える．（ゆえに，13 章に出てくる「完全な熱力学関数」のひとつである．）$u, n, \cdots, x_t$ は，その**自然な変数** (natural variables) であり，これらを座標軸とする t 次元空間は，実質的に，単純系の**熱力学的状態空間** (thermodynamic state space) を成す．なぜなら，あとは V さえ与えれば，$u, n, \cdots, x_t$ を一律に V 倍するという自明な操作で，$U, V, N, \cdots, X_t$ を座標軸とする $t+1$ 次元の熱力学的状態空間に移れる

---

1)　♠5.1.4 項で説明するように，平衡状態が均一でない場合は，これらは**相加変数の平均密度** (mean density of additive variable) になる．

からだ. むしろ, $u, n, \cdots, x_t$ による熱力学的状態空間の方が, あらゆる体積の平衡状態を一網打尽に表していて優れている, とさえ言える.

これからいろいろなことがわかる. たとえば, $t = 0$ では s が定数になってしまうから, **意味がある熱力学の議論をするためには $t \geq 1$ であることが必要**だとわかる. この最低の数 $t = 1$ となる系としては, 5.5 節で述べる系とか, 6.5 節で述べる電磁場 (光子気体) などがある.

(5.13) を V で割り算すればわかるように, 上の議論でわかったことは結局は, 単純系では

$$s \equiv \frac{S(U, V, N, \cdots, X_t)}{V} \tag{5.14}$$

が $u, n, \cdots, x_t$ だけの関数になる, ということである. だから, **実際に s を求める際には, V_0 を持ち出す必要はなく, いきなりこの式の右辺を計算して, その結果を $u, n, \cdots, x_t$ の関数として表せばよい** (下の問題参照). そのように表すことがいつも可能だ, ということを上で示したわけだ.

また, 上の定理とは逆向きに, **もしも S が (5.13) のようにエントロピー密度で表せれば, S が 1 次同次関数であることが保証される**. なぜなら, $S(U, V, N, \cdots, X_t) = V s(U/V, N/V, \cdots, X_t/V)$ であれば, $S(\lambda U, \lambda V, \lambda N, \cdots, \lambda X_t) = \lambda V s(U/V, N/V, \cdots, X_t/V) = \lambda S(U, V, N, \cdots, X_t)$ となるからである.

なお, 前にくくり出す相加変数として上では V を選んだが, 他の相加変数を選んでもよい. たとえば, N を前にくくり出すと, 単位物質量あたりの相加変数

$$u \equiv \frac{U}{N}, \ v \equiv \frac{V}{N}, \ \cdots, \ x_t \equiv \frac{X_t}{N} \tag{5.15}$$

の関数である s を用いて,

$$S(U, V, N, \cdots, X_t) = N s(u, v, \cdots, x_t) \quad \text{(単純系)} \tag{5.16}$$

と表せる. この s は, 「単位物質量あたりのエントロピー」だが, それは, N の単位に mol を使えば 1 mol あたりのエントロピーだし, 「個」を使えば 1 粒子あたりのエントロピーである[2]. $u, v, \cdots, x_t$ についても同様であり, これ

---

2) 1粒子ではマクロ系にならないので奇異に感じるかもしれないが, 単に $s \equiv S/N$ で s を定義したと思えばよい.

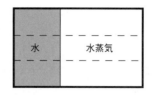

図 **5.1**　水と水蒸気が共存する不均一な平衡状態にある単純系を，どの部分系も $U^{(i)}, V^{(i)}, N^{(i)}$ の値が同じになるように分割する仕方の例．3 分割するのであれば，点線のところを境に分割すればよい．

らが，単位物質量あたりのエントロピー密度の自然な変数である．

問題 5.2　S が (3.5) で与えられるとき，(i) $S(U, V, N)$ が 1 次同次関数であることを確認せよ．(ii) (5.13) のエントロピー密度と，(5.16) のエントロピー密度を求めよ．

5.1.4 ♠ 均一でない平衡状態について

ここまでに述べた結果のうち，定理 5.2 と定理 5.3 は単純系であればたとえその平衡状態が均一でなくても成り立つ．この点について説明を加える．（定理 5.1 はもっと一般に，複合系でも成り立つが，それは導出から明らかだろう．）

定理 5.2 の導出において，平衡状態にある単純系を，どの部分系も $X_0^{(i)}, \cdots,$ $X_t^{(i)}$ の値が同じになるように仮想的に分割して考えた．図 5.1 に示したように，平衡状態が均一でない場合でもこれは可能である．つまり，部分系の体積がどれも同じになるようにするだけでなく，水の部分と水蒸気の部分の比率が全体系と同じになるように分割すればよいのである（これに対して，水が多めの部分系や水蒸気が多めの部分系を作ってしまうと，部分系ごとに，$V^{(i)}$ の値は同じでも $U^{(i)}, N^{(i)}$ の値が異なってしまう）．こうして，やはり定理 5.2 が導ける．

定理 5.3 は定理 5.2 から導けるから，やはり平衡状態が均一でなくても成り立つ．その場合，$u = U/V$ の値は，単純に全体の U を全体の V で割り算した，U の単純平均である．しかし，その値はちょうど，水の部分のエネルギー密度 u^l（= 水の部分のエネルギー U^l／水の部分の体積 V^l）と水蒸気の部分のエネルギー密度 u^g（= 水蒸気の部分のエネルギー U^g／水蒸気の部分の体積 V^g）を，体積の重みを付けて平均した値 $(V^l u^l + V^g u^g)/(V^l + V^g)$ に等し

い．つまり u は，体積の重み付けをして平均した**平均エネルギー密度**だとも言える．同様のことが，**平均物質量密度** n についても，**平均エントロピー密度** s についても言える．

　なお，単純系の平衡状態が均一か否かを判定する方法は，17章で紹介する．それまでは，均一だと思って計算して構わない．

5.2 凸関数

　次の節でエントロピーが「上に凸な関数」であることを示したいので，まずこの節で「凸関数」とは何かを説明する．

5.2.1 1変数の凸関数

　図5.2のように，ある関数 $y = f(x)$ のグラフが丸めた背中のように湾曲しているとする．すると，グラフの上の任意の2点を直線で結んだときに，その2点の間のどの x でも，その直線よりグラフが下に来ることはない．このことに着目して，「凸である」を次のように定義する（下の問題参照）：

数学的定義：区間 I において定義された関数 $f(x)$ が，任意の $a, b \in I$ と，$0 < \lambda < 1$ の範囲の任意の実数 λ について，

$$f(\lambda a + (1 - \lambda)b) \geq \lambda f(a) + (1 - \lambda)f(b) \tag{5.17}$$

であるとき $f(x)$ は**上に凸** (concave) であると言い，不等号が逆向きのとき**下に凸** (convex) であると言う[3]．

ここで，等号を含めたために，(5.17) の条件は $y = f(x)$ が直線でも（あるいは，ところどころ直線になっていても）満たされる．したがって，「上に凸」というよりは，**「下向きに出っ張ったところがない」**という条件になっているのだが，直線も含めて「上に凸」と言うのが習わしなのである．また，明らかに，

---

3) 英語の concave の邦訳は凹で convex は凸なのだが，それだと漢字がグラフと逆向きになってしまうので，本書ではこう呼ぶ．

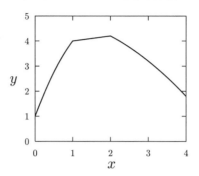

図 5.2　上に凸な関数のグラフの例.

$$f(x) \text{ が上に凸} \Leftrightarrow -f(x) \text{ が下に凸} \tag{5.18}$$

なので，上に凸な関数についての結果は，不等号の向きや符号を読み替えれば，そのまま下に凸な関数についての結果になる．だから，両者は実質的に同じものとして，ひとくくりに考えることもできる．このことから，上に凸な関数も下に凸な関数も，単に**凸関数**と呼んでしまうことが多い．

問題 5.3　(5.17) が，上で述べた「丸めた背中のようなグラフを与える関数」の性質になっていることを，自分で納得いくまで確かめよ．

　ここでは，上に凸な関数の性質を調べよう．「減少関数」などの用語は 1.4 節で説明した意味に，$D_x^{\pm} f(x)$ や $\lim\limits_{\epsilon \to +0}$ については 1.5.1 項の意味に用いると，次のような定理が知られている[4]：

数学の定理 5.1　区間 I において上に凸な関数 $f(x)$ は，

(i)　I の内点において連続.

(ii)　I から高々可算個の点を除いた集合 I^* の上で連続的微分可能.

(iii)　I の内点において左右の微係数 $D_x^{\pm} f(x)$ が存在し，それは微係数の

---

4)　♠ 本書では，純粋に数学的な事項に関しては，証明は省略するか，理論物理学レベルの（数学に比べれば甘い）「証明」にとどめている．この章と 12 章で述べる凸関数の数学についてのきちんとした証明は，数学者の戸松玲治氏が公開してくださっている．

　　左右の極限値に等しい：

$$D_x^{\pm} f(x) = \lim_{\epsilon \to +0} f'(x \pm \epsilon) \equiv f'(x \pm 0) \equiv \frac{df(x \pm 0)}{dx}. \qquad (5.19)$$

(iv)　I の内点 x では，

$$f'(x-0) \geq f'(x+0). \qquad (5.20)$$

(v)　I の任意の 2 つの内点 a, b について，$a < b$ であれば

$$f'(a+0) \geq f'(b-0). \qquad (5.21)$$

この定理の (iii) により，凸関数については，$D_x^{\pm} f(x)$ の代わりに $f'(x \pm 0)$ が使える．$D_x^{\pm} f(x)$ という記号はちょっと見づらいので，本書では $f'(x \pm 0)$ という記号を（それですませられるところは凸関数に限らず）使うことにする．また，(5.20), (5.21) を合わせると，

$$a < b \text{ であれば } \quad f'(a-0) \geq f'(a+0) \geq f'(b-0) \geq f'(b+0) \qquad (5.22)$$

となるから，**$f'(x-0), f'(x+0)$ はそれぞれ減少関数である**．特に，**$f(x)$ が微分可能な I^* の上では $f'(x)$ は連続な減少関数である**．この定理の意味を納得するために，必ず次の問題をやってみよ：

問題 5.4　この定理が，図 5.2 の関数で確かに成り立っていることを確認せよ．

　また，この定理を逆にしたような次の定理も成り立ち，与えられた関数が凸関数であるかどうかを調べるのに有用である：

数学の定理 5.2　区間 I において関数 $f(x)$ が連続で，I から高々可算個の点を除いた集合 I^* の上で微分可能で，$f'(x)$ が I^* の上で減少関数であれば，$f(x)$ は上に凸である．

特に，もしも区間 I において関数 $f(x)$ が2階微分可能であれば，これらの定理は単純な

$$I \text{ の各点で } f''(x) \leq 0 \Leftrightarrow f(x) \text{ が上に凸.} \tag{5.23}$$

という（高校で習った）定理に帰着する．これを用いれば次の問題は簡単だろう：

問題 5.5　次の関数が上に凸であることを確かめよ： (i) $f(x) = -x^2$ $(-\infty < x < \infty)$, (ii) $f(x) = \ln x$ $(x > 0)$, (iii) $f(x) = \sqrt{-x}$ $(x \leq 0)$.

また，数学の定理 5.1 から，次のことも直ちにわかるだろう（点 x_* から，定理 5.1 の結果を守ったままグラフを左右に繋いでいくことを考えてみよ）：

数学の定理 5.3　区間 I において上に凸な関数 $f(x)$ について，

(i) I の内点 x_* において

$$f'(x_* + 0) \leq 0 \leq f'(x_* - 0) \tag{5.24}$$

であれば，

$$f(x_*) \geq f(x) \quad \text{for all } x \in I. \tag{5.25}$$

つまり，x_* において $f(x)$ は最大値をとる．

(ii) 特に x_* において微分可能な場合には $(f'(x_* + 0) = f'(x_* - 0) = f'(x_*)$ なので)，これは次のように簡単になる：I の内点 x_* において $f'(x_*) = 0$ ならば，x_* において $f(x)$ は最大値をとる．

ここで注意すべきことは，$f(x)$ のてっぺんが平らに（水平な直線状に）なっている場合には，その平らになっている範囲のすべての x で $f(x)$ は最大値をとることである．つまり，最大値を与える x_* は1点とは限らず，区間になっていることがある．また，次の定理もグラフを想像すれば自明だろう（証明は下の問題）：

数学の定理 5.4　1 変数関数 $f(x), g(x)$ を，区間 I で上に凸な関数とする．このとき，次の関数 $h(x)$ も，括弧内に記した区間内で上に凸である．

(i)　c を正定数として，$h(x) \equiv cf(x)$　　$(x \in I)$

(ii)　X を定数として，$h(x) \equiv f(X - x)$　　$(X - x \in I)$

(iii)　$h(x) \equiv f(x) + g(x)$　　$(x \in I)$

(iv)　X を定数として，$h(x) \equiv f(x) + g(X - x)$　　$(x, X - x \in I)$

(v)　$h(x) \equiv \min\{f(x), g(x)\}$　　$(x \in I)$

問題 5.6　この定理を証明せよ．

5.2.2　多変数の凸関数

前項では 1 変数の凸関数について述べたが，多変数の凸関数も同様に定義できる．そのとき気を付ける点は，2 点の中間の点が f の定義域に入っているかどうかだけである．すなわち，$\vec{x} \equiv (x_1, x_2, x_3, \cdots)$ と略記すると，

数学的定義：多変数関数 $f(\vec{x})$ について，f の定義域 D の中の任意の 2 点 $\vec{a}, \vec{b}$ と，$0 < \lambda < 1$ の範囲の任意の実数 λ について，その中間の点 $\lambda\vec{a} + (1 - \lambda)\vec{b}$ も D の中にあり[5)]，

$$f(\lambda\vec{a} + (1 - \lambda)\vec{b}) \geq \lambda f(\vec{a}) + (1 - \lambda)f(\vec{b}) \tag{5.26}$$

を満たすとき，f は**上に凸** (concave) であると言う．この式の不等号が逆向きのときは，**下に凸** (convex) であると言う．

たとえば 2 変数関数 $f(x, y)$ であれば，f の定義域 D の中の任意の 2 点 $(x_a, y_a), (x_b, y_b)$ と，$0 < \lambda < 1$ の範囲の任意の実数 λ について，その中間

---

5)　このような領域 D は**凸集合** (convex set) であると言う．

の点 $(\lambda x_a + (1-\lambda)x_b, \lambda y_a + (1-\lambda)y_b)$ も D の中にあり

$$f(\lambda x_a + (1-\lambda)x_b, \lambda y_a + (1-\lambda)y_b) \geq \lambda f(x_a, y_a) + (1-\lambda)f(x_b, y_b)$$
(5.27)

ということである．特に，この式で $y_a = y_b \equiv y$ とおくと，

$$f(\lambda x_a + (1-\lambda)x_b, y) \geq \lambda f(x_a, y) + (1-\lambda)f(x_b, y) \qquad (5.28)$$

と y が揃った式を得る．これは，f が x の関数として上に凸であることを示している．同様にして，y の関数としても上に凸であることが言える．ゆえに，上に凸な 2 変数関数は，個々の変数についても（残りの変数を固定したときに）上に凸である．多変数関数でも同様だから，

数学の定理 5.5　上に凸な多変数関数 $f(\vec{x})$ は，その各々の変数 $x_1, x_2,$ $x_3, \cdots$ についても上に凸である．

多変数の凸関数も連続であることが知られている．また，1 変数関数のときの数学の定理 5.4 (p.83) に対応して，次のことも言える（証明は下の問題）：

数学の定理 5.6　$\vec{x} = (x_1, x_2, \cdots)$ の関数 $f(\vec{x}), g(\vec{x})$ を上に凸な関数とする．このとき，次の関数 $h(\vec{x})$ も（しかるべき領域内で）上に凸である．

(i)　c を正定数として，$h(\vec{x}) \equiv cf(\vec{x})$.

(ii)　$\vec{X} = (X_1, X_2, \cdots)$ を定数ベクトルとして，$h(\vec{x}) \equiv f(\vec{X} - \vec{x})$.

(iii)　$h(\vec{x}) \equiv f(\vec{x}) + g(\vec{x})$.

(iv)　$\vec{X} = (X_1, X_2, \cdots)$ を定数ベクトルとして，$h(\vec{x}) \equiv f(\vec{x}) + g(\vec{X} - \vec{x})$.

(v)　$h(\vec{x}) \equiv \min\{f(\vec{x}), g(\vec{x})\}$.

問題 5.7　数学の定理 5.6 を示せ．

問題 5.8　上に凸な 1 変数関数 $f(x)$ を用いて，次式で定義される 2 変数関数 h_1, h_2 を構成する．ただし，引数はすべてしかるべき定義域の中にあるとする．

$$h_1(X, x) \equiv f(x) + f(X - x), \tag{5.29}$$

$$h_2(X, x) \equiv f(X + x/2) + f(X - x/2). \tag{5.30}$$

(i)　h_1 も h_2 も上に凸であることを示せ．

(ii)　$f(x)$ が微分可能で，$f'(x)$ が強減少関数であるとする．X を固定したとき，h_1, h_2 がそれぞれ最大になるときの x の値を求めよ．

5.3　エントロピーの凸性

　数学の準備が整ったので，エントロピーが上に凸な関数であることを示そう．まず，$t = 1$, $X_0 = U$, $X_1 = V$ の場合を説明する[6]．ある単純系の基本関係式が

$$S = S(U, V) \tag{5.31}$$

だとする．λ を，$0 < \lambda < 1$ の範囲の任意の実数とする．また，U の 2 つの値 U_a, U_b と，V の 2 つの値 V_a, V_b とを，それぞれ任意に選ぶ．そして，(U, V) の値が $(\lambda U_a, \lambda V_a)$ の単純系と，$((1 - \lambda)U_b, (1 - \lambda)V_b)$ の単純系との複合系を考える．それぞれの部分系のエントロピーは，これらの値を (5.31) の U, V に代入した，$S(\lambda U_a, \lambda V_a)$, $S((1 - \lambda)U_b, (1 - \lambda)V_b)$ になる．2 つの部分系の間に束縛が一切ない（つまり複合系も単純系である）場合を考えると，複合系のエントロピーは，$\lambda U_a + (1 - \lambda)U_b$ と，$\lambda V_a + (1 - \lambda)V_b$ を (5.31) の U, V に代入した，$S(\lambda U_a + (1 - \lambda)U_b, \lambda V_a + (1 - \lambda)V_b)$ になる．$\lambda, U_a, U_b, V_a, V_b$ の値を様々に変えると，これら 3 つのエントロピーの値は様々に変わるが，要請 II から導かれた不等式 (4.27) より，

$$S(\lambda U_a + (1 - \lambda)U_b, \lambda V_a + (1 - \lambda)V_b) \geq S(\lambda U_a, \lambda V_a) + S((1 - \lambda)U_b, (1 - \lambda)V_b) \tag{5.32}$$

---

6)　♠ 本節の議論における，変数の変域が気になる人は，5.4 節を見よ．

が常に成り立つ．右辺に S の同次性を使うと，これは

$$S(\lambda U_a + (1-\lambda)U_b, \lambda V_a + (1-\lambda)V_b) \geq \lambda S(U_a, V_a) + (1-\lambda)S(U_b, V_b)$$
(5.33)

と変形できる．これが任意の U_a, U_b と V_a, V_b (> 0) と λ ($0 < \lambda < 1$) について成り立つというのだから，(5.27) と比べてみれば，$S(U, V)$ が上に凸な関数だとわかる．$t \geq 2$ の一般の場合も同様なので，次の重要な定理を得る：

定理 5.4　単純系のエントロピーは，その自然な変数について上に凸な関数である．

また，この定理と数学の定理 5.5 (p.84) から直ちに，

定理 5.5　単純系のエントロピーは，その自然な変数の各々について，上に凸な関数である．

　定理 5.4 を幾何学的に解釈すると，次のようになる：$U, X_1, \cdots, X_t$ を座標軸とする $(t+1)$ 次元の状態空間 $\mathcal{E}$ にもう一本の座標軸 S を追加した $(t+2)$ 次元空間の中で $S = S(U, X_1, \cdots, X_t)$ のグラフを（S 軸を上にして）描くと，たとえば図 3.2 (p.47) のように，背中を丸めたようになっている．また，定理 5.5 は次のように解釈できる：このグラフが S-X_k 平面に平行な平面と交わる断面を見ると，（当然ながら）やはり背中を丸めたようになっている．

　こうして我々は要請 II からエントロピーの凸性を導いたわけだが，それは逆に言うと（対偶をとると），**もしもエントロピーが凸関数でなかったとしたら，要請 II のようなことを要請することはできない**ということを意味する．したがって，もしも凸性を持たない勝手な関数をエントロピーに持つ物質を想像したら，それは通常の熱力学が成り立たない奇妙な物質だということになる．また，(4.8) で与えられる $\widehat{S}$ も，図 4.1 (p.63) からわかるように上に凸になっているが，それは，S が上に凸であることと数学の定理 5.6-(iv) (p.84) の当然の帰結だったのである．

　エントロピーと同様に，エントロピー密度も凸関数であることが言える．

たとえばエントロピーの自然な変数が U, V である場合, 凸性を表す (5.33) で $V_a = V_b \equiv V$ ととると,

$$S(\lambda U_a + (1 - \lambda)U_b, V) \geq \lambda S(U_a, V) + (1 - \lambda)S(U_b, V). \qquad (5.34)$$

一方, 同次性から

$$S(U, V) = Vs(u), \quad u = U/V \qquad (5.35)$$

と書けるので, 上式に代入すると,

$$s(\lambda u_a + (1 - \lambda)u_b) \geq \lambda s(u_a) + (1 - \lambda)s(u_b). \qquad (5.36)$$

これは, $s(u)$ が上に凸であることを言っている. 同様に, $v = V/U$ を引数とする $S(U, V) = Us(v)$ なるエントロピー密度 $s(v)$ も上に凸であることが示せる. すなわち, 「密度」をどの相加変数で割り算して定義しても凸関数になる. さらに, エントロピーの自然な変数の数がもっと多い場合も同様である. ゆえに,

---

定理 5.6 単純系のエントロピー密度は, 上に凸な関数である.

このように S も s も凸関数だとわかったので, 凸関数に関する数学の定理から, S や s の解析的性質に関して様々な結論が導ける. たとえば, 数学の定理 5.1 (p.80) と, S が連続的微分可能である (したがって s も連続的微分可能である) という要請 II-(iii) から[7],

---

定理 5.7 単純系のエントロピーの, その自然な変数 $U, X_1, \cdots, X_t$ についての偏微分係数は, 連続な減少関数である. エントロピー密度の u, $\cdots, x_t$ についての偏微分係数も, 連続な減少関数である.

---

7) ♠♠ おもしろいことに, たとえ S が連続的微分可能だという要請をしなくても, 残りの要請から凸性は言えるので, 数学の定理 5.1 から次のことは言える:S は連続で, 左右の偏微分係数を有し, 高々可算個の点を除けば左右の微係数は一致して (つまり, 偏微分可能で), それは連続な減少関数である.

この他にも，多変数の凸関数に関する様々な数学の定理を適用することにより，S や s についてもっと多くのことが言える．しかし，それらについては必要になった時点で述べることにする．

5.4　♠ エントロピーの自然な変数の変域

エントロピーの自然な変数 $U, X_1, \cdots, X_t$ の値が，$U^a, X_1^a, \cdots, X_t^a$ であるような系と，$U^b, X_1^b, \cdots, X_t^b$ であるような系とを，合体してから適当な大きさに分割すれば，$U, X_1, \cdots, X_t$ の値がこれらの中間の値の系を実際に作れる．ゆえに，**$U, X_1, \cdots, X_t$ で張られる状態空間は凸集合**（脚注5）である．

また，**$U, X_1, \cdots, X_t$ の変域は，少なくとも片側には無限であると考えてよい．**なぜなら，相加変数だから，系を付け加えていけば絶対値をいくらでも大きくできるからだ．

変域をもっと詳しく論じるためには，(5.13) を利用して，相加変数密度 u, $n, \cdots, x_t$ で考えるのがよい．そのとりうる値の端は熱力学的には無意味な点になることが多いので，**変域は端を含まない開区間だと考えてよい．**たとえば $n=0$ は明らかに無意味だから，$0 < n < +\infty$ と考えてよい．$n=0$ は $n \to 0$ と捉えればよい．また，u については，ミクロ系の物理学では基底状態のエネルギー密度という下限 u_G があって[8]，$u_G \le u < +\infty$ であるが[9]，$u = u_G$ は文字通りの「絶対零度」でしか到達できない特殊な点である．熱力学的に意味のある**絶対零度**とは，$u \to u_G$ $(T \to 0)$ のような極限であって $u = u_G$ $(T = 0)$ ではない．したがって，熱力学では u_G を除いた $u_G < u < +\infty$ だけ考えておけば十分である．$n=0$ や $u = u_G$ に意味があるのは，系を分割して考えたらひとつの部分系の物質量がたまたまゼロになってしまった，というときぐらいだが，その場合はその部分系の基本関係式を微分する必要もなくなるので，$n = 0, u = u_G$ でも $n \to 0, u \to u_G$ でもどちらでもよく，後者に統一しても構わない．s の値についても同様である．

このような事情があるため，前節の定理においては，数学の定理にあった「定義域が凸集合」とか「内点において」などの条件は物理的には自動的に満

---

8)　u_G は n などに依存する．

9)　♠ スピン系などのモデルでは u に上限が出てしまうが，それは，u が大きい所でモデルが悪くなるからである．実際の物理系ではエネルギーを上げればいくらでも励起モードが現れるので，u には上限はない．

たされるのが普通であり，書く必要がなかったのである．

♠ 補足：変域の端への極限をとると特異性が発生しうるが要請は破綻しない

　上述のように，$S, X_1, \cdots, X_t$ の中には，その変域が，有限の側でも開区間になっているものがある．そのような変数のいずれかについて**変域の端への極限をとったもの**は，**極限操作で特異性が発生しうる**ので，要請 II-(iii) の良好な解析的性質を失うことがある．しかし，それは極限をとって初めて生じた特異性であり，極限をとる前の基本関係式は連続的微分可能であるから，この要請は破綻しない．

　たとえば，$S \to 0$ の絶対零度極限（6.6 節）では，（5.6 節で説明する）エネルギー表示の基本関係式 $U = U(S, X_1, \cdots, X_t)$ が微分不能になる系が実在する．これは，S の下限では S については右微分しかできないという類いの単純なことではなく，S 以外の変数についても微分不能になるのだ．たとえば，絶縁体の U は N に関して，絶対零度では微分不能である．なぜなら，絶縁体の基底状態のエネルギーを E_G とすると，左微分 $= E_G(N) - E_G(N-1) =$ 価電子帯の頂上のエネルギーで，右微分 $= E_G(N+1) - E_G(N) =$ 伝導帯の底のエネルギーとなるからだ．しかしこれは「絶対零度」という名の極限をとったからだ．極限をとらなければ，絶縁体の U も連続的微分可能になっている．

5.5　簡単な具体例

　ここまで，熱力学の基本的要請と，それから導かれるエントロピーの解析的性質について述べてきた．それらが発揮する熱力学の強大なパワーは，次章以降で次第に明らかになる．その前に，ここまでに述べたことを簡単な具体例でチェックしてみよう．

　ある単純系について（どんな系か気になる人は下の補足参照），そのエントロピーの自然な変数が U, V で，エントロピーが

$$S(U, V) = k_{\mathrm{B}} \left[\left(\frac{U}{\epsilon} + \frac{V}{\gamma} \right) \ln \left(\frac{U}{\epsilon} + \frac{V}{\gamma} \right) - \frac{U}{\epsilon} \ln \frac{U}{\epsilon} - \frac{V}{\gamma} \ln \frac{V}{\gamma} \right]$$

$$(5.37)$$

であるとする．ただし，$\ln$ は自然対数で，k_{B} ($\simeq 1.38 \times 10^{-23}$ J/K) は **Boltzmann**（ボルツマン）**定数**と呼ばれる定数で，**気体定数** R ($\simeq 8.31$ J/K·mol) とは，

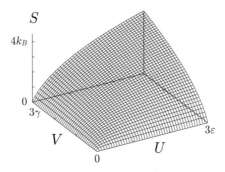

図 5.3　式 (5.37) で与えられるエントロピー $S(U, V)$ のグラフ.

$$R = N_A k_B \tag{5.38}$$

の関係がある. ただし, N_A はアボガドロ定数である. また, ϵ はエネルギーの次元[10)]を持つ正定数で, γ は体積の次元を持つ正定数であり, ともに系のミクロな構造で決まる. U, V の変域は,

$$U > 0, \ V > 0 \tag{5.39}$$

としておく.

　式 (5.37) の関数が, 5.1.2 項以下に述べた性質をすべて持っていることを検証してみると, 大いに理解の助けになる. まずは, 多変数関数としての凸性を視覚的に理解するために, U, V を座標軸とする 2 次元の状態空間 $\mathcal{E}$ に S 軸を加えた 3 次元の空間の中で, (5.37) の S のグラフを描いてみると, 図 5.3 のようになる. S が U, V について上に凸になっていることは一目瞭然である. また, エントロピー密度 $s(u)$ のグラフを図 5.4 にプロットしたが, 確かにこれも上に凸になっている. ちなみにこのグラフは, 図 5.3 を U に平行な面で切った断面図と相似なので, 図 5.3 が上に凸だから断面図も上に凸なのだと納得できる. 他の性質は問題にしておくが, 計算はとても易しいので, 必ず解いて欲しい. また, 下の問題 5.12 の結果で確認できるようにこの系の平衡状態は均一である[11)]. したがって要請 II-(iv) より, U, V の値を与えれば平衡状態は一意的に定まる.

---

10)　ここの「次元」というのは, 「単位」をやや一般化したもの. たとえば, $1\,\mathrm{m}^3$ と $1\,\mathrm{L}$ は両方とも「体積の次元」を持つが単位は異なる.

11)　♠ より正確な判定法は, 17 章で紹介する.

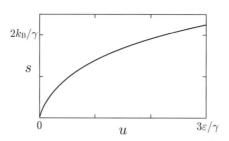

図 5.4 式 (5.37) で与えられる $S(U, V)$ の密度 $s(u)$ のグラフ.

問題 5.9 (5.37) の S が 1 次同次関数であることを示せ.

問題 5.10 (5.37) の S について,エントロピー密度 $s = S/V$ を求め,それがエネルギー密度 $u \equiv U/V$ だけの関数になっていることを確かめよ.

問題 5.11 (5.37) の S が,U についても V についても上に凸であることを(図に頼らずに計算で)示せ.

問題 5.12 S が (5.37) で与えられる体積 V の単純系を,体積 $V/2$ ずつの部分系に頭の中で仮想的に分割して,以下の問いに答えよ.

(i) 局所平衡エントロピー $\widehat{S}$ の表式を書き下せ.

(ii) $U \, (= U^{(1)} + U^{(2)})$ と V とを固定したときに,$U^{(1)}$ を横軸に,$\widehat{S}$ を縦軸にとって,$\widehat{S}$ のグラフを描け.

(iii) U, V が与えられたとき,$\widehat{S}$ の最大値と,それを与える $U^{(1)}$ の値を求めよ.

(iv) その局所平衡エントロピー $\widehat{S}$ の最大値が,ちょうど全系の(平衡状態における)エントロピー S の値に等しいこと,すなわち,(5.37) に(小問 (ii) で固定した)U, V の値を代入したものに等しいことを確認せよ.

♠ 補足:エントロピーが (5.37) のようになる系

ある種の物理系たちを近似的に記述すると,エントロピーが (5.37) のようになる.それは,具体的には,次の 3 つの条件を満たすと(近似的に)見な

せる系である[12]：

(a) 系が，多くのユニットからできていて，ユニットひとつあたりの体積が γ である．

(b) それぞれのユニットにおけるエネルギーは，ε の非負整数倍 $(0, \varepsilon, 2\varepsilon, \cdots)$ をとりうる．

(c) 各ユニットにおける上記のエネルギーの和が，ちょうど系のエネルギーになる．

これらは，系のミクロな構造を記述しているのであり，内部束縛などではないことに注意しよう．2つの定数 ε, γ は，具体的にどんな系であるかに応じて値が変わる．しかし，逆に言うと，上記の3つの条件さえ満たされていれば，ε, γ の具体的な値とは無関係に，エントロピーの関数形は (5.37) のようになるのである．

5.6　エネルギー表示の基本関係式

単純系のエントロピーの，U 依存性について考える．要請 II-(iii) によれば，単純系のエントロピーは，U の関数としては，連続的微分可能な**強増加関数**（その意味は 1.4 節）である．したがって，$S = S(U, X_1, \cdots, X_t)$ は U について**一意的に逆に解ける**：

$$U = U(S, X_1, \cdots, X_t) \tag{5.40}$$

たとえば (3.5) の S であれば，それを U について逆に解いた

$$U = (S/K)^3 / VN \tag{5.41}$$

が関数 $U(S, V, N)$ である．このグラフを図 5.5 に示す．

グラフを見ても，あるいは (5.41) を微分してもわかるように，関数 $U(S, V, N)$ は下に凸になっている．この理由を理解するために，「逆に解く」という操作を，幾何学的に解釈してみよう（解析的に示したい読者は下の問題）．

---

12)　詳しくは，何年後かに出版する予定の拙著『統計力学の基礎』で述べるであろう．とりあえずは，適当な統計力学の教科書を見よ．

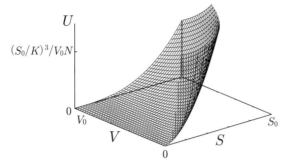

図 5.5 式 (5.41) で与えられるエネルギー $U(S, V, N)$ を，S, V の関数としてプロットしたグラフ．ただし，S_0, V_0 は，適当な基準の状態における S, V の値である．

(3.5) の $S(U, V, N)$ のグラフは図 3.2 (p.47) に示されている．これを，U 軸が上向きになるように回転したものが図 5.5 だ．元のグラフである図 3.2 は，$S(U, V, N)$ が U の関数として微係数が正で連続であるために，U 軸に沿ってなめらかに（＝微分可能で微係数も連続）背中を丸めたように湾曲していて，しかもグラフを U 軸に沿ってたどると決して減少することはない（＝微係数が正）．そのために，図 5.5 の $U(S, V, N)$ は S についてちゃんと一価関数になり[13]，しかも，S について連続で，1 階微分可能で，微係数は正で連続になる．そして，上に凸な背中を丸めたようなグラフを回転させたのだから，グラフは下に凸なものになる．（紙を湾曲させて試してみよ！）これらのことは変数の数が増えても同様だから，次のことがわかる（下の問題）：

定理 5.8 単純系のエネルギー U は，$S, X_1, \cdots, X_t$ について連続的微分可能な下に凸な関数で，したがって偏微分係数は連続な増加関数である．特に，S に関する偏微分係数は，正で連続な増加関数で，下限は 0 で上限はない．

---

[13] $\vec{x}$ の関数 $f(\vec{x})$ が，$\vec{x}$ をひとつ与えたときに f の値がひとつに定まるような，通常の意味の関数であることを強調したいとき，**一価** (single-valued) 関数という．もとのグラフが凸関数でも，微係数が定符号でない図 4.1 (p.63) のようなものだと，回転したグラフは一価関数にならないことに注意しよう．

また，エントロピーのときと同様な議論により，次のこともわかる：

定理 5.9　単純系のエネルギー U は，$S, X_1, \cdots, X_t$ の 1 次同次関数である．

したがって，たとえば $X_1 = V$ のとき，$s \equiv S/V$，$x_2 \equiv X_2/V, \cdots$，$x_t \equiv X_t/V$ の関数である**エネルギー密度** (energy density) u を用いて

$$U(S, V, X_2, \cdots, X_t) = Vu(s, x_2, \cdots, x_t) \tag{5.42}$$

と表せる．言い換えれば，単純系では

$$u \equiv \frac{U(S, V, X_2, \cdots, X_t)}{V} \tag{5.43}$$

が，$s, x_2, \cdots, x_t$ なる t 個の変数の関数になる．だから，実際に u を求める際には，いきなりこの式の右辺を計算して，その結果を $s, x_2, \cdots, x_t$ の関数として表せばよい．さらに，定理 5.6 (p.87) と同様にして次のことが言える：

定理 5.10　単純系のエネルギー密度は，下に凸な関数である．

定理 5.8 から（あるいは上述の幾何学的解釈から）明らかなように，逆に $U = U(S, X_1, \cdots, X_t)$ から $S = S(U, X_1, \cdots, X_t)$ を一意的に導くこともできる．つまり，両者はまったく等価な情報を与え，どちらか一方が知れていれば，系の熱力学的性質はすべて予言できる．したがって，**どちらを基本関係式に選んでも等価**である．今までのように $S = S(U, X_1, \cdots, X_t)$ を基本関係式にして議論することを**エントロピー表示** (entropy representation) の議論，$U = U(S, X_1, \cdots, X_t)$ を基本関係式にして議論することを**エネルギー表示** (energy representation) の議論と言う．そして，前者の引数をエントロピーの自然な変数と呼んだのと同様に，後者の引数を，エネルギーの**自然な変数** (natural variables) と呼ぶ．

3.3.6 項で述べたように，単純系の平衡状態はエントロピーの自然な変数 $U, X_1, \cdots, X_t$ を与えれば実質的に定まる．一方，エネルギーの自然な変数 $S, X_1, \cdots, X_t$ を与えると，(5.40) から U が定まるので，$U, X_1, \cdots, X_t$ を与

えたのと同じことになる．したがって，**$S, X_1, \cdots, X_t$ によっても単純系の平衡状態が実質的に定まる**．この意味でも，エネルギー表示の $S, X_1, \cdots, X_t$ はエントロピー表示の $U, X_1, \cdots, X_t$ と対応している．したがって，**状態空間** (state space) も，エントロピー表示では $U, X_1, \cdots, X_t$ を座標軸に持つ（仮想的な）空間だったが，エネルギー表示では $S, X_1, \cdots, X_t$ を座標軸に持つ（仮想的な）空間になる．

　結局，**任意の系が与えられたとき，その部分系を成す単純系について，どちらかの表示の基本関係式が知れれば，系の熱力学的性質に関する完全な知識を得たことになる**．熱力学は，原理的にはエントロピー表示の基本関係式だけあれば十分なのだが，実際には問題に応じて便利な基本関係式（エネルギー表示や，後述する別の表示の基本関係式）を選んで議論するのが普通である．

　なお，3.3.3項でエントロピー表示の基本関係式についてしたのと同様な注意がエネルギー表示にも必要である．すなわち，U が，(5.40) のように $S, X_1, \cdots$ の関数として表してあれば基本関係式だが，もしも他の変数（たとえば温度や圧力）の関数として表したとしたら，それは一般には**基本関係式ではなく**，系の熱力学的性質に関する完全な知識は与えない（その理由は後の章で説明する）．

問題 5.13　V を固定したときの (5.37) の S のグラフを，U を横軸にして描け．そのグラフを見て，S の値から U の値が一意的に定まることを確かめよ（これにより，V の各々の値について $U = U(S, V)$ が一意的に定まることがわかるから，結局すべての S, V について $U = U(S, V)$ が一意的に定まることがわかる．それがエネルギー表示の基本関係式である）．

問題 5.14　♠ 定理 5.8 を示せ．

第6章

示強変数

この章では単純系を考え，基本関係式 (3.12), (5.40) から「示強変数」を導きだす．導かれた示強変数たちの物理的意味は後の章で徐々に明らかになる．

6.1 エントロピー表示の示強変数

単純系を考える．記号の簡略化のために，$U = X_0$ と記す．要請 II-(iii) より，基本関係式 $S = S(X_0, X_1, \cdots, X_t)$ は連続な偏微分係数を有する[1]．それらに Π_k という記号を割り当てよう：

$$\Pi_k(X_0, X_1, \cdots) \equiv \frac{\partial S(X_0, X_1, \cdots)}{\partial X_k}. \tag{6.1}$$

ただし，後の議論で $X_1, X_2, \cdots$ として具体的に $V, N, \cdots$ 等を用いる場合は，$\Pi_V, \Pi_N, \cdots$ のように書くことにする．

平衡状態ごとに $X_0, X_1, \cdots, X_t$ の値は定まっているので，その関数である Π_k も，平衡状態ごとに値が定まっているマクロ変数である．これを，X_k に**共役** (conjugate) な**エントロピー表示の示強変数**と呼ぶ．その値も同じ文字 Π_k で表そう：

$$\Pi_k = \Pi_k(X_0, X_1, \cdots). \tag{6.2}$$

いつものように，左辺は示強変数 Π_k の値を表し，右辺はそれを $X_0, X_1, \cdots$ の関数として与える関数形を表す．

---

1) ♠♠ 本書の論理体系を構築する過程で気づいた面白い点は，どうやら連続的微分可能性を要請しなくても熱力学の論理体系は構築できそうだ，という点だ．左右の偏微分係数は有するから，$\Pi_k(X_0, \cdots, X_k + 0, \cdots)$ と $\Pi_k(X_0, \cdots, X_k - 0, \cdots)$ が平衡状態ごとに値が定まっていることになる．そして，以下の議論の $\Pi_k(X_0, \cdots, X_k, \cdots)$ を $\Pi_k(X_0, \cdots, X_k \pm 0, \cdots)$ だと思えば，ほとんどの結果はそのまま成り立つ．次節で出てくる P_k についても同様である．しかし，既知の熱力学系はすべて連続的微分可能性を満たしている（その結果，示強変数も状態量になる）ので，要請しておいた．

一般に，ℓ 次同次関数 f の偏微分係数については，(5.9) を x で偏微分すると $\lambda f_x(\lambda x, \lambda y, \cdots) = \lambda^\ell f_x(x, y, \cdots)$ を得るので，

$$f_x(\lambda x, \lambda y, \cdots) = \lambda^{\ell-1} f_x(x, y, \cdots) \tag{6.3}$$

が言える．これは，たとえ左右の偏微分係数しか存在しない場合でも同様である．ゆえに，

数学の定理 6.1　ℓ 次同次関数 f の（左右の）偏微分係数は $(\ell - 1)$ 次同次関数である．

$S(X_0, X_1, \cdots, X_t)$ は 1 次同次関数であったから，この定理から $\Pi_k(X_0, X_1, \cdots)$ は 0 次同次関数である．つまり，平衡状態にある単純系においては，任意の正数 λ について

$$\Pi_k(\lambda X_0, \lambda X_1, \cdots, \lambda X_t) = \Pi_k(X_0, X_1, \cdots, X_t). \tag{6.4}$$

これは，**平衡状態にある単純系を分割しても ($\lambda < 1$)，同じ状態の系を持ってきて合併しても ($\lambda > 1$)，示強変数の値は変わらない**ことを示している．この性質だけをもって一般の「示強変数」の定義とする文献が多いのだが，2.6 節でも注意したように，そうすると示量変数を体積 V で割り算しただけの，示量変数の密度も示強変数になってしまう．そういう量と Π_k をきちんと区別しておかないと後で困るので，本書では，**示量変数の密度を示強変数と呼ぶことを避け，S（または U）の自然な変数に共役なものだけを示強変数と呼ぶ**．すなわち，エントロピー表示の示強変数 Π_k と，後述のエネルギー表示の示強変数 P_k だけを，**示強変数** (intensive variable) と呼ぶ．さらに，特にこの意味の示強変数であることを強調する必要があるところでは，**狭義示強変数** (intensive variable in a narrow sense) と呼ぶことにする．

また，反対向きに，X_k を，Π_k や P_k に**共役な相加変数**または（熱力学では相加変数をルーズに示量変数と呼ぶことが多いので）**共役な示量変数**と呼ぶ．

実は，$X_0 = U$ に共役な示強変数 Π_0 は，温度の逆数という特に重要な量であることが 6.3.3 項でわかる．そこで，特別な記号 B と**逆温度** (inverse temperature) という名前を割り当てることにする[2]：

---

2)　B を Boltzmann 定数 k_B で割った B/k_B を，統計力学では β と書くことが多い．

$$B \equiv \frac{\partial S(U, X_1, \cdots)}{\partial U}. \tag{6.5}$$

要請 II-(iii) によれば，B は正で下限は 0 で上限はなく，定理 5.7(p.87) によれば U の減少関数である．つまり，

定理 6.1　単純系では，逆温度 $B = B(U, X_1, \cdots, X_t)$ は U の関数としては連続な減少関数で，値は正で下限は 0 で上限はない．

この重要な結果は，後に様々なところで利用する．

問題 6.1　5.5 節の例について，B と Π_V を U, V の関数として求めよ．また，それらが 0 次同次関数であることを確認せよ．

6.2　エネルギー表示の示強変数

今度は，エネルギー表示の基本関係式 (5.40) について，前節と同様のことをやってみよう．今度は独立変数は $S, X_1, \cdots$ なので，（$U = X_0$ ではなく）$S = X_0$ と記す．

平衡状態にある単純系を考える．エネルギー $U = U(X_0, X_1, \cdots, X_t)$ は，定理 5.8 (p.93) より連続な偏微分係数を有する．これらに P_k という記号を割り当てよう：

$$P_k(X_0, X_1, \cdots) \equiv \frac{\partial U(X_0, X_1, \cdots)}{\partial X_k}. \tag{6.6}$$

ただし，後の議論で $X_1, X_2, \cdots$ として具体的に $V, N, \cdots$ 等を用いる場合は，$P_V, P_N, \cdots$ のように書くこともある．

平衡状態ごとに $X_0, X_1, \cdots, X_t$ の値は定まっているので，その関数である P_k も，平衡状態ごとに値が定まっているマクロ変数である．これを X_k に**共役** (conjugate) な**エネルギー表示の示強変数**と呼ぶ．その値も同じ文字 P_k で表すと，

$$P_k = P_k(X_0, X_1 \cdots). \tag{6.7}$$

左辺は示強変数 P_k の値を表し，右辺はそれを $X_0, X_1, \cdots$ の関数として与え

る関数形を表す．Π_k の場合と同様に，これは 0 次同次関数である．つまり，Π_k といっしょにして述べると，

定理 6.2 単純系においては，任意の正数 λ について

$$\Pi_k(\lambda U, \lambda X_1, \cdots, \lambda X_t) = \Pi_k(U, X_1, \cdots, X_t), \qquad (6.8)$$

$$P_k(\lambda S, \lambda X_1, \cdots, \lambda X_t) = P_k(S, X_1, \cdots, X_t). \qquad (6.9)$$

したがって，平衡状態にある単純系を分割しても，同じ状態の系を持ってきて合併しても，Π_k や P_k の値は変わらない．

$X_0 = S$ に共役な示強変数 P_0 は特に重要なので，特別な記号 T と**温度** (temperature) という名前を割り当てる：

$$T(S, X_1, \cdots) \equiv \frac{\partial U(S, X_1, \cdots)}{\partial S}. \qquad (6.10)$$

本書の論理の組立てでは，温度を既知のものとしては扱わず，この段階まで理論に持ち出さなかった．したがって，**読者はここではじめて温度なるものに出会ったことになる**．ここで定義された温度が，普段我々が温度と呼んでいるものと（原点の選び方を除いて）一致することは 14.6 節で説明する．

さて，定理 5.8 (p.93) より，温度について次の重要な性質がわかる：

定理 6.3 単純系では，温度 T を $S, X_1, \cdots, X_t$ の関数として表した $T(S, X_1, \cdots, X_t)$ は，S の関数としては連続な増加関数（つまり強減少しない）で，値は正で下限は 0 で上限はない．また，（S は U の連続的微分可能な強増加関数だから）T を $U, X_1, \cdots, X_t$ の関数として表した $T(U, X_1, \cdots, X_t)$ も同様に，U の関数としては連続な増加関数で，値は正で下限は 0 で上限はない．

この定理より常に $T > 0$ だから，熱力学における温度は，日常生活で用いる**摂氏温度**とは，少なくとも原点の位置が異なっている．特に両者の区別を強調する必要があるときには，熱力学における温度を**絶対温度** (absolute temperature) と呼ぶ．物理学では，絶対温度しか使わないので，単に「温度」と言え

ば絶対温度のことである．また，**零度**（摂氏零度との違いを強調するときは**絶対零度**とも言う）というのは，しばしば $T = 0$ と略記してしまうが $T > 0$ よりそれはありえないので，**実際には $T \longrightarrow +0$ の極限のこと**である．

　温度の単位は，その定義 (6.10) からわかるように，U と S の単位の選び方と関係している．歴史的には先に U と温度の単位が決まっていたので，それによって S の単位が決まった．温度の単位はいろいろあるのだが，今日では **K**（ケルビン）が標準である．それは，2018 年までは，水と氷と水蒸気が共存するような平衡状態である「水の**三重点** (triple point)」（詳しくは 17 章）の温度を利用して，次式で定義されていた：

2018 年までの定義：下限を $T = 0$ とし，水の三重点で $T = 273.16$ K とする．
$$(6.11)$$

この意味は，まず温度の下限にゼロという目盛りを書き込み，次に水の三重点の温度に 273.16 を書き込み，最後にそこが 273.16 になるように等間隔の目盛りを全体に入れなさい，ということである．2019 年からは，統計力学を利用した別の定義に変更されたが，よほど精度が高い実験をするのでない限りは，上記の定義と一致する．いずれにせよ，温度の単位を K に決めたので，(6.10) から必然的に **S の単位は J/K** になった．

　ちなみに，°C を単位とする**摂氏温度** (Celsius temperature) T_{Cel} は，現在では絶対温度 T を用いて次のように定義されている：

$$T_{\mathrm{Cel}}/°\mathrm{C} = T/\mathrm{K} - 273.15. \qquad (6.12)$$

右辺の T の係数が 1 なので，T と T_{Cel} で目盛りの間隔は同じになる．したがって，温度の差だけが効いてくる場合には，T_{Cel} と T のどちらを使っても同じことになる．しかし，温度の絶対値が効いてくる問題では，うっかり T_{Cel} を使ってしまうとまったく間違った答えがでる．だから，**常に T を使うことを勧める**．

　エネルギー表示の示強変数には，温度以外にも，なじみのある記号と名前がついているものが多い．たとえば，体積 V に共役な示強変数 P_V の符号を反転したものを**圧力** (pressure) と呼び，普通は P と書く．つまり，

$$P \equiv -P_V = -\frac{\partial U(S, V, \cdots)}{\partial V}. \qquad (6.13)$$

9.6 節で示すように，このように定義された圧力は，力学的に (2.3) で定義さ

れた圧力と等しい. また, 物質量 N に共役な示強変数 P_N を**化学ポテンシャル** (chemical potential) と呼び, 普通は μ と書く. つまり,

$$\mu \equiv P_N = \frac{\partial U(S, V, N, \cdots)}{\partial N}. \tag{6.14}$$

μ の物理的意味は 8.3 節や 9.3 節などで述べる.

例 6.1 6.4 節で述べるように, 1 成分気体を容器に入れた単純系の, エネルギーの自然な変数は S, V, N である. したがって, エネルギー表示の示強変数は,

$$T = T(S, V, N), \ P = P(S, V, N), \ \mu = \mu(S, V, N) \tag{6.15}$$

の 3 つであり, 右辺の関数はいずれも 0 次同次式である:

$$T(\lambda S, \lambda V, \lambda N) = T(S, V, N), \ P(\lambda S, \lambda V, \lambda N) = P(S, V, N),$$
$$\mu(\lambda S, \lambda V, \lambda N) = \mu(S, V, N). \tag{6.16}$$

ゆえに, この系をいくら分割しても, 合併しても, 温度・圧力・化学ポテンシャルの値は変わらない. ∎

ところで, (6.10) の右辺に $X_1 = V$ として (5.42) を代入すると, $S = Vs$ だから,

$$T = \left(\frac{\partial(Vu)}{\partial(Vs)} \right)_{V, X_2, \cdots, X_t} = \left(\frac{\partial u}{\partial s} \right)_{V, X_2, \cdots, X_t} = \frac{\partial u(s, x_2, \cdots, x_t)}{\partial s}. \tag{6.17}$$

つまり, T はエネルギー密度 u をエントロピー密度 s で偏微分したものとしても表せる. そのことから, T が実は相加変数の密度 $s, x_2, \cdots, x_t$ だけの関数であることもわかる:

$$T = T(s, x_2, \cdots, x_t). \tag{6.18}$$

さらに, エネルギー密度 u と $x_2, \cdots, x_t$ を与えれば $s = s(u, x_2, \cdots, x_t)$ も定まるから, T は $u, x_2, \cdots, x_t$ だけの関数としても表せる:

$$T = T(u, x_2, \cdots, x_t). \tag{6.19}$$

これは他の示強変数についても同様だから[3)]，次のことがわかる：

定理 6.4　エネルギーの自然な変数が $S, V, N, \cdots, X_t$ であるような単純系の示強変数（$T, P, \mu, \cdots$ や $B, \Pi_V, \Pi_N \cdots$）は，$s \equiv S/V$，$n \equiv N/V$，$\cdots$，$x_t \equiv X_t/V$ だけの関数としても表せるし，$u \equiv U/V$，n，$\cdots$，x_t だけの関数としても表せる．

したがって，たとえば $U(S, V, N)$ を微分して得られる $T(S, V, N), P(S, V, N)$，$\mu(S, V, N)$ を整理すると，必ず s, n だけの関数になっているのである：

$$T = T(s, n), \ P = P(s, n), \ \mu = \mu(s, n). \tag{6.20}$$

♠ 補足：負の温度

「負の温度」という言葉がある．たとえば，「レーザーでは，電子系が負の温度状態になっている」などと言う．この負の温度というのは，温度の概念を**非平衡状態に拡張した場合に出てくるもの**であり，平衡状態を相手にする限りは，温度は負にはならない．ところが，統計力学で用いられるモデル（イジングモデルなど）の中には，平衡状態でも温度が負になる領域をもつモデルが少なからずある．しかし，それは単にその領域でモデルが破綻しているだけであって，統計力学や熱力学が間違っているわけではない．そのようなモデルの結果は，温度が正になる領域だけを採用するのが通例である．物理の理論では，**理論計算のしやすさを優先してモデルを選ぶと，とかくこのような不整合が生ずるものなので，採用したモデルが，自分が興味のある現象に関して正しい結果を与えうるかどうかの検討がいつも必要**である．これに関連する事項を 21章でも述べる．

6.3　わずかに異なる平衡状態の比較

熱力学では，わずかに異なる 2 つの平衡状態を比較することが多い．本節

---

3)　♠P については，$s = S/V, n = N/V$ などと密度を V で割り算したもので定義したために，$S, N, \cdots$ を固定して V で微分するときに $s, n, \cdots$ が固定されず，(6.17) のような簡単な計算は成り立たない．それでも定理は成り立つ．

でもそれを単純系について行い，有用な公式を得る.

6.3.1 エネルギー表示

まずはエネルギー表示で考えよう．単純系のエネルギーの自然な変数は $S, X_1, \cdots, X_t$ であり，平衡状態ごとにこれらの値は定まっている．表式を簡単にするために，$S = X_0$ と書こう.

エネルギーの自然な変数の値が $X_0, \cdots, X_t$ である平衡状態と，これらとわずかに異なる値 $X_0 + dX_0, \cdots, X_t + dX_t$ である平衡状態を考える．後者と前者の U の値の差は，基本関係式 (5.40) を用いて，$U(X_0 + dX_0, \cdots, X_t + dX_t) - U(X_0, \cdots, X_t)$ と計算できる．$U(X_0, \cdots, X_t)$ は連続的微分可能だから，(1.13) と (1.14) より[4]，この差は $(dX_0, \cdots, dX_t) \equiv d\vec{X}$ の 1 次式で近似できる：

$$U(X_0 + dX_0, \cdots, X_t + dX_t) - U(X_0, \cdots, X_t) = dU + o(|d\vec{X}|). \quad (6.21)$$

ただし，dU は微分である：

$$dU \equiv \sum_{k=0}^{t} \frac{\partial U(X_0, X_1, \cdots, X_t)}{\partial X_k} dX_k. \quad (6.22)$$

示強変数の定義 (6.6) を用いると，これは次のように書ける：

$$dU = \sum_{k=0}^{t} P_k dX_k \quad (6.23)$$

$$= TdS + \sum_{k=1}^{t} P_k dX_k \quad (6.24)$$

$$= TdS - PdV + \mu dN + \cdots. \quad (6.25)$$

このように，エネルギーの自然な変数の値がわずかに異なるような 2 つの平衡状態におけるエネルギーの差は，$d\vec{X}$ の 1 次までの精度で，

$$dU = \sum (各示強変数の値) \times (それに共役な相加変数の値の差) \quad (6.26)$$

のように表せる．おいおいわかるように，これは非常に役に立つ表式である.

---

4) 言うまでもなく，$m = t + 1$ で $x_1 = X_0, \cdots, x_m = X_t$ である.

例 6.2 2 種類の気体 A, B が混ざった系では，エネルギー的基本関係式 $U = U(S, V, N_A, N_B)$ に対して，

$$dU = TdS - PdV + \mu_A dN_A + \mu_B dN_B. \tag{6.27}$$

ただし，μ_A, μ_B はそれぞれの気体粒子の化学ポテンシャルである：

$$\mu_A \equiv \left(\frac{\partial U}{\partial N_A}\right)_{S,V,N_B}, \qquad \mu_B \equiv \left(\frac{\partial U}{\partial N_B}\right)_{S,V,N_A}. \tag{6.28}$$

6.3.2 エントロピー表示

同じことを，今度はエントロピー表示で分析してみよう．単純系のエントロピーの自然な変数は $U, X_1, \cdots, X_t$ であり，平衡状態ごとにこれらの値は定まっている．表式を簡単にするために，$U = X_0$ と書こう．

エントロピーの自然な変数の値が $X_0 + dX_0, \cdots, X_t + dX_t$ であるような平衡状態と，$X_0, \cdots, X_t$ であるような平衡状態との S の値の差は，基本関係式 (3.12) を用いて $S(X_0 + dX_0, \cdots, X_t + dX_t) - S(X_0, \cdots, X_t)$ と計算できる．$S(X_0, \cdots, X_t)$ は連続的微分可能だから，数学の定理 1.1 (p.11) より，この差は $(dX_0, \cdots, dX_t) \equiv d\vec{X}$ の 1 次式で近似できる：

$$S(X_0 + dX_0, \cdots, X_t + dX_t) - S(X_0, \cdots, X_t) = dS + o(|d\vec{X}|). \tag{6.29}$$

ただし，dS は微分である：

$$dS \equiv \sum_{k=0}^{t} \frac{\partial S(X_0, X_1, \cdots, X_t)}{\partial X_k} dX_k. \tag{6.30}$$

エントロピー表示の示強変数の定義 (6.1) を用いると，これは次のように書ける：

$$dS = \sum_{k=0}^{t} \Pi_k dX_k \tag{6.31}$$

$$= BdU + \sum_{k=1}^{t} \Pi_k dX_k \tag{6.32}$$

$$= BdU + \Pi_V dV + \Pi_N dN + \cdots \tag{6.33}$$

♠ 補足：エントロピー表示の示強変数を使うと便利な場面

エネルギー表示の示強変数の方がなじみ深いが，進んだ考察をする際には，むしろエントロピー表示の示強変数を使う方が便利なことが多い．たとえば，熱力学を非平衡状態に拡張する試みをする際には，P_k ではなく Π_k を使うことが多い．なぜなら，たとえば X_0 に共役な示強変数である T, B について言えば，理論を非平衡状態に拡張して負の温度を定義しようとするとき，B で見ると，負温度状態への連続的移行は $B = +0 \rightarrow -0$ のようにきちんと連続になる．ところがこれを T で見ると，（$T \rightarrow +0$ は $B \rightarrow +\infty$ にあたり，$T \rightarrow +\infty$ は $B \rightarrow +0$ にあたるので）$T = +\infty \rightarrow -\infty$ のようにひどく不連続になってしまう．したがって，このような考察をする場合は，T よりも B を用いる方が便利なのである．これからもわかるように，**本来は温度は B で測る方が自然**であり，T を使うのは歴史的な理由にすぎない．

6.3.3　P_k と Π_k の換算

エネルギー表示とエントロピー表示は裏表の関係にあり，どちらの表示でも，ほとんど同じように論理が展開できる．しかし，どちらの表示を用いるかで，自然な変数のうちの X_0 が異なる．それさえ忘れなければ，どちらで計算しても同じ最終結果が得られる．つまり，最終結果（実験と直接比較できる結果）においては，すべての相加変数（自然な変数に含まれないものも含む）の値が両者で一致し，示強変数の値も，Π_k から P_k を（あるいは逆に P_k から Π_k を）求めてやればすべて一致する．その換算式を求めるには，(6.24) を変形した

$$dS = \frac{dU}{T} - \sum_{k=1}^{t} \frac{P_k}{T} dX_k \qquad (6.34)$$

と (6.32) を等値すればよい．両式で，$dU, dX_1, dX_2, \cdots$ は独立に変化させられるから，

$$B = 1/T, \qquad (6.35)$$

$$\Pi_k = -P_k/T \quad (k \geq 1) \qquad (6.36)$$

であるとわかる．これを見ると，B は温度の逆数になっている．だから「逆温度」と呼ばれるわけだ．また，Π_V, Π_N が，P, μ と次の換算式で結ばれていることもわかる：

$$\Pi_V = -P_V/T = P/T, \tag{6.37}$$

$$\Pi_N = -P_N/T = -\mu/T. \tag{6.38}$$

問題 6.2　5.5 節の例について，以下の問いに答えよ．

(i) (6.35) と，問題 6.1 (p.98) の解を利用して，U を T, V の関数として表してみよ．

(ii) 温度が $k_\mathrm{B}T \gg \epsilon$ を満たすほど高いときには，U が T と V に比例するようになることを示せ．

6.4　例 — 理想気体

　気体は，それを構成する分子間の平均距離が，分子間相互作用の到達距離に比べてずっと大きいので，分子間相互作用が気体の性質に及ぼす影響は小さい．そこで，理想極限として，まったく分子間相互作用が無いという仮想的な（実在しない）気体を考え，**理想気体** (ideal gas) と呼ぶ[5]．実在の気体は理想気体ではないが，温度があまり低くなく，密度も薄いような状況では，近似的に理想気体と見なせる気体は多いので，気体の性質を考える上での良い出発点になる[6]．その理想気体について，前節までに述べたことを適用してみる．すると，高校でおなじみの結果がぞろぞろと出てくるのだが，注意して欲しいのは，**それらの結果は理想気体だけに成り立つ結果だから，他の物質には決して適用できない**ということである[7]．

　まずはエントロピー表示で考察しよう．原子 1 個から成る分子のことを**単**

---

5)　♠ ここでは，現実の物理系の理想極限として理想気体を定義した．一方，「基本関係式が (6.39) で与えられる気体」と定義する立場もある．形式論としては後者の方がすっきりしているのだが，筆者は，そのように現実の物理系よりも形式論が先に来るような論じ方は，（数学ならいいが）自然科学である物理の理論としては好きでない．

6)　♠ 実は，分子間相互作用がまったく無いと，「自由度が巨大なだけではなく非線形な相互作用があり…」というマクロ系の特徴を失ってしまうので，たとえば，孤立系にして放っておくと平衡状態へ移行するという熱力学の要請を満たさなくなる．それにもかかわらず，理想気体が実在気体の良い近似になっているのは，実在気体がいったん平衡状態に達してしまえば，その熱力学関数には，弱い分子間相互作用はほとんど寄与しないからである．詳しくは，出版予定の拙著『統計力学の基礎』で解説する．

7)　試験をすると，理想気体の結果を適用して間違えまくる答案がかなりある！

原子分子と呼び，原子2個から成る分子を**2原子分子**と呼ぶ．もっと多くの原子から成る分子は**多原子分子**と呼ぶ．また，1種類の分子より成る理想気体を**1成分理想気体**と呼ぶ．1成分理想気体であれば，分子の種類に関係なく，そのエントロピーの自然な変数は U, V, N である．そして，エントロピー表示の基本関係式は，U の原点を分子の運動エネルギーの原点に選んだときに（したがって $U > 0$），次のようになることが知られている：

$$S = \frac{N}{N_0} S_0 + RN \ln \left[\left(\frac{U}{U_0} \right)^c \left(\frac{V}{V_0} \right) \left(\frac{N_0}{N} \right)^{c+1} \right]. \qquad (6.39)$$

ここで S_0 は，U, V, N が適当に選んだ値 U_0, V_0, N_0 であるときのエントロピーの値 $S(U_0, V_0, N_0)$ である．また，N は物質量であり，R は気体定数（5.5節）である．さらに，c は分子の内部運動の自由度で決まる正定数で，単原子分子より成る理想気体（**単原子理想気体**）では自由度が小さいので $c = 3/2$ という最小値をとり，2原子分子より成る理想気体では数百 K ぐらいまでは $c \simeq 5/2$ である（高温になるともっと大きくなる）．多原子分子より成る理想気体では c はさらに大きくなる．しばしば，c の代わりに

$$\gamma \equiv 1 + 1/c \qquad (6.40)$$

という定数も用いられる（後に 14.2 節で，これが「定圧熱容量」と「定積熱容量」の比に等しいことを見る）．上記の基本関係式が 5.1.2 項，5.1.3 項，5.3 項で述べたことを満たすことは，問題にしておく：

問題 6.3　理想気体の $S(U, V, N)$ が1次同次関数であることを確かめよ．

問題 6.4　理想気体の S の密度 $s = S/V$ を求め，それがエネルギー密度 $u \equiv U/V$ と原子密度 $n \equiv N/V$ だけの関数になっていることを確かめよ．

問題 6.5　理想気体の $S(U, V, N)$ が，U についても V についても N についても上に凸であることを確かめよ．

　続いて，示強変数を求めてみよう．まず，逆温度が $B = cRN/U$ と求まる．これは，定理 6.1 を明らかに満たしているが，理想気体の特殊性として，U, V, N の3変数のうちの V には依存していない．この式は，(6.35) を用いれば，

$$U = cRNT \tag{6.41}$$

とも書ける．これは高校で習った人も多いだろう．次に Π_V を求めると，$\Pi_V = RN/V$．この式は，(6.37) を用いれば，

$$PV = RNT \tag{6.42}$$

とも書ける．一般に，P, V, N, T の間の関係式を**状態方程式** (equation of state) と呼ぶが，(6.42) はまさに高校で習う理想気体の状態方程式である．同様にして Π_N や μ も求まるが，省略する．

　ここで，状態方程式 (6.42) だけ知っていても，(6.39) も (6.41) も決して導けないことに注意しよう．逆に，基本関係式である (6.39) だけ知っていれば，(6.41) も (6.42) も，（後の章で述べるような）それ以外の熱力学的性質もすべて導ける．このように，**1本の状態方程式よりも，1本の基本関係式の方が，はるかに情報が多いのである**．また，エネルギーが T, N の関数として表されている (6.41) だけ知っていても，(6.39) も (6.42) も決して導けない．前に注意したように，**U をその自然な変数（今の場合は S, V, N）の関数として表してあれば基本関係式だが，それ以外の変数の関数として表したものは，一般には基本関係式ではないのだ**．

　最後に，エネルギー表示でやってみよう．エネルギーの自然な変数は，S, V, N になる．エネルギー表示の基本関係式 $U = U(S, V, N)$ を求めるには，(6.39) を U について逆に解けばよい．それは直ちにできて，

$$U = U_0 \left(\frac{N}{N_0} \right)^{\gamma} \left(\frac{V_0}{V} \right)^{\gamma-1} \exp\left[\frac{\gamma-1}{R} \left(\frac{S}{N} - \frac{S_0}{N_0} \right) \right]. \tag{6.43}$$

これを偏微分すればエネルギー表示の示強変数が求まり，状態方程式も求まる．それは問題にしておこう：

問題 6.6　理想気体の T, P を S, V, N の関数としてそれぞれ求め，その結果から (6.41), (6.42) を導け．

　なお，基本関係式である (6.39) が，適当に選んだ U_0, V_0, N_0 とそのときのエントロピーの値 S_0 を，対数の中にまで含むことが気になる人もいるかもしれないが，U_0, V_0, N_0 の値の選択に依らずにまったく同じ基本関係式が得られるので大丈夫である．以下の問題で確かめてみよ．

問題 6.7　基本関係式 (6.39) は，U_0, V_0, N_0 とは別の値 U_0', V_0', N_0' とそのときのエントロピーの値 $S_0' \equiv S(U_0', V_0', N_0')$ を用いて，次のように書き直すことができることを示せ.

$$S = \frac{N}{N_0'} S_0' + RN \ln \left[\left(\frac{U}{U_0'} \right)^c \left(\frac{V}{V_0'} \right) \left(\frac{N_0'}{N} \right)^{c+1} \right]. \quad (6.44)$$

これは，**(6.39) が U_0, V_0, N_0 の値の選択に依らないことを示している**.

6.5　例 — 光子気体

理想気体とは，相互作用の無視できる粒子たちからなる気体のことだと述べたが，ここまでに述べた理想気体は，実は総質量に比例する物質量を持つことも（分子の速さが光の速度よりずっと遅いことも）仮定していた．では，相互作用は無視できるものの，質量も物質量も持たない（つまり変数 N を持たない）**光子気体** (photon gas) ではどうなるか[8]？　これは，内部に真空の空洞を持つ（空洞を囲む部分は十分に厚くて光を透過しないような）物体が平衡状態にあるときに，その空洞の内部を満たす電磁場のことであり，**空洞放射** (cavity radiation) とも言う（詳しくは 6.5.2 項）．電磁波のような**波であっても，マクロには熱力学に従うのである**[9].

6.5.1　光子気体の基本関係式

光子気体のエントロピーの自然な変数は，N がないのだから U, V である．したがって，光子気体は N に共役な示強変数である **μ を持たない**．通常はこの事実を，あたかも μ を持っているように考えて，「N がまったく自由に変化できるので $\mu = 0$ である」などと表現する[10]．そして，U の原点を真空に選

---

8)　♠p.22 の補足で述べたように，物質量は一般的な意味での charge の総和と考えるべきであり，それは一般には質量とは異なる．光子は（静止）質量もないが charge も持たないので，変数 N を持たないのだ．いわゆる「光子数」はどうかというと，総光子数は，保存量でもないし，物質量 N とは違って，平衡状態では U, V を与えれば一意的に値が決まってしまう従属変数にすぎない．

9)　♠「場の量子論」では，物質も電磁波もどちらも「場」になるので，このことは納得しやすい.

10)　N の意味を考えるとこれは論理的とは言いかねるが，N を持たないことを「S が N に依らない」と強引に解釈すれば，「S を N で偏微分すると 0 になるので $\mu = 0$」と解釈

べば $U > 0$ であり，基本関係式は次式で与えられる：

$$S = \Omega U^{3/4} V^{1/4}. \tag{6.45}$$

ただし，Ω は正定数であり，Stefan-Boltzmann（ステファン-ボルツマン）定数と呼ばれる定数 σ $(= \pi^2 k_{\mathrm{B}}^4/60\hbar^3 c^2 \simeq 5.7 \times 10^{-8}$ kg/s^{3}K^4) と光速 c $(\simeq 3 \times 10^8$ m/s) を用いて次のように表せる：

$$\Omega = \frac{16\sigma}{3c} \left(\frac{c}{4\sigma} \right)^{3/4}. \tag{6.46}$$

これらの式から，たとえば次の結果が得られる（下の問題）：

$$U = \frac{4\sigma}{c} T^4 V, \quad P = \frac{4\sigma}{3c} T^4 = \frac{1}{3} u \quad (u = U/V). \tag{6.47}$$

この光子気体の圧力 P は，分母に光速という大きな定数があるために，通常の実験条件ではきわめて小さい.

　以上の結果が，通常の理想気体とは何もかも違っていることに注意して欲しい．特に，**理想気体の式で $N = 0$ とおいても光子気体の式にはならない**．なお，6.5.2 項で述べるように，空洞放射の強度や波長分布は，どんな波長の電磁波も完全に吸収する（反射しない）ような[11]理想的な物質である**黒体** (black body) から放射される電磁波と一致するので，しばしば**黒体放射** (black body radiation) とも言う.

問題 6.8　(6.47) を導け.

6.5.2 ♠ 光子気体の特殊性と黒体放射

　光子気体は，熱力学や統計力学の中でやや特殊な位置を占めている．光子気体も理想気体も，実際の物理系を理想化したものであるが，光子気体のほうは，そもそもその実際の物理系が，熱・統計力学的に特殊なのだ[12].

　理想気体の現実版である実在気体では，粒子間の相互作用による衝突は頻

できなくもない.

11)　これは「どんな波長の電磁波も放出できる」と等価である．なぜなら，量子論によると，ある波長の電磁波を吸収しやすい物質は，（適当にエネルギーを与えてやれば）同じ波長の電磁波を放出しやすいことが示せるからだ.

12)　♠♠ 文献 [7] では，理想化された光子気体が，ここに書いたのとは別の数理的な理由で特殊だと言っているが，本書の理論体系では，数理的には何の特殊性もない.

繁に起こり，1個の粒子が衝突せずに走れる平均距離は，容器のサイズよりも
ずっと短い．このため，容器の壁の凸凹によるランダムな散乱に頼らずとも，
気体粒子同士の散乱で平衡状態に達する．したがって容器は，単に気体粒子の
行動範囲を制限するだけの役割しかない．これに対して電磁波（光）は，現実
の系でも，真空中であれば光子同士の相互作用はほぼ完全に無視できて，1個
の光子が衝突せずに走れる平均距離は，容器（空洞）のサイズよりもずっと長
い．このため，容器を成す物質が電磁波を吸収・放射することで初めて，「空
洞中の電磁波＋容器を成す物質」という系の平衡状態に到達できるのである．
このときの空洞中の電磁波，すなわち**空洞放射** (cavity radiation) が，**光子気
体** (photon gas) である．

　空洞放射を観察するには，容器に，平衡状態を乱さない程度の小さな穴を
開けて，そこから覗けばよい．その穴からは電磁波が漏れ出すが，容器を熱浴
（11.2 節）に浸けて温度を一定に保っておけば，平衡状態が保たれる．ちょう
ど漏れ出る分だけの電磁波が，空洞を囲む壁全体から放射されて，空洞内部が
常に一定の状態に保たれるのだ．このようにして測定された空洞放射の波長分
布が，量子論の発見の重大なヒントになった．

　ところで，穴から漏れ出る電磁場の強度も波長分布も，同じ温度の（どこか
にポンと置いた）黒体から放射される電磁場，すなわち**黒体放射** (black body
radiation) のそれらと一致することを G. Kirchhoff は示した．そのため，空
洞放射と黒体放射はほとんど同義語のように使われている．ただし，空洞とは
違って，黒体というのは実在しない仮想的な物体である．実在の物質は，電磁
場の吸収のしやすさが電磁場の波長によって異なり，どんな波長の電磁波も完
全に吸収してしまうような物質（黒体）は存在しない．そのため，（どこかに
ポンと置いた）**物質から放射される電磁場の強度や波長分布は空洞放射とは一
致せず，物質により異なる**．それにもかかわらず，**空洞中の電磁場であれば，
容器の物質の種類に依らずに同じ平衡状態になる**のだ．これは，脚注 11 で述
べた「吸収しやすい＝放射しやすい」という関係と，空洞の中で電磁場が何
度も壁に反射されるためだが，詳しく説明する紙面はない．

　なお，厳密に言うと，どんな物質でも電磁場を放出するので，本当は物質単
独の平衡状態はありえず，物質＋電磁波の平衡状態を考える必要がある．し
かし，通常の実験条件では，物質の S の方が電磁波の S よりも圧倒的に大き
いので，後者を無視する近似がよく成り立つのである．

6.6　Nernst-Planck の仮説

さて，温度を定義したので，ここで **Nernst-Planck**（ネルンスト‐プラン
ク）**の仮説**（しばしば**熱力学第三法則**とも呼ばれる）を説明しておく．それ
は，絶対零度ではエントロピーがゼロになる，ということである：

―――――― Nernst-Planck の仮説（熱力学第三法則）**――――――**

単純系において，エントロピーの自然な変数 $U, X_1, X_2, \cdots$ のうち X_1,
$X_2, \cdots$ が有限にとどまるようにして $T \to +0$ の極限をとると，必ず
$S \to 0$ となる．

ここで，「$X_1, X_2, \cdots$ が有限にとどまるようにして」という但し書きを付けた
のは，$T \to +0$ とする際に同時に $X_1, X_2, \cdots \to \infty$ にするような変な極限を
排除するためである．そのような極限は，温度を下げると同時に物質量などを
増やしてゆくという，物理としては馬鹿げたことをやることに相当する．

定理 6.3 (p.99) により，T を減らすほど S は小さくなる．そして，同定理
より $T > 0$ だから，$T \to +0$ で S は下限に達する．したがって，上記の仮説
は，その **S の下限が**，**物質の種類にも依らず**，**$X_1, X_2, \cdots$ の値にも依らず**，
物質がどんな相にあるかにも依らず，**いつもゼロだ**と言うことを主張してい
る．この一見不思議な仮説は，経験上，ほとんどの系について成り立ってい
る[13]．その統計力学的・量子論的な意味づけは 21 章で述べる．

この仮説は，14.7.3 項の補足で説明するように，化学反応が起こるような
ケースで便利である．しかし，この仮説がないと熱力学が立ちゆかない，とい
う性格のものではない．熱力学の理論体系そのものは，要請 I, II だけあれば
組み上がるからだ．その場合，上記の仮説は，「与えられた様々な物質の基本
関係式を見てみたら，なぜかどれも満たしている性質」ということになる．熱
力学の立場では，基本関係式は，熱力学という理論の「外から」実験などによ
り与えられるものであるから，こう考えても構わないわけだ．

---

13)　♠ ガラスのような系では成り立たないが，それは，ガラスは平衡状態に向かう途中で
　　固まってしまって真の平衡状態に達していないからだと解釈されている．

問題 6.9　5.5 節の例と光子気体について，この仮説が成り立っていることを示せ．一方，理想気体ではこの仮説が成り立っていないことを示せ．

この問題で見たように，理想気体の基本関係式 (6.39) はこの仮説を満たさないが，その理由は，(6.39) が，分子間相互作用も量子論の効果もまったく効かないという理想極限で成り立つ式にすぎないからである．現実の気体は，温度が低くなると，分子間相互作用も量子論の効果も無視できなくなるので，基本関係式が (6.39) からずれてきて，上記の仮説が成り立つようになる．

6.7 ♠♠ 離散変数での微分や「わずかに異なる平衡状態」の意味

　この節は，離散変数である N で微分することや，「わずかに異なる 2 つの平衡状態」について疑問を持った読者のための節である．結果から言うと「問題はない」ということなので，別段疑問に思わない読者は次章に飛んでよい．話をわかりやすくするために，エントロピーの自然な変数が U, V, N であるような単純系について説明するが，一般化は容易であろう．

　離散変数である N で微分することが妥当である理由は，物理的には，もともと p.3 の補足で述べたように有限の有効桁数で考えているから N が離散的か連続的かは区別が付かず，N を連続変数として扱っても構わないからだ．見方を変えると，通常の実験では区別が付かないような違いにはビクともしない理論であったからこそ，物質が原子から成っているか否か（すなわち N が離散変数か否か）が定かではなかった時代にも，確固たる理論として熱力学が構築できたのである．

　数学的には次のようになる．N が離散的であることを強調するために，N は「個」で数える．仮に，$S(U,V,N)$ が任意の正の実数 N について定義できていたとすると，

$$\Pi_N(U,V,N) = \frac{\partial S(U,V,N)}{\partial N} = V\frac{\partial s(u,n)}{\partial N} = \frac{\partial s(u,n)}{\partial n}. \tag{6.48}$$

ここで，$s(u,n)$ はエントロピー密度

$$s(u,n) = S(U,V,N)/V \qquad (u=U/V,\ n=N/V) \tag{6.49}$$

である．$s(u,n)$ は，u,n の値が同じであれば，V の値に依らない．したがって，いったん (6.49) において，u,n を有限に保って $V \to \infty$ にするという，

いわゆる**熱力学極限** (thermodynamic limit) をとっておけば，u, n の連続的な値について $s(u, n)$ が定義できる．そうしておいてから，(6.48) の中間をスキップした

$$\Pi_N(U, V, N) = \frac{\partial s(u, n)}{\partial n} \qquad (6.50)$$

を採用すれば，この式は数学的にもまったく問題ない式である．$\dfrac{\partial S(U, V, N)}{\partial N}$ という表式もこの式の右辺を意味すると考えればよい．つまり，「$S(U, V, N)$ を N で微分する」＝「$s(u, n)$ を n で微分する」ということになっている．前に述べたように，**基本関係式の内容はすべて $s(u, n)$ が背負っているので，$S(U, V, N)$ について議論していることは，実は $s(u, n)$ について議論していることになる．$s(u, n)$ ならば n が連続値を持つ $V \to \infty$ の極限でも定義されているので，微分することに何の問題もないのである．**

　また，「わずかに異なる 2 つの平衡状態」についても，次のような疑問を抱かれるかもしれない．2 つのマクロ状態が「同じ」というのは，マクロ変数の値の差が無視できるほど小さいことを言うのであった．であれば，「わずかに異なる」2 つの状態は同じ状態ではないのか？　同じ状態だとすると，エントロピーの自然な変数が，(U, V, N) という値を持つ平衡状態と，$(U + dU, V, N)$ という値を持つ平衡状態を比べて，その微分が $B(U, V, N)dU$ である，という議論はどういう意味か？　これらの疑問に対する一番簡単な答えは，「単に関数 $S(U, V, N)$ の解析的性質を調べている」という事であるが，もっと物理的な答えはやはり (6.49) を用いる．すなわち，「(U, V, N) という値を持つ平衡状態と，$(U + dU, V, N)$ という値を持つ平衡状態」の意味は，「エネルギー密度と粒子数密度が，(u, n) という値を持つ平衡状態と，$(u + du, n)$ という値を持つ平衡状態」という意味だとするのである．そうであれば，du を V に無関係な微小量にとれば $dU = Vdu = O(V)$ となり，これはマクロ極限でも無視できない違いなので上記の疑問は氷解する．このとき，$dU = O(V)$ が大きいのでテイラー展開の収束性が心配になるかもしれないが，実は

$$S(U + dU, V, N) - S(U, V, N) = V\left[s(u + du, n) - s(u, n)\right] \qquad (6.51)$$

の $s(u + du, n) - s(u, n)$ を du の冪に展開しているのだから，大丈夫である．ここでもやはり，「$S(U, V, N)$ について議論していることは，実は $s(u, n)$ について議論している」ということが本質である．

第7章
仕事と熱 — 簡単な例

　この章では，「（マクロに見た）仕事」と，「熱」の概念を導入する．説明は，
『シリンダーの中に気体を閉じこめてピストンで蓋をし，適当な外部装置でピ
ストンに力を加えてピストンを動かす』という具体例について行う．この外
部装置は，系を取り囲む**外部系** (external system) の一部を成すが，我々は，
系と外部系との間のエネルギーのやりとり，つまり**エネルギー移動** (energy
transfer) に注目する．

　この種のことを議論するときにはいつも，ピストンなどの，系を操作するた
めに利用するデバイスが登場する．それらのデバイスは，どんな熱力学的な拘
束（断熱とか断物）を与えるかという特性以外にも，質量や摩擦の大きさなど
の特性を持っている．しかし，我々が興味があるのはデバイスではなく着目系
の熱力学的性質であるから，デバイスは，熱力学的な拘束だけを与えるような
理想的なものであって欲しい[1]．そこで本書では，首尾一貫して，**特に断らな
い限りは，操作を行うためのデバイスは熱力学的な拘束だけを与え，質量も摩
擦も無視できると仮定する**．さらにこの章では，簡単のため，**ピストンもシリ
ンダーも気体粒子を通さない堅い材料でできているとする**．なお，3.3.6 項の
最後で注意したように，気体の平衡状態が均一な場合を考える．

7.1　マクロ変数としての力・圧力・位置

　ピストンには，常にたくさんの気体の粒子が衝突してくるので，力がかか
る．その様子をミクロに見ると，力を受ける場所も，その大きさも，時々刻々
変化している．しかし，熱力学はマクロ変数だけに注目するので，熱力学で

---

1)　♠ そうでない場合には，一般にはデバイスの質量や摩擦の大きさに依存して結果が変わ
　る．それを正しく分析するためには，熱力学と他の理論（たとえば力学）を併用して解析
　する必要が出てくる．複雑な状況では解析が複雑になるのは，熱力学に限らず，一般に言
　えることである．

「力」と言えば，**マクロに見た力**のことである．つまり，ミクロな力を，小さいがマクロな面積（2.3 節）ΔA にわたって足しあげ，さらに（必要なら）短いがマクロな時間（2.3 節）Δt で平均した値 $F_{\Delta A}$ のことである．以後，特に断らない限り，**単に「力」と言えば，このようなマクロに見た力のことを指す**ことにする．

　系がピストンを押す力 $F_{\Delta A}$ は，ちょうど圧力 P の力学的定義 (2.3) の右辺に等しいので，等式をひっくり返すと，

$$F_{\Delta A} = P\Delta A \tag{7.1}$$

という関係がある．ここで，本書では，特に断らない限りは，**力はその力を及ぼす系から見て外向きを正にして測る**と約束する．今は均一な気体という簡単な例を考えているので，$F_{\Delta A}$ は ΔA をピストンのどこに選んでも同じである．したがって，ピストン全体（面積 A）にかかる力 F_A ($\equiv F$) を考えれば十分であり，

$$F = PA \tag{7.2}$$

となる．同様に，外部装置（外部系）がピストンを押す力 $F^{(\mathrm{e})}$（上記の約束通り外部系から見て外向き，つまり，系からみて内向きを正にして測ることにする）も，マクロに見た力のことを指す．たとえば，外部系が気体である場合には，その気体の圧力を $P^{(\mathrm{e})}$ として，

$$F^{(\mathrm{e})} = P^{(\mathrm{e})}A \tag{7.3}$$

である．この式は，後の章の議論で使う．

　ピストンが全体として受ける**正味の力**（合力）F_{total} は，系から見て外向きを正にとると，摩擦は無視できるとしているから

$$F_{\mathrm{total}} = F - F^{(\mathrm{e})} \tag{7.4}$$

である．これがゼロであれば，ピストンは全体としては動き出さず，ピストンを構成する物質に起こりうる運動は，個々の分子の細かい振動などの，ミクロな運動だけになる．一方，$F_{\mathrm{total}} \neq 0$ であれば，ピストンは全体として動き出す．**マクロに見て「ピストンが動いた」と言うときには，この，全体としての動きを指している**．

この，ピストン全体としての動きを記述する座標 L を導入しよう[2]．L の
向きは，F と同様に（系から見て）**外向きを正として測る**ことにする．L は，
重心座標に選んでも良いし，そこから一定の距離だけ離れた位置（たとえば，
ピストンの表面の位置）に選んでもよい．また，L の座標原点は，どこに選ん
でも構わない（つまり，ピストンがどこにあるときを $L = 0$ としても構わな
い）．ただ，今考えているような系では，ピストンを完全に押し込んだときに
$L = 0$ になるように原点を選んでおけば，

$$V = AL \tag{7.5}$$

となるので便利である．

L は，ピストンを構成する無数の分子たちの位置を平均したマクロ変数で
あり，個々の分子の細かい振動などは，ならされてしまって L には効いてこ
ない．以後，特に断らない限り，**単に「位置」と言えば，このような，「マク
ロに見た位置」のことを指す**ことにする．だから，L も，単に「ピストンの位
置」と呼ぶことにする．

こうして，マクロに見た力 F, $F^{(e)}$, F_{total} や，マクロに見た位置 L が定義
できた．これらは，圧力 P, $P^{(e)}$ と同様に，マクロ変数である．

7.2 力学的仕事と熱の移動

外力 $F^{(e)}$ を調整して，ピストンの位置を，L から $L + \Delta L$ に移動したとす
る．このとき，系のエネルギーは変化するであろう．その変化量 ΔU は，エ
ネルギー保存則より，

$$\Delta U = [系に流れ込んだエネルギーの正味の総量]$$
$$= [系に流れ込んだエネルギーの総量]$$
$$- [系から流れ出したエネルギーの総量]. \tag{7.6}$$

この ΔU の大きさを正確に計算するには，ミクロ系の物理学の方程式（ニ
ュートンの運動方程式やシュレディンガー方程式）を解けばよいはずだが，

---

[2] ピストンが全体として回転するような場合には，回転角を表す座標も必要になるが，今
は回転はさせないとする．

前に述べたように，マクロ系ではそれは原理的に不可能である．それですぐに降参してしまうのではなく，マクロ変数だけで ΔU を表せないかどうか考えてみる．

まず，外部系がピストンにかける（マクロに見た）力 $F^{(e)}$ と，ピストンの（マクロに見た）位置座標 L を用いて，大胆にも，1個の質点または剛体の力学を（無数の原子の集合体である）マクロ系に単純に当てはめて計算した，「外部系が気体にした仕事量」W_M を考えてみる．すなわち，$F^{(e)}$ と L が逆向きに定義されていることに注意して，

$$W_M = -\int_L^{L+\Delta L} F^{(e)} dL. \tag{7.7}$$

W_M を ΔW_M とは書かなかった理由は次節で説明するとして，ここでは物理的意味を考えよう．W_M は，ピストンや系の個々の分子の運動（と，それがもたらすエネルギーの授受）をいっさい無視して，単純にピストンの全体としての運動だけを考えて，外部系が系に行った仕事を計算した（つもりの）量である．したがって，**エネルギーの移動量の計算としては**（ピストンの質量や摩擦が無視できてもなお）**たくさんの数え落としがある**．

たとえば，外部系の空気の分子がピストンに衝突してピストン表面の分子にエネルギーを与え，それがピストンの中の分子の間でバケツリレーのように伝えられてピストンの反対側の表面の分子にまで伝わり，そこに気体の分子が衝突してピストンの分子からエネルギーをもらい受ける…という形のエネルギー移動もありうる．このミクロな過程で運ばれるエネルギーの大きさは，ひとつの過程あたりではミクロな大きさしかないが，同様な過程がそこかしこでマクロな回数だけ起こりうるので，全体としては，マクロな量のエネルギー移動を引き起こすことができる：

[ミクロな量のエネルギー移動] × [マクロな回数]

　　= [マクロな量のエネルギー移動]. $\tag{7.8}$

上記の W_M はピストンの変位と直接結びついた部分しか勘定していないので，このようなエネルギー移動を勘定しきれておらず，W_M だけでは (7.6) の右辺には足りない．このような不足分すべての和，つまり「数え落とし」の正味の総量を Q と書くと，(7.6) は，

$$\Delta U = W_M + Q \tag{7.9}$$

と表せる．このように，系と外部系との間のエネルギー移動を 2 種類に分け
て考え，W_M を外部系の行った「力学的仕事」，Q を外部系から流れ込んだ
「熱」と呼ぶ．ミクロに見れば，どちらも力学（や量子力学）で記述できるエ
ネルギー移動なのだが，熱力学では，W_M の方だけを力学的仕事と呼ぶので
ある：

定義：力学的仕事と熱

系と外部系との間のエネルギー移動のうち，マクロに見た力とマクロに
見た位置座標を用いて，外部系がした仕事量を (7.7) のように素朴に計算
した量 W_M を，外部系が系に行った**力学的仕事** (mechanical work) と呼
ぶ．他方，（後述する他の「仕事」が行われない場合）W_M と真のエネル
ギー移動量の差

$Q \equiv$ [外部系から系に流れ込んだエネルギーの正味の総量]

$\qquad$ – [外部系から系になされた力学的仕事の正味の総量]　(7.10)

を「外部系から系に流れ込んだ**熱** (heat)」と呼ぶ．そして，ある過程で
$Q \neq 0$ であったとき，「熱が流れた」とか「熱が移動した」と言い表す．

このように，熱というのは，仕事をしたりされたりという以外の仕方でやりと
りされたエネルギーのことを言う．**熱も仕事もどちらもエネルギーの移動な
ので，移動したモノでは区別できず，移動の仕方で区別しているのである．**ま
た，エネルギー保存則 (7.9) を用いると，(7.10) は，系のエネルギー変化 ΔU
を用いて次のようにも書ける：

$$Q = \Delta U - W_M. \qquad (7.11)$$

かつては，「熱」とは，それを担う**熱素**なる粒子のようなモノがあって，そ
の総量だというふうに考えられていた時期もあった．つまり，物体が持ってい
る熱素の総量がその物体の持つ熱だと考えられていたのである．日常会話で
「熱を持っている」などというときも，これに近いイメージで話していると思
う．しかし，熱素などというものはないことがわかったので[3]，熱も上記のよ

---

3) 少なくとも，考える必要はない．無理に考えて実験と整合する理論を作ろうとすると，
　不自然で汚らしい理論になってしまう．

うに再定義されたのである．ちなみに，日常会話でいうところの「熱を持っている物体」は，エネルギーが高くその結果温度が高いような状態にある物体であって，熱素をたくさん持っている物体ではない．

　系の壁やピストンに特別な材料を用いるなどの手段により，熱の移動がない（ゆえに仕事だけでエネルギー変化量が決まる）ようにできた場合，つまり，$Q = 0$ の場合，その過程を**断熱過程** (adiabatic process) と言う．また，熱の移動を許さないような壁やピストンを，**断熱壁**とか**断熱ピストン**と呼ぶ．これらは，熱の移動がほとんど無視できる材料である**断熱材**で作れば（近似的に）実現できる．断熱材は，（マクロな量の）エネルギー移動の数え落としの原因になるようなミクロな過程が起こりにくい材料である．

例 7.1　魔法瓶は，断熱材で覆った瓶であるので，放っておく（仕事を加えない）限りは，エネルギーが外部とやりとりされず，温度が一定に保たれる．実際には，断熱材の断熱性能は完璧ではないので，数時間経つと 10 度ぐらいは冷めてしまうが，実験をたとえば数分以内で終えるのであれば，その時間内の熱の移動は無視できるので，断熱された瓶とみなせる．逆に言えば，実験が数日に及ぶときには，とても断熱とは言えない．■

　この例のように，実際に実験するときには，**実験に必要な時間スケールで断熱と見なせるかどうか**によって，断熱であるかどうかを判断する．p.3 や p.43 の補足に述べたように，そもそも物理学とはそういうものである．ちなみに，力学や量子力学では，非常にゆっくりした過程のことを「断熱過程」と呼ぶことがあるので注意して欲しい．熱力学では，**熱が移動する間もないほどピストンを速く動かすのも断熱過程である**．

　さて，ここまでは，単に名前を付けただけなので，肝心なのは Q を計算する手段があるかどうかである．それは，まったく一般の場合には，熱力学でもミクロ系の力学でも不可能である．ところが，後で説明するように，非常にゆっくりとピストンを動かす場合などには，熱力学が適用できて，**Q の値をマクロ変数だけから計算できてしまう**のである．分子の数を考えてみると，「数え落とし」の数も種類も，途方もなくたくさんあるのに，その総和である熱がわずかな数のマクロ変数だけで予言できてしまうのは，まことに驚くべきことである．

7.3 仕事と熱の性質

7.3.1 加熱によるエントロピーの増加

エントロピーの自然な変数が U, V, N である単純系について考える。最初，U の値は U_0 であったとする。V, N を一定にしたまま，炎で熱する等の方法で熱を加えたとする。つまり，仕事は一切行わずに，熱 Q だけを与えたとする。

熱を加えている最中は非平衡状態になるかもしれないが，熱を加え終わってから断熱壁で囲ってしばらく放っておけば，やがて，U, V, N の値が $U_0 + Q, V, N$ であるような平衡状態になる。$S = S(U, V, N)$ は U の関数として強増加だから，$Q > 0$ であれば S の値も増えている。これは，U, V, N を $U, X_1, \cdots, X_t$ に一般化しても同様だから，次のことがわかった：

> **定理 7.1　加熱によるエントロピーの強増加**：エントロピーの自然な変数が $U, X_1, \cdots, X_t$ であるような単純系に，$X_1, \cdots, X_t$ を変えないようにして熱を加えてから断熱壁で囲って平衡状態になるまで待つと，熱を加える前の平衡状態と比べて，エントロピーは必ず強増加する。

加熱の仕方がいかに乱暴でも（すぐ後で定義する「準静的」でなくても）この定理は成り立つことを注意しておく。なお，反対に，熱を一切与えずに仕事 W_M だけをした場合のことは 10.2.2 項で述べる。

7.3.2 状態量でないこと

上でも説明したように，「力学的仕事」とか「熱」は，エネルギーがどうやって移動してきたかを区別する名前（または，そのやりかたで移動してきた移動量）である。では，移動した後はどうなるのか？

力学的仕事により系に入ったエネルギー W_M も，熱として入ったエネルギー Q も，いったん系のエネルギーとして取り込まれ，系の中で分子振動などに変換されて，U, V, N で定まる**平衡状態に達してしまえば，どちらも系のエネルギーを変化させただけの役割にすぎなくなり，まったく区別が付かなくなる**。なぜなら，要請 II より平衡状態が U, V, N だけで（3.3.6 項で述べた

ように実質的に）一意的に定まるので，<u>どんな過程で</u>Uがその値になったか
どうかとは無関係に，（最終的なU, V, Nの値が同じでありさえすれば）同じ
平衡状態になるからである．もしも平衡状態になった後でも区別が付くようで
あったなら，「この平衡状態が持つ力学的仕事の量」とか，「この平衡状態が持
つ熱の量」などというものが定義できることになるが，区別が付かないのだか
ら，**そういうものは意味のある定義ができず，**物理学からは排除されたのであ
る．

　このことを実験的に示したのが，有名な **Joule**（ジュール）**の実験**である．
彼は，容器に入った水に対して，羽根車で仕事量W_Mの仕事を行った場合で
も，熱い物体と接触させてQだけ熱を移動させても，$W_M = Q$であれば，平
衡状態に達した後ではまったく同じマクロ状態になっていることを実験で示し
た．そして，それまで熱の単位として使われていた「カロリー」と，仕事の単
位である J（ジュール）の比例定数である**仕事当量**を決定した．これにより，
熱と仕事を別の単位で測る必要はなくなり，今日では，どちらも同じエネル
ギーの単位（国際単位系 (SI) では J）を用いる．

　これに対して，S, U, V, N, T, P, μなどは，各平衡状態に対して一意的にそ
の値が定まる．この意味で，これらは，それぞれの平衡状態が「持つ」量であ
る．このような量を「状態量」と呼ぶ：

定義：状態量

各平衡状態に対して一意的にその値が定まる物理量を**状態量**と呼ぶ.

仕事や熱との違いを端的に表すのが，この定義から自明な次の定理である：

定理 7.2　状態量の値や差が過程に依存しないこと：ひとつの平衡状態に
おける状態量の値は，その平衡状態にどういう過程で到達しようが，常
に同じ値を持つ．また，ある過程の前後における状態量の差は，その過
程がどんなものであったかとは無関係に，最初と最後の平衡状態だけで
決まる．

これに対して，**仕事や熱は過程の途中における移動量としてだけ意味をもつの
で状態量ではなく，最初と最後の平衡状態だけでは値が決まらず途中の過程に**

依存する.

7.3.3 熱力学第一法則

人類が,「熱の移動」が上記のようなものであるという理解に達するまでには, 長い年月がかかった. それ以前は, 前節で触れたように,「熱素」というものがあって「熱」は各平衡状態について熱素の量として定まる状態量だと考える人もいた. 熱素が物体間を移動することが熱の移動であると考えたのだ.

そのような紆余曲折を経て, 熱の移動がエネルギー移動の一形態に過ぎないことが確立されたので, その事実を端的に示す (7.9) を, **熱力学第一法則**と呼ぶ習わしである. 現代的な立場をとる本書では, この式は単に, 熱力学に限らずに広く成り立つ法則[4]であるエネルギー保存則の帰結として, 自然に出てきたものにすぎない. ただ, 熱力学としてもっと積極的な物理的意味を見いだすこともできるので, それについては 7.8.2 項で述べることにする.

また, このように理解が進んだからといって, 用語の方はそう簡単には変更できない[5]. このため, たとえば**熱源** (heat source) という言葉はそのまま使われる. これは, (かつてはそう考える人もいたが)「熱を大量に蓄えた物体」という意味ではなく, 高温のエネルギー源のことである. 後に示すように, そのような系を低温の系と接触させると, 低温の系に向かって熱の移動が起こるので,「熱源」という言葉も悪くはないだろう. 同様に,「熱を加える」などの日常用語も用いることにする.

7.3.4 差分でないこと

W_M や Q のことを, 頭に Δ を付けて ΔW_M や ΔQ とは書かなかった理由が, 以上で説明したことからわかる. すなわち, 本書では, 何かある量 A について, その一部分とか, 2 つの状態における差 (**差分**) を ΔA と書いている. たとえば, 何らかの物理過程の前後の状態における A の差を ΔA と書く:

---

4) ♠ エネルギー保存則は,「時間が経っても物理学の法則は変わらない (状態だけが変化してゆく)」という事の帰結だと考えられるから, 広く成り立つ.

5) 物理学ではこうした事が非常に多い. たとえば参考文献 [11] の 5.8 節で述べたように, 量子論は, その名前自体が内容にそぐわない.

$$\Delta A \equiv [\text{ある過程の後における } A \text{ の値}] - [\text{ある過程の前における } A \text{ の値}].$$
$$(7.12)$$

ピストンを押す過程であれば，押す前後の状態における体積の差を ΔV，エネルギーの差を ΔU と書くわけだ．(7.12) の右辺を見れば明らかなように，ΔA と書くからには，A という量が，それぞれの状態についてきちんと値が定まっている量，すなわち状態量である必要がある（そうであれば定理 7.2 より，ΔA の値は最初と最後の平衡状態だけで決まる）．ところが，上で説明したように，仕事や熱は状態量ではなく，それぞれの状態が持っている値というものがない．したがって，仕事や熱は一般には差分ではなく，ΔW_M とか ΔQ と書くわけにはいかなかったのである[6]．

　なお，特殊なケースとして，たとえばピストンが固定されていて $W_M = 0$ であることが保証されている過程がある．その場合は，(7.11) より $Q = \Delta U$ なので，Q も差分に等しくなる．しかしその場合は，もはや ΔU を W_M と Q に分解する必要もないのだから，ΔQ と書くよりは ΔU と書いた方が紛らわしくないので良いと思う．同様に，ピストンが断熱材でできていて $Q = 0$ であることが保証されていれば，(7.11) より $W_M = \Delta U$ なので，W_M も差分に等しくなる．しかし，やはりその場合も，ΔW_M と書くよりは ΔU と書いた方が紛らわしくないのでお薦めである．

7.3.5　微分がないこと

　W_M や Q は差分ではないので，それを近似する微分もない．そもそも (1.14) に当てはめて微分を定義しようとしても，差分がないような量には右辺にある微係数が定義できない．さらに，たとえ ΔL が微小距離 dL しかない場合でも，W_M, Q も小さいとも限らない．たとえば L をいったん大きくしてから元に戻せば $dL = 0$ だが，このとき，W_M, Q がゼロでないことが多々ある．つまり，W_M, Q の大小と dL の大小は，一般には無関係である．

　ただし，L の変化のさせ方の詳細を指定した上で，**その変化のさせ方それぞれの中の微小変化 dL ごとに**，W_M, Q が dL に比例すると近似できる場合がある．その場合には，その近似式を（微分を表す dU や dV という記号と区別

---

6) ただし，ΔW_M とか ΔQ と書いている本が間違っているわけではない．それらの本は，Δ という記号を差分以外にも用いているのだろう．

するために) $d'W_M$ や $d'Q$ などと書く習わしである[7]．その場合には，(7.9) の各項を dL の 1 次の項まで残せば

$$dU = d'W_M + d'Q \tag{7.13}$$

となる．熱力学第一法則をこの形で述べている教科書も少なくない．また，しばしば，$d'W_M, d'Q$ のことを**不完全微分** (imperfect differential) と呼び，dU, dV のような通常の微分を，通常の微分であることを強調するために，**完全微分** (exact differential) と呼ぶことがある．

なお，差分がないことの説明で述べたように，ピストンが固定されていて $W_M = 0$ であることが保証されているような特殊なケースでは，$Q = \Delta U$ なので，$d'Q$ も微分 dU に等しくなる．しかしその場合は，dQ と書くよりは dU と書いた方が紛らわしくないので良いと思う．同様に，ピストンが断熱材でできていて $Q = 0$ であることが保証されているような特殊なケースでは，$W_M = \Delta U$ なので，$d'W_M$ も微分 dU に等しくなる．しかし，やはりその場合も，dW_M と書くよりは dU と書いた方が紛らわしくないのでお薦めである．

7.4 準静的過程における仕事

外部からピストンにかける力 $F^{(e)}$ を調整すれば，ピストンが動く速さをいろいろと変えられる．ピストンが勢い良く動くときには，系の中の気体は，流れが生じたり，渦巻いたりして，著しい非平衡状態になるであろう．そのような状態は（平衡）熱力学の適用範囲外である．一方，ピストンがごくゆっくりと動く場合には，系が平衡状態から大きく外れることはないであろう．そうであれば，ピストンを押している間も熱力学が近似的に適用できるであろう．良い理論というものは，その適用条件から少し外れたぐらいでは，誤差もわずかしか出ないものなのである．

この場合の近似の精度は，ピストンの動く速さや，系を構成する気体の性質に依存する．しかし，理論を作るときには，まずはそういうことに煩わされないですむ理想的な極限（**理想極限**）を考えてみるのが得策である．理想極限であるから，それを現実の実験で厳密に達成するのは難しいのであるが，近似的

---

7) この表記も教科書によってまちまちで，たとえば $d\!\!\!^-W_M$ や $d\!\!\!^-Q$ と書く場合もある．

には達成できるし，理想極限をおさえておけば，理想的でない場合のことも，
格段に考えやすくなるからだ．

　そこで，ピストンの動く速さが無限小の極限を考えよう．その場合は，系
は常に平衡状態にあるまま無限の時間をかけて変化してゆくと考えられる
ので，系については常に熱力学が適用できる（近似の精度がいくらでも良く
なる）．このような，系が常に平衡状態にあると見なせる過程を**準静的過程**
(quasistatic process) と呼ぶ（ただし，**この言葉は本によって定義が違う上
に，どの系にとって準静的なのかについて非常に間違えやすい点がある**ので，
8.2 節で詳しく説明する）．

　本章の冒頭で注意したように，我々はピストンの質量も摩擦も無視できる
と仮定しているので[8]，準静的過程においてピストンにかかる合力 $F_{\text{total}} = F - F^{(e)}$ は無限小になる．ゆえに

$$F^{(e)} = F = PA \quad \text{（準静的過程）} \tag{7.14}$$

が成り立つとしてよく，したがって，

$$W_M = -\int_L^{L+\Delta L} PA\,dL = -\int_V^{V+\Delta V} P\,dV \quad \text{（準静的過程）}. \tag{7.15}$$

ただし，$V = AL$ は気体のはじめの体積で，$V + \Delta V = A(L + \Delta L)$ は終わり
の体積である．（簡単のため，L は一方向に移動したとしておく．）また，$dV = A\,dL$ はその途中の微小体積変化である．この表式を見ると，外部系が成した
仕事 W_M が，系自身のマクロ変数 P, V だけで表されている．このように，
**準静的過程で摩擦もない場合には，外部から系に成された力学的仕事が，系自
身のマクロ変数だけで書けてしまうのである．**その結果，7.6 節で具体例を見
るように，**系の基本関係式だけ知っていれば W_M が計算できてしまう！**

　また，(7.15) は，$\Delta L \to dL$ として 1 次までとれば

$$d'W_M = -P\,dV \quad \text{（準静的過程）} \tag{7.16}$$

を与えるが，この式を見ると，**不完全微分 $d'W_M$ が，状態量である P と完全
微分 dV との積の形に表されている**[9]．このように表せば，普通の微積分の知

---

8)　♠ この仮定がなければ，ピストンの動きがゆっくりでも $F = F^{(e)}$ とは限らなくなる．
　　その場合でも，ともかくピストンの動きが十分遅ければ，8.2 節で説明する「着目系にと
　　って準静的過程」にはなる．

9)　♠ このことの数学的な意味を重視して熱力学を組み立てる流儀もある．

識で計算が遂行できるので便利である（同様な例が後でたくさん出てくる）．
また，この表式を (7.13) に代入すると，頻繁に用いられる公式を得る：

$$dU = d'Q - PdV \quad \text{（準静的過程）．} \tag{7.17}$$

なお，無限に時間がかかる過程は現実的には意味がないので，準静的過程を
考えることは無意味に思えるかもしれない．しかし，7.8.3 項で説明するよう
に，実際には，「**ゆっくり**」でありさえすれば，**十分な精度で準静的過程と見
なせるような過程はたくさんある**．

7.5 準静的過程における熱の移動

公式 (7.17) を導く際には，熱力学の基本関係式は用いず，(7.7) のような力
学を用いた．同じ過程について，同じ量を，今度は基本関係式で計算して比較
してみよう．

7.5.1 微小変化

準静的過程を考えているために系は常に平衡状態にあるとみなせるのだか
ら，この過程の一部始終に (6.23) が成立する．今は，1 種類の気体の単純系
を考えているので，エネルギー的基本関係式は

$$U = U(S, V, N) \tag{7.18}$$

と書け，U の微分は

$$dU = TdS - PdV + \mu dN \tag{7.19}$$

である．特に今は，容器が気体粒子を通さない材料でできていると仮定してい
るので $dN = 0$ だから，

$$dU = TdS - PdV \tag{7.20}$$

となる．これが，系のエネルギー変化の微分を，エネルギー的基本関係式から
計算した表式である．これが前節で求めた (7.17) と一致しなければならない
ので，

$$d'Q - PdV = TdS - PdV \quad \text{（$dN = 0$ なる準静的過程）} \tag{7.21}$$

を得る．両辺に PdV があるが，左辺の P は元をたどれば (7.2) から出てきたもので，力学的に定義されたものであった．一方，右辺の P は，(7.20) から出てきたもので，(6.13) のように熱力学的に定義されたものであった．9.6 節で示すように，平衡状態では両者は等しい．ゆえに PdV の項はキャンセルして消えて，次の定理を得る[10]：

定理 7.3 準静的過程において，系に外部から流れ込む熱は，系の温度と系のエントロピー変化の積に等しい：

$$d'Q = TdS \qquad \text{(準静的過程)}. \tag{7.22}$$

熱は，仕事では数え落とされていた，外部系との間のエネルギー移動であった．それが，準静的過程では，系の T と dS から計算できる．つまり，**準静的過程においては，系の基本関係式を知っていれば熱の移動が計算できる**のである！　また，(7.16) と同様に，状態量でない量 Q の不完全微分 $d'Q$ が，状態量 T と，状態量 S の完全微分 dS との積の形に表されている．

7.5.2　有限の変化

　(7.22) は微小変化の式だが，始状態から終状態まで足し合わせれば，有限の変化の式を得る．まず右辺の和については，微小変化を足しあげたものなので，積分になる．それを

$$\int_{\text{始状態}}^{\text{終状態}} TdS \tag{7.23}$$

と書こう．これの意味は次のようなことである[11]．今考えている準静的過程では，ずっと平衡状態にあると見なせるので，T は S, V, N の関数 $T(S, V, N)$ である．ピストンをゆっくり押すことによって，これがゆっくり変わってゆく．時刻 t における S, V, N の値を $S(t), V(t), N(t)$，ピストンを押し始めた

---

10)　この章の定理は 8.4 節で一般化するので，その一般的な結果を踏まえた表現にしてある．

11)　今は N は一定だが，8.4 節で一般化するので，N も変化しうるような一般の場合について説明する．

時刻を t_i, ピストンを押し終えた時刻を t_f としよう. 大きな自然数 M を持ってきて, 時間間隔 $t_f - t_i$ を M 等分する. すなわち, $\Delta t \equiv (t_f - t_i)/M$ として, 時刻を $t_0 = t_i$, $t_1 = t_i + \Delta t$, $t_2 = t_i + 2\Delta t$, $\cdots$, $t_M = t_f$ のように細かく分割する. こうしておいて, 次のような足し算をする:

$$\sum_{k=1}^{M} T(S(t_k), V(t_k), N(t_k))\Delta S(t_k). \tag{7.24}$$

ただし, $\Delta S(t_k) \equiv S(t_k) - S(t_{k-1})$ である. これの $M \to \infty$ なる極限が, (7.23) の意味である[12]:

$$\int_{\text{始状態}}^{\text{終状態}} TdS \equiv \lim_{M \to \infty} \sum_{k=1}^{M} T(S(t_k), V(t_k), N(t_k))\Delta S(t_k). \tag{7.26}$$

これを幾何学的に説明すると, 次のようになる: S, V, N で張られる状態空間の中で, t を変えながら点 $(S(t), V(t), N(t))$ の軌跡を描くと一本の曲線になる[13]. その曲線に沿って TdS の値を足していったものが (7.26) であり, その曲線のことを**積分経路**と呼ぶ. 一般に, 多変数関数について, その引数をひとつのパラメータで表して上記のように定義した積分のことを**線積分**と言う. 線積分の値は, 一般には, どんな経路に沿って積分するかによって値が異なる (詳しくは 7.9.3 項). すなわち, 始状態と終状態だけでは決まらない. したがって, 上記の積分の値も**始状態と終状態だけでは決まらず, 途中の積分経路 (つまりどのような過程で状態変化させたか) に依存する**.

一方, (7.22) の左辺の和をとると, 過程の始めから終わりまでの間に移動した熱の総量 Q を得る. すなわち, 時刻 t_{k-1} から t_k の間に移動した熱を $d'Q(t_k)$ と書くと,

---

12) 時刻以外にも過程の一部始終をラベルできるパラメータ τ がある場合には, それを用いて次のようにしてもよい (値は変わらない):

$$\lim_{M \to \infty} \sum_{k=1}^{M} T(S(\tau_k), V(\tau_k), N(\tau_k))\Delta S(\tau_k). \tag{7.25}$$

13) ちなみに, 準静的過程でない場合は, 途中が非平衡状態になるので, 系の状態は状態空間から飛び出してしまう.

$$Q = \sum_{k=1}^{M} d'Q(t_k). \tag{7.27}$$

この和の $M \to \infty$ の極限[14]にも通常の積分記号を用いることにして，

$$Q = \int_{始状態}^{終状態} d'Q \equiv \lim_{M \to \infty} \sum_{k=1}^{M} d'Q(t_k) \tag{7.28}$$

と書くことにする．Q は状態量でなく，$d'Q$ は完全微分でないから，**この「積分」の値は，Q(終状態) − Q(始状態) などとはならない**ことに注意しよう．つまり，この「積分」もまた，途中の経路に依存する（詳しくは 7.9.3 項）．

　以上のことから，定理 7.3 の有限変化版である，次の定理を得る：

定理 7.4　準静的過程において，系に外部から流れ込む熱の総量は，系の温度とエントロピーで表せる：

$$Q = \int_{始状態}^{終状態} TdS \qquad （準静的過程）. \tag{7.29}$$

ここで，この積分の途中で T が一定とは限らないので，一般には **T を積分の前には出せない**ことに注意しよう．ただし，特殊なケースとして，温度をずっと一定に保つような準静的な実験（**準静的等温過程**[15]）の場合には，

$$Q = T \int_{始状態}^{終状態} dS = T\Delta S \qquad （準静的等温過程） \tag{7.30}$$

のように簡単な結果になる．ここで，$\Delta S \equiv S_f - S_i$ は過程の前後におけるエントロピーの変化である．これは，一見すると微小変化に対する公式 (7.22)

---

14)　この場合は，被積分関数にあたるものがないから，極限をとらなくても和の値は同じであり，実は極限をとる必要はない．しかし，すぐ下で被積分関数にあたるものを含む和も扱うので，ここでも極限をとっておいた．

15)　本によっては，ひとつの（あるいは温度が等しい複数の）熱浴と接触していて過程の始めと終わりで温度が等しいような過程でありさえすれば，途中では違う温度になったり温度が定義できない非平衡状態になったりしても，「等温過程」と呼ぶものもある（たとえば参考文献 [6]）．そこで本書では，頭に「準静的」を付けて紛れがないようにした．

と似ているが，**(7.22)** は準静的過程であればいつも成り立つのに対し，**公式 (7.30) の方は等温という条件が加わる**ことに注意して欲しい．

また，(7.22) を $dS = d'Q/T$ と書き直して積分すると，次の有名な定理を得る：

> **定理 7.5**　準静的過程において，系のエントロピー変化は，外部から流れ込む熱と温度とで表せる：
> $$\Delta S = \int_{\text{始状態}}^{\text{終状態}} \frac{d'Q}{T} \qquad (\text{準静的過程}). \tag{7.31}$$

この式の左辺は状態量の差であるから，その値は始状態と終状態だけで決まる．したがって，右辺も（準静的という条件が満たされれば）始状態と終状態だけで決まり，途中の経路に依らない！（そこが (7.29) との大きな違いである．）温度と熱から出発する流儀の熱力学（参考文献 [4], [5] など）では，このことを利用して，上式でエントロピーを定義することが多い[16]（そのときの具体的な計算は 14.7 節参照）．

　シリンダーもピストンもすべて断熱材でできている場合にこの定理を適用すると，断熱材の定義（＝熱を通さない材料）により $d'Q = 0$ だから，(7.31) より $\Delta S = 0$ を得る．故に，次の基本的な定理を得る：

> **定理 7.6**　準静的断熱過程においては，系のエントロピーは変化しない．

　なお，この章では，シリンダーに入った気体という具体例について，しかも仕事が力学的仕事である場合だけを論じたが，次章で示すように，**この章のすべての定理は（着目系にとって）準静的過程でありさえすれば，そして冒頭で仮定したように摩擦が無視できれば，一般の場合に成立する**．一方，準静的過程でなければ必ずしも成り立たないことは肝に銘じて欲しい．たとえば，後に

---

16)　♠ そのとき，(7.31) から想像できるように，T が定符号である（0 にならない）ことが重要な役割を担う．

示すように，**断熱過程であっても，準静的過程でなければエントロピーは増加しうる**.

7.6　理想気体の圧縮・膨張過程

　以上述べたことを，基本関係式が (6.39) で与えられる理想気体に適用してみる．シリンダーもピストンも，気体粒子を通さない堅い材料でできているとする．なお，前に述べたように，(6.39) は低温や高圧では破綻するので，この式がよい近似で成り立つ範囲のみを考えている，ということである.

7.6.1　等温に保って圧縮・膨張する

　シリンダーもピストンも，熱を通す材料でできているとする．室温 T_R が一定に保たれた部屋で，ゆっくりとピストンを押して，シリンダーの中の気体の体積を，V_1 から $V_2 (< V_1)$ まで圧縮したとする．9.2 節で示すように，この場合には，気体は常に室温と同じ温度の平衡状態に保たれる：

$$T = T_R = 一定. \tag{7.32}$$

このように温度を一定に保ったままゆっくりと圧縮する準静的過程を**準静的等温圧縮**と呼ぶ．温度が一定に保たれる結果，(6.41) より U も一定に保たれる：

$$U = cRNT = 一定. \tag{7.33}$$

ただし，このように準静的等温過程で U が一定に保たれるのは理想気体の特殊性であり，実在の気体では（7.7.3 項で示すように）そうはならない．くれぐれも，**理想気体の特殊な関係式が他の物質でも成り立つなどと誤解しないで欲しい**.

　また，T も N も一定に保たれることから，状態方程式 (6.42) より，

$$PV = 一定 \tag{7.34}$$

となるが，これと後出の (7.42) とでは，V のべきが異なることに注意せよ.

　まず，ピストンを押すことによって外部系が気体にした仕事 W_M を求めよう．それには (7.15) の積分を行えば良いが，そのためには，P を V といくつかの変数で表す必要がある．その際に，**できるだけ，この過程において一定値**

に保たれる変数で表しておく方が，積分が楽である．今の場合は，T, N が一定に保たれるので，P を T, V, N で表すのが便利である．それには P, T, V, N の間の関係式があればいいのだが，それはちょうど状態方程式 (6.42) であり，$P = RNT/V$ と表せる．これを用いて，

$$W_M = -\int_{V_1}^{V_2} P dV = -\int_{V_1}^{V_2} \frac{RNT}{V} dV$$

$$= -RNT \int_{V_1}^{V_2} \frac{dV}{V} = RNT \ln\left(\frac{V_1}{V_2}\right) > 0. \qquad (7.35)$$

と簡単に W_M が求まる．一方，この間に外部系から気体に流れ込んだ熱は，(7.33) より $\Delta U = 0$ であることから，

$$Q = \Delta U - W_M = -W_M = -RNT \ln\left(\frac{V_1}{V_2}\right) < 0. \qquad (7.36)$$

気体から外部系に流れ出した熱はこの符号を変えたものだが，それはちょうど (7.35) の W_M に等しい．つまり，気体が外部系からされた仕事とちょうど同じ大きさだけ，気体が外部系へ，熱という形でエネルギーを吐き出したのである．外部から仕事をして気体のエネルギーを上昇させようとしたのに，「熱」という形でエネルギーが漏れ出てしまって，結局は気体のエネルギーを上げることはできなかった，ということである．

　もちろん，こんなにぴったりと $\Delta U = 0$（つまり $-Q = W_M$）となるのは理想気体の準静的等温過程の場合に限るのだが，**外部から仕事をして系のエネルギーを上昇させようとしても，熱という形で，（一部の）エネルギーが漏れ出てしまう**ということは，断熱材で囲まれていない系では，一般的に言えることである．そして，どれだけのエネルギーが熱として漏れ出るかが，熱力学で簡単に計算できてしまう．熱の移動が，シリンダーやピストンの壁のいたるところで，無数のミクロ過程を通じて起こることを考えると，その総量 Q が簡単に計算できてしまうのは，まさに驚異である．

　ついでに，エントロピー変化も計算しておこう．準静的等温過程なので $Q = \int T dS = T \int dS = T \Delta S$ だが，これが (7.36) と等しいのだから，

$$\Delta S = -RN \ln\left(\frac{V_1}{V_2}\right) < 0 \qquad (7.37)$$

とエントロピーが減少している．

　なお，外部からピストンを押す力を，気体がピストンを押す力よりも，常にわずかに小さいようにすると，気体はゆっくりと膨張する．このように温度を

一定に保ったままゆっくりと膨張させる準静的過程を**準静的等温膨張**と呼ぶ．その場合も上の結果の等式の部分はすべて成立する．一方，不等号の部分は，$V_2 > V_1$ と変わるためにすべてひっくり返る．たとえば，$W_M < 0$ となるので気体が外部に対して $|W_M|$ だけの仕事をしたことになる．

問題 7.1　温度を 300 K に保ったまま，1 mol の理想気体が入った容器の内容積を，ゆっくりと 2 m^3 から 1 m^3 へと圧縮した．このときの $U, PV, W_M, Q,$ ΔS を求めよ．

7.6.2　準静的断熱過程で圧縮・膨張する

やはりゆっくりとピストンを押して気体の体積を V_1 から V_2 ($< V_1$) まで圧縮するのだが，今度は，シリンダーもピストンも熱を通さない材料（断熱材）でできている場合を考える．このように，断熱してゆっくりと圧縮する準静的過程を**準静的断熱圧縮**と呼ぶ．

まず，定理 7.6 よりエントロピーの値は変化しない．また，すぐ下で見るように，T は変化する．したがって，仕事 W_M を求める場合に，(7.35) の 1 行目のように P を T, V, N で表して計算しようとすると，2 行目に行けないので不便である．今の場合は，S, N が一定に保たれるのだから，P を S, N, V で表して計算するのがよい．具体的には，まずエネルギー表示の基本関係式 (6.43) を微分すれば P を S, N, V で表した表式が得られるので，それを W_M $= -\displaystyle\int_{V_1}^{V_2} P dV$ に代入すれば，簡単に積分できる．これは問題にしよう：

問題 7.2　(6.43) を微分して求めた P を積分して W_M を S, V, N の関数として求めよ．

あるいは，$Q = 0$ だから $W_M = \Delta U = U_2 - U_1$ となることを利用して ΔU の計算におきかえてもよい．もしも W_M を S, V, N の関数として求めたいなら，基本関係式 (6.43) より直ちに，

$$W_M = \Delta U$$

$$= U_0 \left(\frac{N}{N_0} \right)^\gamma \left[\left(\frac{V_0}{V_2} \right)^{\gamma-1} - \left(\frac{V_0}{V_1} \right)^{\gamma-1} \right] \exp \left[\frac{\gamma-1}{R} \left(\frac{S}{N} - \frac{S_0}{N_0} \right) \right] \tag{7.38}$$

を得る. $V_2 < V_1$ だから, これは正である. つまり, 熱として漏れ出す分がないので, エネルギーは上昇する. 他方, W_M を, 最初と最後の温度 T_1, T_2 で, あるいは最初と最後の圧力 P_1, P_2 で表したいならば, (6.41) と (6.42) より直ちに,

$$W_M = \Delta U = cRN(T_2 - T_1) = c(P_2 V_2 - P_1 V_1). \tag{7.39}$$

このように, **結果をどんな変数で表したいかによって, 最適な計算法を選べば** **よい**.

ところで, (7.38) で $\Delta U > 0$ であることを見たので, 上式より $T_2 > T_1$ であるとわかる. 具体的に T_1, T_2 の比を求めたいならば, S, N が一定だから, (6.43), (6.41) より直ちに,

$$\frac{T_2}{T_1} = \frac{U_2}{U_1} = \left(\frac{V_1}{V_2} \right)^{\gamma-1}. \tag{7.40}$$

また, (7.39) より $P_2 V_2 > P_1 V_1$ であることがわかる. $V_2 < V_1$ なのだから, これは, 圧力が体積の減少を補って余りあるほどに上昇して PV が増加する, ということを示している. これを詳しく見るために, P_2/P_1 を計算しよう. 状態方程式より $P_2/P_1 = T_2 V_1/T_1 V_2$ だから, (7.40) より

$$\frac{P_2}{P_1} = \left(\frac{V_1}{V_2} \right)^\gamma \tag{7.41}$$

を得る. つまり $P_1 V_1^\gamma = P_2 V_2^\gamma$ だから, 結局

$$PV^\gamma = 一定 \tag{7.42}$$

である. これを前出の (7.34) と比べると, V のべきが異なっている. つまり, P を縦軸に, V を横軸にとって, 気体の平衡状態のたどる軌跡を描くと, 同じ準静的過程でも等温過程と断熱過程では, 異なる曲線になるのである. これは, 熱の移動として出入りするエネルギーの有無のためである.

なお, 外部からピストンを押す力を, 気体がピストンを押す力よりも, 常にわずかに小さいようにすると, 気体はゆっくりと膨張する. このように, 断熱

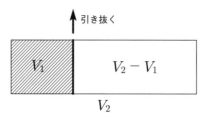

図 7.1 内容積 V_2 の容器の中に仕切り板がある。内容積が V_1 の部分に物質量 N の理想気体を入れ、$V_2 - V_1$ の部分は真空にしておく。平衡状態になるまで待ってから、いきなり仕切り板を引き抜く。

してゆっくりと膨張させる準静的過程を、**準静的断熱膨張**と呼ぶ。その場合も上の結果の等式の部分はすべて成立する。一方、不等号の部分は、$V_2 > V_1$ と変わるためにすべてひっくり返る。

問題 7.3 1 mol の単原子理想気体が入った断熱容器の内容積を、ゆっくりと $2\,\mathrm{m}^3$ から $1\,\mathrm{m}^3$ へと断熱圧縮した。気体の初めの温度は 300 K だった。W_M と終状態の温度を求めよ。また、最初と最後の PV の値を求めよ。

7.6.3 断熱自由膨張

今度は、7.6.1 項、7.6.2 項の準静的な場合とは正反対の状況を考える。図 7.1 のように、内容積 V_2 の容器の中に仕切り板を横から差し込んで、内容積が V_1 と $V_2 - V_1$ の 2 つの部分に仕切る（今度は、$V_2 > V_1$ とする！）。容器も仕切り板も、気体も熱も通さない堅い材料でできているとする。V_1 の部分に、物質量 N の理想気体を入れ、$V_2 - V_1$ の部分は真空にしておく。すると、系の全エネルギーは、エネルギーの相加性より、体積 V_1 の理想気体のエネルギーと、体積 $V_2 - V_1$ の真空のエネルギーの和になるが、後者は、(6.41) で $N \to 0$ とすればわかるように、（我々の U の原点の選び方では）ゼロである。

さて、平衡状態になるまで待ってから、**いきなり仕切り板を引き抜く**（素早くでもゆっくりでもよい。また、板の一部にコックを付けておいて、コックを開けても良い）。仕切り板は、**平行にずらすように引き抜く**。そうすれば、仕切り板が気体に力を及ぼすことはないので[17]、板を引き抜くことによって外

---

17) この章の冒頭で注意したように、仕切り板と気体の摩擦は無視できるほど小さいとする。

部系が気体に与える仕事はゼロである:

$$W_M = 0. \tag{7.43}$$

仕切り板があるという内部束縛条件の下で平衡状態にあった気体が,仕切り板がなくなって内部束縛条件が変わったために,要請IIより平衡状態でなくなり,要請Iにより新たな(仕切り板がないという条件下で要請IIを満たすような)平衡状態へと移行してゆく.つまり,気体は膨張する.このように,気体に力を及ぼさずに(= 自由に)膨張させる断熱過程を,**断熱自由膨張**と言う.

自由膨張している途中は,気体中には流れや渦が生じたりするので,気体は非平衡状態になり,熱力学は使えない.もちろん,定理7.3〜定理7.6もどれも使えない.しかし,当然ながら**非平衡状態でもエネルギー保存則は成り立つ**.すると,断熱であることから $Q = 0$ であり,しかも今の場合 $W_M = 0$ なのだから,$\Delta U = Q + W_M = 0$ であり,U は変化しないことがわかる.また,容器も仕切り板も,気体を通さない材料でできているとしているので,N の変化もない.したがって,我々は,最後に平衡状態に達した後の,気体の U, V, N の値をすべて知っている!(V は,仕切り板がはずされたので V_2 になる.)これらはエントロピーの自然な変数を成すから,最後の平衡状態が求まる.つまり,最初の平衡状態から最後の平衡状態への**移行の途中は(非平衡なので)熱力学では扱えない**が,U や N の保存則を用いることにより,**最初と最後の平衡状態は知ることができる**.

たとえば,$\Delta U = 0$ だから (6.41) より $\Delta T = 0$ である(途中は温度が定義できない非平衡状態だが,最初と最後の温度は一致する).また,(6.39) の右辺の関数 $S(U, V, N)$ を用いると,最初と最後の平衡状態のエントロピーは,それぞれ,$S_1 = S(U, V_1, N), S_2 = S(U, V_2, N)$ である.だから,最後の平衡状態においては,エントロピーが,最初の状態に比べて,

$$\Delta S \equiv S_2 - S_1 = RN \ln\left(\frac{V_2}{V_1}\right) > 0 \tag{7.44}$$

だけ増加していることがわかる.このように,**孤立系のエントロピーは,非平衡状態を経由すると増大する傾向がある**.一般の場合にこのことを示すのは10章で行う.

問題 7.4 温度が 300 K の 1 mol の理想気体の体積を,1 m³ から 2 m³ へと断熱自由膨張させたときの ΔS を求めよ.

問題 7.5　準静的等温膨張，準静的断熱膨張，断熱自由膨張の 3 種類の膨張過程における $W_M, Q, \Delta S, \Delta U$ を比較せよ．

問題 7.6　この節の 3 つのケースの議論の内容を，6.4 節だけを見て，自分のスタイルで繰り返せ．

7.7　van der Waals 気体

　実在の気体は決して理想気体ではないことは，何度か強調した．そこで，実在の気体をもっとよく近似するモデルのひとつである，「van der Waals 気体」について，7.6 節と同様の計算を行ってみよう．

7.7.1　基本関係式
　理想気体の基本関係式に少しだけ補正をして，実在の気体をもっとよく近似する基本関係式を作ることを考える．そういうことをするときには，$S(U,V,N)$ ではなくエントロピー密度で考えた方が，5.1.3 項で述べたように同次性の要求が自動的に満たされるので間違いが少ない[18]．ここでは，1 mol あたりの密度で考えることにして，$s = S/N, u = U/N, v = V/N$（同様に $s_0 = S_0/N_0$ など）とおくと，理想気体の基本関係式 (6.39) は，

$$s = s_0 + R\ln\left[\left(\frac{u}{u_0}\right)^c \left(\frac{v}{v_0}\right)\right] \tag{7.45}$$

となる．これに少しだけ補正をして，もっと実在の気体らしさを持たせよう．
　まず，気体分子は大きさをもつから，実際に気体分子が動ける体積は，系の全体積よりは少なくなるだろう．つまり，v が少し小さい理想気体のように振る舞うのではないか？　その効果を，v を $v-b$ で置き換えることで表してみる．ただし，b は気体分子 1 mol の体積を表している（つもりの）正定数である．次に，実在の気体を圧縮すると液体や固体に変わる理由を，分子間の距離が近くなると引力が働くのだろうと推測し，その効果を，密度が高いほど（つまり v が小さいほど）エネルギーが $-a/v$ だけ下がる，と表すことにする．ここで，a は気体分子の種類で決まる正定数である．相互作用のない理

[18)　そのことの意味が飲み込めない読者は，$S(U,V,N)$ のままで以下と同様の議論を自分で行ってみれば，同次性を満たしつつ $S(U,V,N)$ を補正することが，本節のやり方よりも面倒になることに気づくであろう．

想気体であればこのようなエネルギー下降はないから，[実在気体の u] = [理想気体の u に相当する部分]$-a/v$，ということになる．(7.45) は理想気体の基本関係式だったのだから，実在気体にあてはめるのであれば，u としてはこの「理想気体の u に相当する部分」を代入する（すなわち，u を $u + a/v$ で置き換える）方がベターではないか？ こうして，

$$s = s_0 + R \ln \left[\left(\frac{u + a/v}{u_0} \right)^c \left(\frac{v - b}{v_0} \right) \right] \tag{7.46}$$

を得る[19]．あるいは，$S(U, V, N)$ に戻せば，

$$S = N s_0 + R N \ln \left[\left(\frac{U + aN^2/V}{N u_0} \right)^c \left(\frac{V - bN}{N v_0} \right) \right] \tag{7.47}$$

この基本関係式を持つ気体を **van der Waals**（ファン・デア・ワールス）**気体**と呼ぶ．もちろん，$a = b = 0$ とすれば理想気体に戻る．

これは，上記のような大胆な推測に基づいて作ったモデルではあるが，実在気体にあてはめてみると，簡単な割には，適当な温度や圧力の範囲内では実在気体の性質をよく再現してくれる[20]．ただし，v を小さくしすぎると $v = b$ にある特異点に達してしまうので，ここでは

$$v \gg b \quad (\text{つまり } V \gg bN) \tag{7.48}$$

なる領域だけ考えることにする．u については $U > 0$ より特異点の心配はいらないが，理想気体からのわずかな補正として作ったモデルだから，

$$u \gg a/v \quad (\text{つまり } U \gg aN^2/V) \tag{7.49}$$

も要請しておいた方が無難だろう．これらの条件の下では，**以下の計算結果の a や b のかかった項はすべて小さい**．

7.7.2 示強変数と状態方程式

理想気体との性質の違いを明確に見るために，示強変数を計算してみよう．まず逆温度は，

---

19) この式では，s_0 はもはや「$u = u_0, v = v_0$ のときの s の値」にはなっていない．これを解消したければ，定数 u_0, v_0 を $u_0 + a/v_0, v_0 - b$ に置き換えればよいのだが，それをやっても (7.46) との差は定数でしかなく，以下の結果には影響しない．

20) このように，新しいステップを踏み出すためには，大胆な推測が必要である．ただし，それだけで終わらずに，実験や精密計算でその推測の妥当性を必ず検証する．このように推測（仮説）と検証を交互に繰り返すのが科学の一般的な手法である．

$$\frac{1}{T} = B = \frac{\partial S}{\partial U} = \frac{\partial s}{\partial u} = \frac{cR}{u + a/v}. \tag{7.50}$$

これから,

$$U = cNRT - aN^2/V \tag{7.51}$$

を得る. 理想気体の場合の (6.41) とは違って, **同じ温度でも体積によって U の大きさが異なる**ことがわかる. 次に, 状態方程式を求めるために Π_V を計算すると,

$$\frac{P}{T} = \Pi_V = \frac{\partial S}{\partial V} = \frac{\partial s}{\partial v} = \frac{R}{v-b} - \frac{cR}{u+a/v} \cdot \frac{a}{v^2} = \frac{R}{v-b} - \frac{1}{T} \cdot \frac{a}{v^2} \tag{7.52}$$

ただし, 最後の等式では (7.50) を用いた. これから,

$$\left(P + \frac{a}{v^2}\right)(v - b) = RT \tag{7.53}$$

すなわち

$$\left(P + a\frac{N^2}{V^2}\right)(V - bN) = RNT \tag{7.54}$$

という **van der Waals の状態方程式**を得る. これは, 理想気体の状態方程式 $PV = RNT$ から, a, b のかかった項の分だけずれている.

7.7.3　様々な圧縮・膨張過程

まず, 7.6.1 項で理想気体について調べた, 準静的等温圧縮を考える. すなわち, 物質量 N の van der Waals 気体を入れた透熱シリンダーを, 室温が一定に保たれた部屋で, ゆっくりとピストンを押して, 気体の体積が V_1 から V_2 ($< V_1$) になるまで圧縮したとする. このときの気体の状態変化や熱の移動などを求めよう. (7.32) はこの場合でも成り立つが, U は (7.51) より

$$\Delta U = -aN^2\left(\frac{1}{V_2} - \frac{1}{V_1}\right) < 0 \tag{7.55}$$

と, 理想気体と違ってわずかに変化する. また, (7.34) は $\left(P + aN^2/V^2\right)(V - bN) =$ 一定に変わるので, PV の値もわずかに変化する. また, (7.47) と (7.51) より

$$S = Ns_0 + RN \ln \left[\left(\frac{cRT}{u_0} \right)^c \left(\frac{V - bN}{Nv_0} \right) \right] \tag{7.56}$$

だから,

$$\Delta S = -RN \ln \left(\frac{V_1 - bN}{V_2 - bN} \right) < 0. \tag{7.57}$$

これも,理想気体とは若干値がずれている.気体に流れこんだ熱の総量は,

$$Q = T\Delta S = -RNT \ln \left(\frac{V_1 - bN}{V_2 - bN} \right) < 0 \tag{7.58}$$

である.したがって,気体がされた力学的仕事は,(7.35) とは若干ずれて,

$$W_M = \Delta U - Q = -aN^2 \left(\frac{1}{V_2} - \frac{1}{V_1} \right) + RNT \ln \left(\frac{V_1 - bN}{V_2 - bN} \right). \tag{7.59}$$

準静的等温膨張でも以上の表式のうちの等式はそのまま成り立つが,不等号は $V_2 > V_1$ となるためにすべてひっくり返る.

次に,7.6.2 項で理想気体について調べた,準静的断熱圧縮を考える.すなわち,断熱シリンダーに入れた物質量 N の van der Waals 気体を,ゆっくりと断熱ピストンを押して,体積が V_1 から V_2 $(< V_1)$ になるまで圧縮したとする.このときは,たとえば次のことが示せる(下の問題).最後のエネルギー U_2 と最初のエネルギー U_1 の間には次の関係がある:

$$\frac{U_2 + aN^2/V_2}{U_1 + aN^2/V_1} = \left(\frac{V_1 - bN}{V_2 - bN} \right)^{1/c}. \tag{7.60}$$

また,最後の温度 T_2 と最初の温度 T_1 の比は,

$$\frac{T_2}{T_1} = \left(\frac{V_1 - bN}{V_2 - bN} \right)^{1/c} > 1. \tag{7.61}$$

準静的断熱膨張でもこれらの表式のうちの等式はそのまま成り立つが,不等号は $V_2 > V_1$ となるためにすべてひっくり返る.

問題 7.7 (7.60), (7.61) を示せ.

最後に,理想気体について 7.6.3 項で見た,断熱自由膨張を考える.すなわち,図 7.1 のように,内容積 V_2 の容器の中に,仕切り板を横から差し込んで,内容積が V_1 と $V_2 - V_1$ の 2 つの部分に仕切る $(V_2 > V_1)$.容器も仕切り板も,気体も熱も通さない堅い材料でできているとする.V_1 の部分に,物質量 N の van der Waals 気体を入れ,$V_2 - V_1$ の部分は真空にしておく.平衡状態にな

るまで待ってから，仕切り板を，平行にずらすように引き抜く．このときは，
たとえば温度とエントロピーの変化が次のように求まる（下の問題）：

$$T_2 - T_1 = \frac{aN}{cR}\left(\frac{1}{V_2} - \frac{1}{V_1}\right) < 0, \tag{7.62}$$

$$S_2 - S_1 = RN\ln\left[\left(\frac{V_2 - bN}{V_1 - bN}\right)\left(\frac{U + aN^2/V_2}{U + aN^2/V_1}\right)^c\right] > 0. \tag{7.63}$$

理想気体の場合と違って，実在の気体では（わずかに）温度が下がるのである！

問題 7.8　窒素分子の気体では，$a \simeq 0.1\ \mathrm{Pa\ m^6/mol^2}$, $b \simeq 4 \times 10^{-5}\ \mathrm{m^3/mol}$, $c \simeq 2.5$ である．問題 7.1 (p.134), 問題 7.3 (p.136), 問題 7.4 (p.137) の解が，それぞれ理想気体とどのくらいずれるかを見積もれ．また，問題 7.4 の場合の温度変化を見積もれ．どれも，a, b の 1 次の精度でよい．

問題 7.9　(7.62), (7.63) を示せ．

7.8　平衡と非平衡の狭間で

この章の簡単な議論から，平衡とか非平衡について多くのことを学ぶことができる．主要なポイントを記そう．

7.8.1　平衡状態の間の遷移

（平衡）熱力学は非平衡状態は扱えない，ということをしばしば強調したが，それは，「系が非平衡状態にあるときのマクロ変数の値は，一般には予言できない」という意味である．決して，「途中に非平衡状態がある過程は扱えない」という意味ではない．

実際，この章で見てきたように，準静的過程である場合とか，保存則が使える場合などには，ピストンを押すなどの**操作をしたときにどんな平衡状態から（非平衡状態を経由して）どんな平衡状態へと移り変わるか**が議論できるのである．この意味で，熱力学は，平衡状態におけるマクロ変数の値だけではなく，適当な条件が満たされる場合には，**平衡状態間遷移**をも扱える理論なのである（詳しくは，11.7 節）．

この平衡状態間遷移をニュートン力学や量子論から導こうという統計力学の

大目標（のひとつ）は，まだ部分的にしか成功しておらず，熱力学の強大な普遍性にはまったくかなわない.

7.8.2 U の2つの側面

　熱力学に出てくるエネルギーには2つの側面がある．ひとつは，平衡状態におけるエネルギー U_{eq} で，$U_{eq} = U(S, V, N)$ のように，**少数のマクロ変数でその値が決まる状態量**である．もうひとつは，非平衡状態でも（ミクロ系の物理学などで）定義されているエネルギー U_{noneq} である．一般には，非平衡状態を少数のマクロ変数で指定することはできないので，**U_{noneq} は少数のマクロ変数では値が決まらない**.

　ところが幸いなことに，U_{noneq} が時々刻々値を変え最後に平衡状態になって落ち着いたときの U_{noneq} の値は，状態量である U_{eq} に等しい．このために，U_{noneq} と U_{eq} とは，値を問題にする限りは区別する必要がなくなり，単に U と記してきたのである.

　ただし，物理の内容を問題にするときには，区別した方がよい場合もある．たとえば，熱力学第一法則 (7.9) は，左辺の U を U_{noneq} と見れば，熱がエネルギー移動の一形態である（つまり「熱素」が移動するのではない）ことを主張していると理解できる．一方，左辺を U_{eq} と見れば，状態量である $U_{eq} = U(S, V, N)$ が，状態量ではない W_M と Q の和に等しいということを主張していると理解できる．この2つの主張は，物理としてはずいぶん異なる内容である．**熱力学第一法則 (7.9) は，この両方を主張していると解釈できる**.

7.8.3 理想極限の実際的意味

　無限に時間がかかるほどゆっくりとか，完全に断熱とかいうのは，現実にはありえないので，「そんな架空の，理想極限の話ばかりしていても仕方がない」と思うかもしれない．しかし，次のような立派な意味がある.

　まず，現実の物理系は，有限の時間で平衡状態に到達する[21]．つまり，実際に平衡に到達する時間は，（系や始状態ごとに長短はあるが，いずれにせよ）無限ではなく有限なのである．ということは，無限に時間がかかるほどゆっくりでなくても，**十分ゆっくりでさえあれば**，「系が常に平衡状態にあるまま変

---

21)　♠ 詳しく言うと，p.3 の補足で述べたように，スケールと有効桁数を定めたとき，その範囲内で平衡状態とみなせる状態に有限の時間で到達する.

化してゆく」という状況が，十分な精度で実現できる．その場合，理想極限を仮定した上記の計算結果が，十分な精度で使えることになる[22]．

また，たとえ理想極限からかなり外れた状況でも，理想極限はいわば「第 0 近似」として考察の出発点になる．つまり，理想極限の理論を土台にして，理想的でない場合へ，考察を進めてゆくことができる．

さらに，理想極限における結果は，たとえば 11 章で導く様々な効率の上限のように，現実の物理過程における結果の上限や下限を与える．つまり「完全に理想的な場合でも，これが限界だ」という**原理的限界** (fundamental limit) を与える．原理的限界がわかるということは，次のように大変有用である： (i) その限界の原因となる自然界の法則を探求するための，貴重な足がかりになる．(ii) 実用上も，最終目標や最終到達地点がわかることになるので，非常に役に立つ．原理的限界がわかっていないと，すでに原理的限界に近いところまで達しているのに「がんばればもっといいものができるのではないか」と思って無駄な努力をする人が大勢出てくるからである．

7.9 ♠ 関連する事項

7.9.1 ♠ 準静的過程の力学的仕事が必ずしも $-PdV$ ではないこと

力学的仕事の定義式である (7.7) から，準静的過程の力学的仕事の表式である (7.15) を得るのに，「ゆっくり」の帰結である $F^{(e)} = F$ だけではなく，(7.2) の $F = PA$ も用いた．後者については，気体のように平衡状態でどの向きにも同じ圧力を及ぼす物質では正しいが，伸ばしたゴムのように，向きによって力の大きさが異なる物質では，変わってくる．したがって，(7.15) やその帰結である (7.16) の $d'W_M = -PdV$ という表式は，伸ばしたゴムのような物質では変更を要する．具体的には，(7.7) に $F^{(e)} = F$ を適用した上で，F をその物質に適した量で表せばよい．

たとえば，ゴムがその長さ方向に伸び縮みするケースを考えるのであれば，ゴムの長さを L，張力を（縮む方向を正にとって）σ としたとき，準静的過程で外部系が系にする仕事は，(7.15) や (7.16) の代わりに

---

22) 有限の精度を持つのは気に入らない（厳密でないと嫌だ）という学生さんがどうも目立つのだが，p.3 の補足で述べたように，数学ならいざ知らず，自然科学には厳密な理論などありえない．

$$W_M = \int_L^{L+\Delta L} \sigma dL, \quad d'W_M = \sigma dL \quad (\text{準静的過程}) \tag{7.64}$$

となる．したがって，たとえば (7.17) の代わりに

$$dU = d'Q + \sigma dL \quad (\text{準静的過程}) \tag{7.65}$$

となるなど，他の式の形も変わる．

このように，熱力学に用いる具体的な表式は，対象とする系の性質に応じて正しく選ぶ必要がある．熱力学に限ったことではないが，**基本的な要請（要請 I, II）は物質に依らずに普遍的だとしても，個々の物質に具体的に適用するときに出てくる表式（上記のような仕事の表式とか，エントロピーの自然な変数とか，熱力学関数）は異なってくる**のである．その部分にその系の個性が反映されるのだから，それは当然のことである．

7.9.2 ♣ 線積分の変形

(7.26) の線積分で，特に $S(t)$ が t について連続的微分可能な場合には，$\Delta S(t) \to \dfrac{dS(t)}{dt} dt$ だから，

$$\int_{t_i}^{t_f} T(S(t), V(t), N(t)) \frac{dS(t)}{dt} dt \quad (S(t) \text{ が連続的微分可能な場合}) \tag{7.66}$$

と書き直すこともできる．さらに，（たとえば t が S の関数として $t = t(S)$ のように一意的に定まるケースになっているなどの理由で）V, N が S の関数として $V(S), N(S)$ のように一意的に定まる場合には，$S_i \equiv S(t_i)$, $S_f \equiv S(t_f)$ として，

$$\int_{S_i}^{S_f} T(S, V(S), N(S)) dS \quad (V, N \text{ が } S \text{ の関数として一意的に定まる場合}) \tag{7.67}$$

と見やすい形に書き直せる．ただし，この表式を使う場合には，本当に V, N が S の関数として一意的に定まるケースになっているかどうかチェックする必要がある（一般には，そういうわけにはいかない！）．

7.9.3 ♠ 経路依存性

7.5.2 項で，(7.28) の「積分」が，$Q(終状態) - Q(始状態)$ とはならないことを注意した．これと同様に，仕事の「積分」[23]

$$W_M = \int_{始状態}^{終状態} d'W_M \equiv \lim_{M \to \infty} \sum_{k=1}^{M} d'W_M(t_k) \tag{7.68}$$

も，$W_M(終状態) - W_M(始状態)$ などとはならない．W_M は状態量でなく，$d'W_M$ は完全微分でないからである．

このことは，準静的過程に限らず，一般に言えることである．たとえばジュールの実験を考えてみよう．熱を加えてから平衡状態になるまで待った「終状態」も，羽根車で仕事を加えてから平衡状態になるまで待った「終状態」も，同じだけのエネルギーを加えたのであれば，まったく同じ平衡状態になるのであった．しかし，前者では $Q > 0, W_M = 0$ で，後者では $Q = 0, W_M > 0$ であるから，(7.28) や (7.68) の積分値は，**どうやってその状態に達したかに依存して値が変わる**のである．

特に，2 つの平衡状態 A, B の間を，$A \to B \to A$ のように行って戻る過程を考えると，その間に外部系がした仕事の総和

$$W_M = \int_A^B d'W_M + \int_B^A d'W_M \equiv \int_{A \to B \to A} d'W_M \tag{7.69}$$

は一般にはゼロにはならない．たとえば，$A \to B$ の間は仕事でエネルギーを増し，$B \to A$ の間は熱の移動でエネルギーをもとに戻せば，中辺第一項は正で，第二項はゼロなので，その和 W_M は正になる．同様に，外部系から流れ込んだ熱の総和

$$Q = \int_A^B d'Q + \int_B^A d'Q \equiv \int_{A \to B \to A} d'Q \tag{7.70}$$

も，一般にはゼロにならない．この事実を，**$d'W_M$ や $d'Q$ の積分値は一周積分してもゼロにはならない**と表現する．

同様にして，2 つの平衡状態 A, C の間を，途中で平衡状態 B を経由して $A \to B \to C$ のように移り変わってゆく過程と，別の平衡状態 B' を経由して $A \to B' \to C$ のように移り変わってゆく過程とでは，仕事や熱の総和は一

---

23) 被積分関数にあたるものがないから，極限をとらなくても和の値は同じであり，実は極限をとる必要はない．しかし，脚注 14 と同様の理由で極限をとっておいた．

般には異なる：

$$\int_{A\to B\to C} d'W_M \neq \int_{A\to B'\to C} d'W_M, \quad \int_{A\to B\to C} d'Q \neq \int_{A\to B'\to C} d'Q. \tag{7.71}$$

この事実を，$d'W_M$ や $d'Q$ の積分値は経路によって異なると表現する．

これに対して，状態量については，一周積分すればゼロになるし，積分値は経路に依らない．実際，

$$\begin{aligned}
\int_{A\to B\to C} dU &= \int_{A\to B} dU + \int_{B\to C} dU \\
&= (U_B - U_A) + (U_C - U_B) = U_C - U_A \\
&= (U_{B'} - U_A) + (U_C - U_{B'}) \\
&= \int_{A\to B'} dU + \int_{B'\to C} dU = \int_{A\to B'\to C} dU
\end{aligned} \tag{7.72}$$

と積分値が途中の経路に依らないことがわかるので，

$$\int_{A\to B\to C} dU = \int_{A\to C} dU \quad (= U_C - U_A) \tag{7.73}$$

のように，途中の経路を省略してしまってよい．特に一周積分では，C=A なのでゼロになる：

$$\int_{A\to B\to A} dU = \int_{A\to A} dU = U_A - U_A = 0. \tag{7.74}$$

これは，S, V, N のような他の状態量についても同じである．

ただし，被積分関数があると話は別である．たとえば (7.15) の積分は，状態量である V で積分しているが，被積分関数 P がある．P も状態量であるが，この積分値は途中の経路に依存する．それは，(7.15) の積分が $\int d'W_M$ に等しいことから明らかである．このように，状態量 × 状態量の微分 = 不完全微分 となることがあるので，

$$\int [状態量] d[状態量] \tag{7.75}$$

という形の積分は，一般には一周積分してもゼロにならないし，積分値が経路に依存して変わる．

第8章
準静的過程における一般の仕事と熱

前章では，簡単な例について仕事と熱を定義した．本章では，準静的過程についてだけだが，仕事と熱をもっと一般の場合に拡張する（さらなる拡張は 14.8 節にて行う）．なお，前章の冒頭で注意したように，**特に断らない限りは，操作を行うためのデバイス（ピストンなど）の質量も摩擦も無視できると仮定している**．

8.1 一般の場合における熱の定義

熱力学の意味での力学的仕事 W_M は，マクロ変数で (7.7) のような素朴な形で勘定したものとして定義したのであった．一般の場合には，W_M 以外にも，マクロ変数で素朴な形で勘定できそうなエネルギー移動がありうる．それは，粒子の移動によるエネルギー移動（W_C と書こう）とか，磁気的仕事 W_{mag} などである．そのような一般の場合も，それらの総和

$$W \equiv W_M + W_C + W_{\mathrm{mag}} + \cdots \tag{8.1}$$

を用いて，やはり (7.10) で**熱** (heat) を定義する．すなわち，

$$Q \equiv (\text{外部系から系に流れ込んだエネルギーの正味の総量}) - W. \tag{8.2}$$

つまり，一般の場合には，物質中で複雑な過程がたくさん起こって，何が「熱」なのかわかりにくくなるのだが，まず，**マクロ変数で単刀直入に勘定できるエネルギー移動をひとつひとつ定義してゆき，その総和を W とする**．そして，そこに取り入れられなかった残りのエネルギー移動をひっくるめて「熱」と呼ぶのである．

このとき問題になるのは，W_C などの**一般の仕事**をどう定義するかである．W_M の時は，「力」と「位置座標」というミクロな力学にも出てくるものを用いて (7.7) のように単純に定義したが，一般の仕事は「単刀直入に」と言って

もそんなに簡単には定義できない．そこでこの章では，もっと一般の仕事と熱を，「着目系にとって準静的な過程」（8.2 節参照）の場合にきちんと定義し，前章の定理たちがその場合にも成り立つことを示す．

8.2 準静的過程

様々な系がエネルギーや物質をやりとりしているとき，我々はそのうちのいずれかの系に着目して解析をする．そのような系を**着目系**と呼ぶが，しばしば，単に**系** (system) と呼んでしまう．着目系は，いくつかの部分系の複合系でもよい．着目系には選ばなかった系で，着目系と熱や仕事をやりとりする系のことを**外部系** (external system) と呼ぶ．着目系と外部系を合わせた系を**全系** (total system) と言う．したがって，着目系が孤立系である場合には全系＝着目系である．

ある系が，平衡状態を連続的に移り変わってゆくと見なせるような過程を，その系に**とって準静的な過程**と呼ぶことにする[1]．7.8.3 項でも述べたように，このような過程は，**その系が平衡状態に達するスピードよりも十分遅く操作すれば，十分な精度で達成できる**（遅くするほど精度も上がる）．たとえば，気体に仕事をしたり熱を流しこむのを，ゆっくりやればその気体にとって準静的な過程になるし，勢いよくやると，平衡状態とは異なる状態が現れるので，準静的ではなくなる．

注意して欲しいことは，**準静的な過程かどうかは，どの系について言っているのかで変わる**ことである．たとえば，着目系と外部系 1 の間の仕切り壁を外部系 2（たとえば人間の手）がゆっくりと動かすような場合には，着目系＋外部系 1 という複合系はずっと平衡状態にあるとみなせるので，この複合系にとって準静的な過程になる．しかし，仕切りを動かすスピードをもう少し速くすると，必ずしもそうではなくなる．その場合，もしも着目系がずっと平衡状態にあるとみなせるならば，**着目系にとって準静的な過程**であるが，外部系 1 にとっては準静的な過程とは限らない．一方，もしも外部系 1 がずっと平衡状態にあるとみなせるならば，この**外部系にとって準静的な過程**であるが，着目系にとっては準静的な過程とは限らない．さらに，個々の系がずっと平衡状

---

1)　♠ 詳しく言えば，渦巻く流れのような平衡状態の移り変わりでは表せない現象の影響が，考えている時間スケール内のどの区間で積算しても小さくて無視できるような過程である．

態にあるとみなせるならば**個々の系にとって準静的な過程**であるが，そのような場合でも，**全系にとって準静的な過程とは限らない**. たとえば，

例 8.1 高温系と低温系を，熱を伝えはするがあまり熱の流れがよくない壁で接触させる. この場合，個々の系にとっては熱の流れるスピードはゆっくりなので準静的な過程である. しかし，全系にとっては熱の流れるスピードはゆっくりではなく，準静的な過程ではない！ なぜなら，全系が平衡に達する時間は非常に長いが，その時間スケールで見ると熱が流れるからである. したがって，全系については，外部と断熱しておいたとしても定理 7.6 は適用できず，例 10.3 (p.185) で示すように全系のエントロピーは強増加する. ∎

このように，どの系にとって準静的な過程かを明確にすることが大切である. 本書では，単に「準静的な過程」あるいは「準静的過程」と言うときには，**着目系にとって準静的な過程**のことを指すことにする. つまり，次のようにまとめられる：

定義：準静的過程

ある系が，平衡状態を連続的に移り変わってゆくと見なせるような過程を，その系にとって**準静的な過程**と呼ぶ. 特に，着目系にとって準静的な過程のことを単に，**準静的過程** (quasistatic process) と呼ぶ.

たとえば，**7 章の中の準静的過程についての結果**は，どれも，その系にとって準静的な過程について，その系の諸量についてのみ成り立つ結果である. したがって，たとえば全系に適用したかったら，全系にとって準静的な過程になっているかどうかから，改めて確認してからでないと使えないので注意して欲しい.

なお，準静的（な）過程という言葉をどんな意味で使うかは，教科書によってかなりばらついているので注意して欲しい. たとえば，代表的な参考書である参考文献 [5] では全系にとって準静的な過程のことを準静的過程と呼んでいる. 一方，いわゆる**可逆過程** (reversible process) (10.4 節参照) のことを準静的過程と呼んでいる本もある. この「可逆過程」の意味も，教科書によってばらついている. また，参考文献 [2] の準静的過程の定義は，これらのいずれとも異なっている. つまり，**これらの用語は文献ごとに異なる方言のようなも**

のになってしまっている．だから，読者が他の教科書を参照するときには，定義の違いに惑わされずに，議論の中身の方をしっかり理解するようにして欲しい．なぜならば，どの定義であろうが正しく適用すれば，実験結果に関する予言は同じになるから，言葉遣いの違いは取るに足らないものだからだ．

問題 8.1 ♠ 直列 RC 回路に準静的に充電するにはどうすればよいか？

8.3 気体粒子が透過性の容器に入っている場合

前章と同様にシリンダーに気体を入れた場合を考えるが，今度は，**気体粒子がシリンダーやピストンを透過しうるとする**．この場合の，（着目系にとって）準静的な過程における仕事と熱を考察する．

前と同様に，準静的過程ではその一部始終に (7.18) が使えるので，微分は，

$$dU = TdS - PdV + \mu dN \qquad (準静的過程). \qquad (8.3)$$

これは 2 つの平衡状態における U の値の差だが，エネルギー保存則によって，平衡状態の間を移り変わる間に系に流れ込んだ正味のエネルギーに等しい．

力学的仕事（として流れ込んだエネルギー）は，前章と同様に，(8.3) の中の V の変化によるエネルギーの上昇を表す項に等しいと定義するのが自然である：

$$d'W_M = -PdV \qquad ：準静的過程で系になされた力学的仕事． \qquad (8.4)$$

一方，(8.3) の最後の項 μdN は，N の変化（粒子の出入り）によるエネルギーの上昇を表している．エネルギーを担うものは，粒子や場（電磁場など）であるから，粒子が出入りすれば，それだけで一定のエネルギーの移動がある．この項はそれを表していると解釈できる．つまり，「系に粒子を持ち込んだときのエネルギー上昇は，持ち込んだために S や V が変化したことに伴う TdS や $-PdV$ という寄与だけでなく，持ち込んだ粒子 1 mol あたり μ だけ上昇するような部分もある」と解釈できる[2]．この，粒子の出入りによる仕事

---

2) ♠ このことから，μ を力学のポテンシャルエネルギーと同一視したくなるかもしれないが，実際にはかなり違う．そもそも $dU = \mu dN$ ではなく，dU を $TdS, -PdV, \mu dN$ と熱力学的に分割したときの係数 μ なのである．また，統計力学を用いてミクロな（量子）力学から μ を計算してみると，一粒子ポテンシャルエネルギーも寄与するが，それ以外に

μdN を**化学的仕事** (chemical work) と呼び，$d'W_M$ に似せて $d'W_C$ と書くことにする：

$$d'W_C \equiv \mu dN \qquad \text{：準静的過程で系になされた化学的仕事．} \qquad (8.5)$$

そうすると，**仕事** (work) と呼んだものの総和は，

$$d'W = d'W_M + d'W_C \qquad (8.6)$$

となる．これを用いて，「仕事として捉えきれなかったエネルギー移動の総量」として「熱」を (8.2) で定義すると，エネルギー保存則より，

$$d'Q = dU - d'W = TdS \qquad \text{：準静的過程で系に流れ込んだ熱} \qquad (8.7)$$

となる（後半の等号は (8.3)〜(8.6) を用いた）．つまり，前章と同様に準静的過程では TdS が熱になり，定理 7.3 (p.128) などが成り立つ．要するに，系のエネルギー変化を

$$dU = d'Q + d'W_M + d'W_C \qquad (8.8)$$

のように熱の移動・力学的仕事・化学的仕事に分解して考えたとき，準静的過程では $d'Q = TdS$, $d'W_M = -PdV$, $d'W_C = \mu dN$ と考えるのが自然である．これらはそれぞれ，「S, V, N の変化による系のエネルギーの上昇」であると同時に，「系の S, V, N を変化させるような形態で外部から系に流れ込んだエネルギー」でもある．

このようにして微小な変化に伴う熱と仕事が定義できたので，微小でない有限な変化は，（通常の微積分と同じように）微小変化の足し算（積分）で計算できる：

$$Q = \int_{\text{始状態}}^{\text{終状態}} d'Q = \int_{\text{始状態}}^{\text{終状態}} TdS, \qquad (8.9)$$

$$W_M = \int_{\text{始状態}}^{\text{終状態}} d'W_M = -\int_{\text{始状態}}^{\text{終状態}} PdV, \qquad (8.10)$$

$$W_C = \int_{\text{始状態}}^{\text{終状態}} d'W_C = \int_{\text{始状態}}^{\text{終状態}} \mu dN. \qquad (8.11)$$

ただし，これらの積分は，7.5.2 項や 7.9.3 項で説明した積分と同様に，始状

粒子間相互作用に由来する複雑な（かつ興味深い）寄与がある．

態から終状態に至る途中の経路をすべて指定した積分である. そうでないと,
経路に依存するので値が定まらないからだ.

8.4 一般の系の場合

もっと一般の系の場合も, 前節の議論を自然に拡張すればよい. すなわち,
準静的過程では (6.23) が成立するので, エネルギーの自然な変数 $S, X_1, \cdots,$
X_t のうちの熱力学特有の量である S を除いた $X_1, \cdots, X_t$ のそれぞれについ
て, 「仕事」を

$$d'W_k \equiv P_k dX_k \qquad :準静的過程で系になされた X_k の変化を伴う仕事$$
$$(8.12)$$

で定義し, それらでは捉えきれなかったエネルギー移動として「熱」を (8.2)
で定義する. すると, エネルギー保存則と $dU = TdS + \sum_{k=1}^{t} P_k dX_k$ より,

$$d'Q = dU - \sum_{k=1}^{t} d'W_k = TdS \qquad :準静的過程で系に流れ込んだ熱$$
$$(8.13)$$

となるので, 結局, 準静的過程ではやはり TdS が熱になり, 定理 7.3 (p.128)
が一般に成り立つ. したがって, それから導かれた定理 7.4〜定理 7.6 も成り
立つ. 前章の残りの定理はもともと一般の場合に示されているから, 結局, **前
章のすべての定理が一般の場合にも成り立つのである**.

また, 上式を書き換えると,

$$dU = d'Q + \sum_{k=1}^{t} d'W_k \qquad (8.14)$$

と書け, 右辺の各項は, それぞれ「準静的過程における S, X_k の変化による
系のエネルギーの上昇」であると同時に「準静的過程において, 系の S, X_k
を変化させるような形態で外部から系に流れ込んだエネルギー」を表すことに
なる.

このようにして微小な変化に伴う熱と仕事が定義できたので, 微小でない有
限な変化は, (通常の微積分と同じように) 微小変化の足し算 (積分) で計算

できる：

$$Q = \int_{始状態}^{終状態} d'Q = \int_{始状態}^{終状態} TdS, \tag{8.15}$$

$$W_k = \int_{始状態}^{終状態} d'W_k = \int_{始状態}^{終状態} P_k dX_k. \tag{8.16}$$

ただし，これらの積分は，始状態から終状態に至る途中の経路をすべて指定した積分である．そうでないと，経路に依存するので値が定まらない．そして，仕事の総量は，

$$W = \sum_{k=1}^{t} W_k = \sum_{k=1}^{t} \int_{始状態}^{終状態} P_k dX_k \tag{8.17}$$

である．準静的過程では，系の基本関係式さえ知っていれば，これらの表式を用いて熱も仕事も計算できる．

　以上の説明でわかったと思うが，**マクロ系のエネルギー移動を考えるときには，熱という目立たないエネルギー移動があることを忘れるな**（これを忘れると，エネルギー保存則が破れているかのように見えてしまう）ということが重要である．そして，この事実は，(6.23) で，$dX_1 = dX_2 = \cdots = dX_t = 0$ でも $dU \neq 0$ になりうること，つまり，エネルギーの自然な変数のなかで，S 以外のすべての相加変数を一定に保ったままでも，エネルギーが，

$$dU = TdS \quad \text{when } dX_1 = dX_2 = \cdots = dX_t = 0 \tag{8.18}$$

のように変化しうる（外部系とエネルギーを交換しうる）ということに，端的に表わされているのである．

8.5　熱力学の論理構造について

　ここまで来れば，熱力学の論理構造が明確に理解できる．熱力学は，ミクロ系の理論とは違う理論だから，基本原理に，何か熱力学に特有の量が登場するはずである．もしもそういう量が大量に登場するようでは，見苦しく，有用性も乏しい理論になっていただろう．ところが熱力学は，奇跡的に，ただひとつ，エントロピー S という量だけを導入すればすんでしまったのだ[3]！　そ

---

3)　♠ これはちょうど，解析力学で，ラグランジアン L だけを導入すればすんでしまうのと同じである！　ただ，解析力学は，一階の微分方程式に帰着することから，L と変分原理

の美しさと驚きを感じていただけるだろうか？　そう言われてもピンと来ない読者も少なくないだろうから，美しい絵画に解説を加えるようで心苦しいが，簡単に説明しよう．

　熱力学は，マクロ系の理論なので，**マクロな物理量だけで理論が閉じるようにしたい**．しかし，2.3 節の (a)〜(c) のような**自明なマクロ物理量 U, V, N, $\cdots$ だけでは，エネルギーの授受だけを見ても，数え落としが出てしまって，理論が閉じない**．つまり，その数え落としである「熱」が，新たな物理量として出てきてしまって，$U, V, N, \cdots$ だけではすまなくなる．しかも，「熱」は $U, V, N, \cdots$ とは違って状態量ではないので，まともなマクロ理論に収まりそうもない…ように思える．

　ところが，熱力学の対象である平衡状態の間を連続的に移り変わる過程（準静的過程）では，S だけを導入すれば，そのやっかいな量である「熱」が，

$$\int T dS$$ で完全に表せてしまう．しかも S は，熱と違って，状態量である．この係数の T も，単に $\partial S / \partial U$ の逆数だから，$U, V, N, \cdots$ 以外には S だけを導入すればすんでいる．同様に，2.3 節 (d) の熱力学特有の量はすべて，U, V, N, $\cdots$ 以外には S だけを導入すれば，微係数や後述のルジャンドル変換として定義できる．しかも，そうして得られた $S, T, P, \cdots$ と $U, V, N, \cdots$ を用いれば，準静的過程におけるマクロ変数の変化が完全に記述できて，理論が閉じた！

　つまり，**自明なマクロ物理量 $U, V, N, \cdots$ に加えて，ただひとつ，熱力学特有の S という量だけを導入すれば，マクロな物理量だけで理論が閉じたのである！**　しかもその S の値を決める基本関係式 $S = S(U, V, N, \cdots)$ だけ与えれば，その系の熱力学的性質がすべて予言できてしまうのだ．

　本書は，このような熱力学の論理構造が明確に浮かび上がるように書いたつもりである．

で理論が閉じることが自明なのに対して，熱力学では，S とその最大原理で理論が閉じることはまったくもって非自明である．

第9章

2つの系の間の平衡

　系が平衡状態にあるときには，要請 I よりその部分系はどれも平衡状態にある．これは見方を変えると，それぞれの部分系が平衡状態にあるだけではなく全体系としても平衡状態にある，と言うこともできる．このことをしばしば，「部分系の間の**平衡** (equilibrium) が達成されている」と言う．この章では，平衡が達成されている 2 つの部分系の，マクロ変数の平衡値の間の関係を考察する[1]．ただし，重い気体が重力により下に行くほど高密度になるなどの**外場により生ずる不均一が，無視できるような**ケースを想定する．外場が強くてこの設定に当てはまらない場合については，改めて 20 章で解説する．

9.1　エントロピーの間の不等式

　2 つの単純系 1, 2 が，ある「壁」を介して接しているような複合系を考える．「壁」は，系 1, 2 の間の束縛条件，すなわち複合系の内部束縛条件 C_1, $C_2, \cdots$ を課すが，それは部分系のエントロピーの自然な変数 $U^{(i)}, X_1^{(i)}, \cdots$ のとりうる値に対する制限になる．また，$U^{(i)}, X_1^{(i)}, \cdots$ と複合系の $U, X_1, \cdots$ の間には，相加性

$$U = U^{(1)} + U^{(2)}, \quad X_k = X_k^{(1)} + X_k^{(2)} \quad (k = 1, 2, \cdots) \quad (9.1)$$

が成り立つので，もしも $U, X_1, \cdots$ の値が固定されていたら，これもまた $U^{(i)}, X_1^{(i)}, \cdots$ のとりうる値に対する制限になる．要請 II より，このような与えられた制限（条件）を満たす範囲内で $U^{(i)}, X_1^{(i)}, \cdots$ の値を様々に変えてみ

---

1) ♠ 関連する事項として，**熱力学第 0 法則**というものがある．これはルーズに言うと「3 つの系 A, B, C について，A と B の間も B と C の間も平衡が達成されていれば，A と C の間も平衡が達成されている」ということであるが，正確に述べようとすると意外と難しい．本書の理論体系では必要なことはすべて要請 I, II から正しく導けるので，第 0 法則を別個に要請することはしない．

たときに，複合系のエントロピー S と，部分系のエントロピー $S^{(1)}, S^{(2)}$ の間には，$S \geq S^{(1)} + S^{(2)}$ という不等式が成り立つ．つまり，

$$S(U, X_1, \cdots ; C_1, C_2, \cdots)$$
$$\geq S^{(1)}(U^{(1)}, X_1^{(1)}, \cdots) + S^{(2)}(U - U^{(1)}, X_1 - X_1^{(1)}, \cdots). \quad (9.2)$$

ただし，右辺の $S^{(i)}(U^{(i)}, X_1^{(i)}, \cdots)$ は，その引数の値の $U^{(i)}, X_1^{(i)}, \cdots$ をもって部分系 i が平衡状態にあるときのエントロピーの値である．この不等式の右辺を $\widehat{S}$ と記すと，与えられた条件の下で，$\widehat{S}$ が最大になって等号が成立するときが複合系の平衡状態であった．そのときの $U^{(1)}, X_1^{(1)}, \cdots$ の値がこれらの変数の平衡値であるが，それを $\bar{U}^{(1)}, \bar{X}_1^{(1)}, \cdots$ と記そう．もちろん，そのときの $U^{(2)}, X_1^{(2)}, \cdots$ の平衡値は $U - \bar{U}^{(1)}, X_1 - \bar{X}_1^{(1)}, \cdots$ であるが，これらを $\bar{U}^{(2)}, \bar{X}_1^{(2)}, \cdots$ と書こう．

$S^{(1)}, S^{(2)}$ が上に凸な関数であるために，数学の定理 5.6-(iv) (p.84) より，$\widehat{S}$ も $U^{(1)}, X_1^{(1)}, \cdots$ について上に凸な関数である．しかも，$S^{(1)}, S^{(2)}$ が連続的微分可能だから $\widehat{S}$ もそうである．ゆえに数学の定理 5.3-(ii) (p.82) を適用することができ，次のことが言える：もしも $U^{(1)}, X_1^{(1)}, \cdots$ に関する $\widehat{S}$ の 1 階偏微分係数がゼロになる点があれば，最大値（平衡値）を与える $\bar{U}^{(1)}, \bar{X}_1^{(1)}, \cdots$ はその点である．

仮に $\widehat{S}$ が凸関数でなくて単に連続的微分可能というだけだったならば，微係数がゼロになるところで最大値をとるとは限らない．たとえば極大（局所的な最大値）にすぎないかもしれないし，あるいは極小値かもしれない．ところが，エントロピーの凸性から $\widehat{S}$ の凸性が従い，その結果，微係数がゼロになるだけで最大値をとる点であることが保証されるのである．したがって，以下で導く条件は，2 つの系の間の平衡の**必要十分条件になっている**．

なお，$U, X_1, \cdots$ の値が（保存量でないとか 1+2 が孤立してない等の理由で）**実際には固定されていなくても，$U, X_1, \cdots$ の値が平衡値のときには上記の不等式は常に成立する**から，平衡値に固定されているとして議論した結果は常に正しい．そこで以下では，$U, X_1, \cdots$ は平衡値に固定して議論する．

9.2 熱の交換が可能な単純系の間の温度の一致

まず，壁が透熱材料でできていて熱の交換が可能な場合を考えよう．この場合は，熱の移動により，U を部分系 1 と 2 の間で，X_1 や X_2 といった他の相

加変数とは独立にやりとりできる．つまり，$X_1^{(i)}, X_2^{(i)}, \cdots$ が変化してもしなくても，熱の移動によって $U^{(i)}$ が変化しうる．したがって，(9.2) で $X_1^{(1)} = \bar{X}_1^{(1)}, X_2^{(1)} = \bar{X}_2^{(1)}, \cdots$ とおいた次の不等式も（直ぐ下で述べる範囲の）任意の $U^{(1)}$ について成立することになる：

$$S(U, X_1, \cdots ; C_1, C_2, \cdots)$$
$$\geq S^{(1)}(U^{(1)}, \bar{X}_1^{(1)}, \cdots) + S^{(2)}(U - U^{(1)}, \bar{X}_1^{(2)}, \cdots). \qquad (9.3)$$

右辺（つまり $\widehat{S}$）が最大になる所を求めるために，$U^{(1)}$ で偏微分すると，最後の項には $\dfrac{\partial}{\partial U^{(1)}} = \dfrac{d(U - U^{(1)})}{dU^{(1)}} \dfrac{\partial}{\partial (U - U^{(1)})} = -\dfrac{\partial}{\partial (U - U^{(1)})}$ を使って，

$$\frac{\partial}{\partial U^{(1)}} 右辺 = B^{(1)}(U^{(1)}, \bar{X}_1^{(1)}, \cdots) - B^{(2)}(U - U^{(1)}, \bar{X}_1^{(2)}, \cdots) \qquad (9.4)$$

となる（$B^{(i)}$ は単純系 i の逆温度）．これがゼロになりうるかを考えよう．

$U^{(i)}$ の下限を $U_{\mathrm{G}}^{(i)}$ ($i = 1, 2$) とすると，$U^{(i)}$ は，

$$U^{(1)} > U_{\mathrm{G}}^{(1)}, \ U^{(2)} > U_{\mathrm{G}}^{(2)}, \ U^{(1)} + U^{(2)} = U \qquad (9.5)$$

をすべて満たさねばならない．したがって，$U^{(1)}$ の変域は，$U_{\mathrm{G}}^{(1)} < U^{(1)} < U - U_{\mathrm{G}}^{(2)}$ である．$U^{(1)} \to U_{\mathrm{G}}^{(1)}$ では，定理 6.1 (p.98) より $B^{(1)}(U^{(1)}, \cdots) \to +\infty$ だが，$B^{(2)}(U - U^{(1)}, \cdots) = B^{(2)}(U^{(2)}, \cdots)$ の方は，$U^{(2)}$ が下限 $U_{\mathrm{G}}^{(2)}$ から離れるので，逆温度の単調性から，上限まではいかない．ゆえに，$U^{(1)} \to U_{\mathrm{G}}^{(1)}$ では $B^{(1)} > B^{(2)}$ である．一方 $U^{(1)} \to U - U_{\mathrm{G}}^{(2)}$ では，$U^{(2)} \to U_{\mathrm{G}}^{(2)}$ となるので，反対に $B^{(1)} < B^{(2)}$ となる．これらの両極端の間の $U^{(1)}$ の値については，定理 6.1 (p.98) より，$B^{(1)}, B^{(2)}$ は連続的に変化する．したがって，必ず $B^{(1)} = B^{(2)}$ となるような $U^{(1)}$ が存在する．

こうして，$\widehat{S}$ の微係数である (9.4) がゼロになる $U^{(1)}$ が存在することがわかったが，9.1 節で述べたことから，そのような $U^{(1)}$ の値が，$\widehat{S}$ の最大値を与える平衡値 $\bar{U}^{(1)}$ である．すなわち，

$$B^{(1)}(\bar{U}^{(1)}, \bar{X}_1^{(1)}, \cdots) = B^{(2)}(\bar{U}^{(2)}, \bar{X}_1^{(2)}, \cdots) \qquad (9.6)$$

であり，このときに，そしてこのときに限り，複合系は平衡状態になる．$B^{(1)}, B^{(2)}$ はそれぞれ $T^{(1)}, T^{(2)}$ の逆数であるから，次の重要な定理を得る：

定理 9.1　平衡状態における温度の一致：平衡状態においては，熱の交換が可能な 2 つの単純系の温度は一致する．したがって，任意の複合系を，

任意に単純系に分割したときに，（どの2つの単純系についてもこれが当
てはまるのだから）平衡状態においては，熱の交換が可能なすべての単
純系の温度は一致する.

逆に言えば，もしも熱の交換が可能な2つの単純系が，それぞれは平衡状態
にあるが異なる温度を持っていたならば，全体としては平衡状態には達してお
らず，10.3節で述べるように平衡状態を目指して熱が流れる. つまり，温度
差がゼロなら熱は流れず，温度差があると流れる. この意味で，**（逆）温度と
いうのは，熱の流れを司るポテンシャルのようなものなのだ.**

問題 9.1 この節の議論の内容を，自分のスタイルで繰り返せ.

9.3 2つの系の狭義示強変数の一致 —— 一般の場合

以上の議論は，温度以外の狭義示強変数にも直ちに拡張できる. 部分系1
と2の間で，**U と X_k を，他の相加変数とは（またお互いにも）独立にやり
とりできる場合**を考えよう. つまり，$X_l^{(i)}$ $(l \neq k)$ が変化してもしなくても，
$U^{(i)}$ と $X_k^{(i)}$ が変化しうるケースである. これは，壁が透熱であるうえに，固
定されていない $(X_k = V)$ とか，粒子を透過させる $(X_k = N)$ とかいう場合
である.

まず，透熱であることから，上記の定理 9.1 により $T^{(1)} = T^{(2)}$ が言える.
次に，(9.2) の特別な場合として，次の不等式が成り立つことに注意する：

$$S(U, X_1, \cdots ; C_1, C_2, \cdots)$$
$$\geq S^{(1)}(\bar{U}^{(1)}, \cdots, X_k^{(1)}, \cdots) + S^{(2)}(\bar{U}^{(2)}, \cdots, X_k - X_k^{(1)}, \cdots). \quad (9.7)$$

右辺の関数は $X_k^{(1)}$ についていつも微分可能であったから，9.2 節と同様な議
論により，

$$\Pi_k^{(1)}(\bar{U}^{(1)}, \cdots, \bar{X}_k^{(1)}, \cdots) = \Pi_k^{(2)}(\bar{U}^{(2)}, \cdots, \bar{X}_k^{(2)}, \cdots) \quad (9.8)$$

を得る[2]. $T^{(1)} = T^{(2)}$ であることと，エネルギー表示の示強変数 P_k との関係

---

2) ♠ 一般の場合に解があることは温度の場合ほど明らかではないが，ほとんどの場合は解
がある. 実用的には，とりあえず解があるとして計算してゆき，万が一求まらなかったと
きに改めて解の存在を疑うぐらいで十分である.

$\Pi_k = -P_k/T$ を考慮すると，これは $P_k^{(1)} = P_k^{(2)}$ をも意味する．

U と X_k 以外にも，部分系 1 と 2 の間で，他の相加変数とは（またお互い
にも）独立にやりとりできる相加変数 $X_{k'}$ がある場合にも，以上と同様な議
論が成り立つ．こうして次の重要な定理が得られる：

定理 9.2 平衡状態における狭義示強変数の一致：2 つの単純系の間で，
$U, X_k, X_{k'}, \cdots$ を，他の相加変数とは（またお互いにも）独立にやりと
りできる場合には，平衡状態において，温度も，$X_k, X_{k'}, \cdots$ に共役な示
強変数 $P_k, P_{k'}, \cdots$ （や $\Pi_k, \Pi_{k'}, \cdots$）の値も一致する．

また，9.1 節で述べたことから，これは 2 つの単純系の間の平衡が達成される
ための必要十分条件になっており，したがってこの定理の逆も成り立つ：

定理 9.3 2 つの単純系の間で，$U, X_k, X_{k'}, \cdots$ を，他の相加変数とは
（またお互いにも）独立にやりとりできるとする．もしも，単純系がそれ
ぞれ平衡状態にあり，温度も $X_k, X_{k'}, \cdots$ に共役な示強変数の値も両者
で一致するのであれば，2 つの単純系の間の平衡が達成されている（すな
わち，この 2 つの単純系よりなる複合系は平衡状態にある）．

9.2 節の終わりで，温度が熱の流れを司るポテンシャルのようなものだと述
べた．これらの定理により，同様なことが他の示強変数にも言える．すなわ
ち，**相加変数 X_k に共役な狭義示強変数は，X_k の流れを司るポテンシャルの
ようなものなのである**[3]．たとえば，2 つの単純系が（それぞれは平衡状態に
あるが）$\mu^{(1)} \neq \mu^{(2)}$ であったなら，化学ポテンシャルの差 $\mu^{(1)} - \mu^{(2)}$ を解消
して全体として平衡状態に達するために，2 つの単純系の間を粒子が流れる．

例 9.1 1 成分の気体の系を壁で 2 分割した複合系の場合，$U, X_1, \cdots = U, V,$
N であり，V, N に共役な示強変数は（エネルギー表示をとると）$-P, \mu$ だか

---

3) ♠♠p.105 の補足でも触れたように，熱力学を非平衡状態に拡張しようとすると，P_k よ
   りも Π_k の方が基本的な「流れを司るポテンシャル」だと思えてくるのだが，平衡熱力学
   の範囲ではどちらでもよい．

ら,

- 壁が熱を通すとき

$$T^{(1)} = T^{(2)}. \tag{9.9}$$

- 壁が熱を通し,可動なとき

$$T^{(1)} = T^{(2)} \ \text{かつ} \ P^{(1)} = P^{(2)}. \tag{9.10}$$

- 壁が熱を通し,可動で,物質も通すとき

$$T^{(1)} = T^{(2)} \ \text{かつ} \ P^{(1)} = P^{(2)} \ \text{かつ} \ \mu^{(1)} = \mu^{(2)}. \tag{9.11}$$

∎

9.4 部分系のマクロ変数の平衡値の決定法

2つの単純系の間の平衡が達成される条件である (9.6), (9.8) において,両辺の関数の引数は,$U^{(i)}, X_1^{(i)}, \cdots$ の平衡値 $\bar{U}^{(i)}, \bar{X}_1^{(i)}, \cdots$ であった ($i = 1, 2$). これらの値を求める方法を述べよう.記述を簡明にするために,$U = X_0, B = \Pi_0$ と書く.

系 1, 2 の間の「壁」が,$U^{(i)} = X_0^{(i)}$ を含む $L + 1$ 種類の相加変数 $X_0^{(i)}$, $X_1^{(i)}, \cdots, X_L^{(i)}$ の値が互いに独立に変わることを許すような「壁」であるとしよう.これは,逆に言えば,残りの相加変数 $X_{L+1}^{(i)}, X_{L+2}^{(i)}, \cdots$ の値は,与えられた $X_{L+1}, X_{L+2}, \cdots; C_1, \cdots, C_b$ と,相加性 (9.1) だけを用いて定まることを意味する.したがって,$X_0^{(i)}, X_1^{(i)}, \cdots, X_L^{(i)}$ ($i = 1, 2$) の平衡値を決定する方法を示せば十分である.

これらは $2(L + 1)$ 個の独立した式があれば決定できるが,相加性を表す (9.1) と,狭義示強変数の釣り合いを表す (9.6), (9.8) をまとめた

$$\Pi_k^{(1)}(\bar{X}_0^{(1)}, \bar{X}_1^{(1)}, \cdots) = \Pi_k^{(2)}(\bar{X}_0^{(2)}, \bar{X}_1^{(2)}, \cdots) \quad (k = 0, 1, \cdots, L) \tag{9.12}$$

が,ちょうどそれになっている.実際,どちらも $k = 0, 1, \cdots, L$ のそれぞれについて得られるので,合計してちょうど $2(L + 1)$ 個の式が得られる.それ

らを連立して解いてやれば，$X_0^{(i)}, X_1^{(i)}, \cdots, X_L^{(i)}$ $(i = 1, 2)$ の平衡値が求まる．こうして，$U^{(i)}, X_1^{(i)}, \cdots$ の平衡値がすべて求まる．もちろん，具体的な計算を行うには，(9.12) の両辺の関数形があらわに知れていなければならないが，それは，各単純系の基本関係式の関数形を知っていれば十分である．そして，各単純系のエントロピーの自然な変数の値がこうして求まったならば，基本関係式から，示強変数の値もすべて求まる．

このようにして，**各単純系の基本関係式の関数形を知ってさえいれば，U，$X_1, \cdots, X_t$ の値と内部束縛条件 $C_1, \cdots, C_b$ が与えられたときに，平衡状態が決定できる！** [4)]

例 9.2 2.7.2 項の平衡状態を 4.1 節で求めたが，ここではそれを上で述べた方法で求めてみよう．基本関係式が (3.5) で与えられる系の逆温度は，

$$B = \frac{K}{3} \left(\frac{VN}{U^2} \right)^{1/3} \tag{9.13}$$

である．図 2.3(a), (b) のいずれの場合も 2 つの部分系の間で熱がやりとりできるから，定理 9.1 (p.158) より，

$$\left(\frac{V^{(1)} N^{(1)}}{U^{(1)2}} \right)^{1/3} = \left(\frac{V^{(2)} N^{(2)}}{U^{(2)2}} \right)^{1/3}. \tag{9.14}$$

C_1 は $N^{(1)} = N/2$ (ゆえに $N^{(2)} = N/2$) であるとしているから，これは簡単に

$$\frac{V^{(1)}}{U^{(1)2}} = \frac{V - V^{(1)}}{(U - U^{(1)})^2} \tag{9.15}$$

となる．まず (b) の場合を考えると，$V^{(1)}$ の値は C_2 で定まるから，この式によって残りの未知数である $U^{(1)}$ の値も一意的に定まる．たとえば C_2 が $V^{(1)} = V/3$ であれば，直ちに $U^{(1)} = (\sqrt{2} - 1)U$ (ゆえに $U^{(2)} = (2 - \sqrt{2})U$) を得る．これは (4.14) と一致する．こうして求めた $U^{(1)}, U^{(2)}$ (と $V^{(1)}, V^{(2)}$) の値を (4.8) に代入すれば直ちに (4.13) を得る．様々な示強変数の値もわかる (下の問題)．一方，(a) の場合は，C_2 が課されていないので，$U^{(1)}$ だけでなく $V^{(1)}$ の値も変わりうる．したがって，定理 9.2 (p.160) より，B だけでな

---

4)　♠ 平衡状態間遷移に関する議論は 11.7 節を参照されたい．

く．

$$P = \frac{\Pi_V}{B} = \frac{K}{3B}\left(\frac{UN}{V^2}\right)^{1/3} = \frac{U}{V} \qquad (9.16)$$

の一致も要求される．すなわち，

$$\frac{U^{(1)}}{V^{(1)}} = \frac{U - U^{(1)}}{V - V^{(1)}}. \qquad (9.17)$$

これと (9.15) とが同時に要求されるわけだ．2 つの未知数 $U^{(1)}, V^{(1)}$ に対して式が 2 本あるので，解は一意的に定まる．解はまともに計算してもいいが，今の場合は，物理的状況が，部分系 1 ↔ 部分系 2 という入れ替えに対して対称だから[5]，解は明らかに

$$U^{(1)} = U^{(2)} = U/2, \quad V^{(1)} = V^{(2)} = V/2 \qquad (9.18)$$

である．これらは確かに (9.15), (9.17) を満たす（したがって，9.1 節で述べた事から，これらが平衡値であることも保証される）．こうして求めた $U^{(1)}$, $U^{(2)}, V^{(1)}, V^{(2)}$ の値を (4.8) に代入すれば，直ちに (4.21) を得る．それらの結果から，様々な示強変数の値もわかる（下の問題）．■

　この例でわかるように，**平衡状態を求めるには，4.1 節でやったように要請 II から実直に計算してゆくよりも，定理 9.1, 定理 9.2 を用いる方が簡単である**．両者の計算を比較してみれば，4.1 節で行った計算の一部が，ちょうど定理 9.1, 定理 9.2 を導く計算に相当していることに気づくであろう．だから，これらの定理を使うことによって計算が省略できるのである．

問題 9.2　上記の例を自分で計算してみよ．

問題 9.3　上記の例の (a), (b) それぞれの場合の $T^{(i)}, P^{(i)}$ の平衡値を求めよ．

---

5)　数学的に言えば，「要求されているすべての式が，$U^{(1)}, V^{(1)} \leftrightarrow U^{(2)}, V^{(2)}$ という入れ替えに対して対称だから」ということになるが，上述の考え方の方がセンスが良い．慣れてきたら，そのようなセンスを身につけて欲しい．

9.5　エネルギー最小の原理

　ここまでの結果は，エントロピー表示でエントロピー最大の原理（要請 II-
(v)）を用いて導いたが，同様のことをエネルギー表示でやってみよう．

　この表示では，$U^{(1)}, U^{(2)}$ の代わりに $S^{(1)}, S^{(2)}$ を独立変数に選んで，その
値を自由に変えてみて平衡状態を見つけることになる．そこでまず (9.1) を

$$S = S^{(1)} + S^{(2)}, \quad X_k = X_k^{(1)} + X_k^{(2)} \quad (k = 1, 2, \cdots) \tag{9.19}$$

に置き換える．S の式は，X_k の式と同様に，「変数 $S^{(1)}, S^{(2)}$ の値を変えてみ
るときは，その和を一定値 S に保って変えなさい」と言っているだけで，エン
トロピー表示のときのように関数 $S^{(1)}, S^{(2)}$ から関数 $\widehat{S}$ を定義しているのとは
まったく違う．$\widehat{S}$ に対応するのは，対応関係から言って，次式で定義される関
数 $\widehat{U}$ のはずだ：

$$\widehat{U} \equiv U^{(1)}(S^{(1)}, X_1^{(1)}, \cdots) + U^{(2)}(S^{(2)}, X_1^{(2)}, \cdots). \tag{9.20}$$

ここで，右辺の $U^{(i)}(S^{(i)}, X_1^{(i)}, \cdots)$ は，その引数の値の $S^{(i)}, X_1^{(i)}, \cdots$ をもっ
て部分系 i が平衡状態にあるときのエネルギーの値であり，5.6 節で述べたよ
うに下に凸な関数である．(9.19) を代入すると，

$$\widehat{U} = U^{(1)}(S^{(1)}, X_1^{(1)}, \cdots) + U^{(2)}(S - S^{(1)}, X_1 - X_1^{(1)}, \cdots). \tag{9.21}$$

を得るが，数学の定理 5.6 (p.84) より，これは $S^{(1)}, X_1^{(1)}, \cdots$ について下に凸
である．したがって，偏微分係数がゼロになる点があれば[6]，そこで $\widehat{U}$ は最
小値をとる．ところが，エントロピー表示の時と同様の計算をしてみればわ
かるように，そのような点は，他とは独立に変化しうる相加変数 $(S^{(i)}, X_k^{(i)})$
に共役な示強変数 $(T^{(i)}, P_k^{(i)})$ が 2 つの部分系で一致する点である．定理 9.3
(p.160) より，それは 2 つの部分系が平衡になっている点である．そして，引
数がその平衡状態における値（平衡値）であれば，明らかに $\widehat{U}$ はその平衡
状態における複合系のエネルギーになる．こうして，**エネルギー最小の原理**
(energy minimum principle) と呼ばれる次の定理を得た：

---

[6]　5.6 節で述べたように右辺の各項の関数は連続的微分可能なので，$\widehat{U}$ も連続的微分可能
である．

定理 9.4　エネルギー最小の原理：複合系は，どの部分系も単純系になる
ように分割したときに，(9.19) のような与えられた条件の下で，すべて
の単純系が平衡状態にあって，かつ

$$\widehat{U} \equiv \sum_i U^{(i)}(S^{(i)}, X_1^{(i)}, \cdots, X_{t_i}^{(i)}) \tag{9.22}$$

が最小になるときに，そしてその場合に限り，平衡状態にある．そのと
きの複合系のエネルギーは，$\widehat{U}$ の最小値に等しい：

$$\text{複合系の } U = \min_{\text{許される範囲の } \{S^{(i)}, X_1^{(i)}, \cdots\}_i} \widehat{U}(\{S^{(i)}, X_1^{(i)}, \cdots\}_i). \tag{9.23}$$

あるいは (4.27) のような書き方をすれば，

$$U(S, X_1, \cdots, X_t; C_1, \cdots, C_b) \leq \sum_i U^{(i)}(S^{(i)}, X_1^{(i)}, \cdots, X_{t_i}^{(i)})$$

$$\text{（等号は平衡状態）} \tag{9.24}$$

とも書ける．

　この原理はエントロピー最大の原理に比べてわかりやすいと感じるかもし
れないが，実はそうでもない．この原理は，少数のマクロ変数だけの関数とし
て表したエネルギーが平衡状態では最小だ，と言っているのであり，力学の
ような単純な内容にはなっていない．たとえば，引数にエントロピーが含ま
れているが，前に見たように，非平衡状態を経るとエントロピーは保存されな
い．そのため，非平衡状態から出発して（あるいは経由して）最後に落ち着く
平衡状態を求めようとすると，エネルギー最小の原理は使いにくいのである．
だから，実際には，エネルギーを「ルジャンドル変換」（12 章参照）した，13
章で紹介する関数たちがよく用いられる．

　なお，$\widehat{U}$ は，各部分系が平衡状態にある状態，すなわち局所平衡状態にお
けるエネルギーである．もともとエネルギーは，平衡状態や局所平衡状態に限
らず任意の状態について値を持つのだが，エネルギーの値が少数の相加変数の
値だけで一意的に決まるのは平衡状態や局所平衡状態だけである．その意味で
は $\widehat{U}$ も「局所平衡エネルギー」とでも呼んだ方がいいかもしれないが，普通
は単に「エネルギー」と呼ぶ．さらに，頭に＾をつけずに単に U と書いてし

まうことも多い.

9.6 ♠ 熱力学的に定義された圧力が力学的に定義された圧力と等しいこと

7.5.1 項において, (6.13) によって熱力学的に定義された圧力と, (2.3) によって力学的に定義された圧力とが等しいということを用いた. 本節でこの事実を示そう.

z 軸方向の一様な外場 f の中に置かれた堅い物体を考える. 話を具体的にするために, 物体は質量 M の鉄の円柱で, f は一様な重力だとすると, z 軸を鉛直上向きとして $f = -Mg$ である. f によるポテンシャルエネルギーは, 鉄の重心座標の z 成分を z_G とすると, $-fz_G = Mgz_G = gZ$ である (原点は任意). ここで $Z \equiv Mz_G$ とおいたが, これは相加変数であることに注意しよう. 鉄が上下する過程を今から考えたいので, エネルギー U にはこのポテンシャルエネルギーを含めて考え (2.4 節参照), エントロピーの自然な変数は Z を含めて $U, Z, N, \cdots$ とする. 鉄は固くて体積 $V = $ 一定であるとして, エントロピーの自然な変数から V は落とそう.

鉄が $Z = 0$ にあるときと $Z \neq 0$ にあるときとを比べると, f は一様 (場所に依らない) なのだから, 鉄のエントロピー S_{iron} の値は変わらない:

$$S_{\text{iron}}(U, 0, N, \cdots) = S_{\text{iron}}(U + gZ, Z, N, \cdots). \tag{9.25}$$

ただし, U はポテンシャルエネルギーを含めたために gZ だけ変化するので, 右辺ではそのことを考慮した. この恒等式の両辺を Z で偏微分すると,

$$0 = \frac{g}{T} + \left. \frac{\partial S_{\text{iron}}(U, Z, N, \cdots)}{\partial Z} \right|_{U+gZ, Z, N, \cdots}. \tag{9.26}$$

さて, 図 9.1 のように, この鉄の円柱と同じ断面積 (A とする) をもつ筒状の容器に, 鉄をピストンのようにはめ込んで, 気体を入れたとしよう. 気体について, $dV = Adz_G = (A/M)dZ$ であることに注意して, この複合系について 9.3 節と同様の議論を行うと, 平衡状態において, 温度 T が等しくなることと,

$$-\frac{A}{M} \cdot \frac{P_{\text{gas}}^{\text{therm}}}{T} = \left. \frac{\partial S_{\text{iron}}(U, Z, N, \cdots)}{\partial Z} \right|_{U+gZ, Z, N, \cdots} \tag{9.27}$$

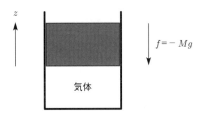

図 9.1　筒状の容器に鉄をピストンのようにはめ込んで気体を入れてある．全体は一様な外場 f の中に置かれている．

とが容易にわかる．ただし，$P_{\text{gas}}^{\text{therm}}$ は熱力学的に定義された気体の圧力である．これに (9.26) を代入すると，$AP_{\text{gas}}^{\text{therm}} = Mg$ を得る．一方，力学によると，鉄が静止していることから，力学的に定義された気体の圧力を $P_{\text{gas}}^{\text{mech}}$ とすると，$AP_{\text{gas}}^{\text{mech}} = Mg$ が成り立つ．両式を比べて，

$$P_{\text{gas}}^{\text{therm}} = P_{\text{gas}}^{\text{mech}}. \tag{9.28}$$

すなわち，熱力学的に定義された圧力は，力学的に定義された圧力に等しい．以上のことは，容器に入れた物体が気体でなくてもまったく同様だから，これは一般に言えることである．したがって，**平衡状態に関する限りは 2 つの圧力を区別する必要はなく，単に「圧力」と呼んで良いことがわかった．**

　なお，非平衡状態では，U の V に関する偏微分係数という意味での熱力学的な圧力は定義できなくなるので，力学的な圧力と等しいか否かという質問は，そのままでは意味を成さない．ただし，局所平衡状態であれば，それぞれの部分系の熱力学的な圧力が定義できる．その場合には，上と同様の議論から，それらが力学的な圧力と等しいことが言える．さらに，非平衡定常状態についても，U の V 微分ではなく，14.6.2 項で説明するような定義をすれば，やはりそれは力学的な圧力と等しい．

問題 9.4　♠　この節の議論では，$U = E_{\text{内部}} - fz_{\text{G}} = E_{\text{内部}} + gZ$ のように全体としての位置エネルギー gZ を U に含めて考えた．そのため，次のように考える人が出てくるかもしれない：「鉄をそっと持ち上げると，$E_{\text{内部}}$ が変わらずに Z だけ増す．そうすると U が増えるから，S は強増加し，T も強増加する」．この議論のどこが間違っているか指摘せよ．

第 10 章

エントロピー増大則

　これまで見てきたように，エントロピーというマクロ系に特有な量を導入することにより，平衡状態におけるマクロ変数の値を予言することができた．これ自体も驚くべきことであるが，エントロピーの重要さはこれにとどまらない．実は，「マクロ系に対して**どんな状態変化をもたらす操作は原理的に不可能であるか**」を表している量でもあるのだ．つまり，**マクロ系を操作して状態を変えることには，ミクロ系を操作するよりもずっときつい制約があり**，それがエントロピーというたったひとつの量で表現できてしまうのである．これは，熱力学の成果の中でも，最も重要で，衝撃的で，かつ，深遠なものである．それをこの章で説明する．

10.1　孤立系のエントロピーの変化

　まず，孤立系の場合をこの節で論じ，次節で部分系について論ずる．

10.1.1　簡単な例
　大きな容器に気体を入れる．この容器は「完全な容器」（2.7 節）であり，したがって，この系は孤立系と見なせるとする．図 10.1 のように，容器の真ん中にはコックの付いた透熱の壁があって，容器を左右に仕切っているとする．このような系について，我々は次のようなことを経験上知っている：

- (1)図 10.1(a) のように，コックを閉めておいて，容器の左半分には多量の，右半分には少量だけ気体を入れる．しばらく待つと，温度は等しいが物質量も圧力も左側の方が大きいような平衡状態が実現される．この状態をA と名付けよう．

- (2)その後，コックを開ける．すると図 10.1(b) のように，容器の左半分から右半分へ気体が流れ，非平衡状態になる．

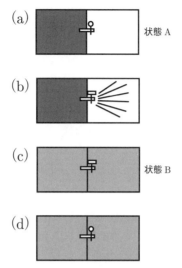

図 10.1 完全な容器の中にコックの付いた透熱の壁がある．気体を入れて，コックを開け閉めする．

(3) しばらく待つと，やがて図 10.1(c) のように，容器の左右で気体の物質量も圧力も温度も等しいような平衡状態が実現される．この状態を B と名付けよう．

(4) そのままもう一度コックを閉めても，図 10.1(d) のように何も起こらない．つまり，状態 B のままである．

(5) もう一度コックを開けても，図 10.1(c) のように何も起こらない．つまり，状態 B のままである．

このように，コックを操作することにより，状態 A → 状態 B という向きの変化は実現できるが，その逆の，状態 B → 状態 A という向きの変化は，コックを操作するだけでは実現できない．このように，**マクロ系の状態には，ある種の序列のようなものが存在し，一方から他方へは簡単な操作で移れるが，逆はできない**，というようになっている．

　熱力学を用いれば，このような序列を理論的に求めることができる．具体的には，エントロピーの大小によって序列がわかるのである．たとえば上の例では，7.6.3 項の結果から想像できるように，状態 B は状態 A よりもエントロ

ピーが大きい．これこそが，状態 B → 状態 A という向きの変化が起こらない
ことに対応するのである．そのことを詳しく調べてみよう．

10.1.2　内部束縛のオン・オフ

　上述の例では，コックを閉じると左右の部分系の物質量の値を固定するとい
う内部束縛が課され，コックを開けるとその束縛がなくなる．そして，コック
の開閉の際には，コックの近傍のわずかな量の気体にコックからエネルギーが
与えられることはありうるが，それは，容器中の気体全体のエネルギーに比べ
れば無視できるほど小さな割合でしかない．そのため，状態 A と B のエネル
ギーは等しい．このように，十分大きな容器を考えれば，十分な精度で，

コックの開閉に伴ってコックが気体とやりとりするエネルギー ＝ 0　　(10.1)

と見なすことができる．エネルギー以外の相加変数についても，コックの開閉
により**コックが相加変数の値を直接的に変えてしまうことはない（無視でき
る）**と考えてよい．

　要するに，コックの開閉は，**相加変数の値を変えないまま内部束縛条件だけ
を変える**，と見なすことができる．（だからこそ，コックの開閉には大した力
もいらないのである！）つまり，コックを閉じることは，$N^{(1)} - N^{(2)}$ の値を
固定するような内部束縛を課すことだけであり，コックを開けることは，その
内部束縛をなくすだけのことにすぎない．

　このような例は，コックに限らずに，いろいろありうる．たとえば，気体の
入った容器の真ん中に可動壁を設けておいて，それを留め金で固定する．留め
金を固定しておけば $V^{(1)} - V^{(2)}$ の値を固定するような内部束縛を与えてある
ことになり，留め金をはずせばその内部束縛をなくしたことになる．そして，
留め金を固定したりはずしたりすることが，気体の相加変数の値を直接的に変
えてしまうことはない（無視できる）と考えてよい．

　このように内部束縛条件を変えただけとみなせるのに，(2) のように，系に
マクロな変化が起こることがある．これは，内部束縛を除かれたことによっ
て，気体が**自発的**に動き始めるのであり，コックを回す力で無理矢理気体を動
かしたのではない．一方で，(4), (5) のように，マクロな変化が起こらない場
合もある．これらについてどのような規則性があるのか，順に調べていこう．

10.1.3　内部束縛をオン・オフしたときのエントロピー変化

　まず，コックを開けるときのように，内部束縛を除去する（オフにする）場合を考えよう．平衡状態は内部束縛条件に依存するから，ひとつの内部束縛がなくなると，それまでの平衡状態は（一般には）もはや平衡状態ではなくなり，系は新たな平衡状態へ向かって変化してゆく．そして，定理 4.1 (p.68)により，その新たな平衡状態は，はじめの状態よりもエントロピーが大きい．(2) はこのケースに相当する．

　ただし，特殊なケースとして，内部束縛を除去する（コックを開ける）前から，部分系が内部束縛がないときの平衡状態と同じ状態であったというケースがありうる．その場合は，(4.27) の右辺ははじめから内部束縛がないときの最大値をとっているから，内部束縛を除去しても何も変化が起こらず，エントロピーの値も変わらない．(5) はこのケースに相当する．

　このように，一般に次のことが要請 I, II から言える[1]：

> **定理 10.1**　孤立系の内部束縛を除去した後に達成される平衡状態のエントロピーは，除去する前の平衡状態のエントロピーよりも，大きいか，または値が変わらない．後者の場合は，マクロには何も変化が起こらないが，そのようになるのは，内部束縛を除去する前から，部分系が内部束縛がないときの平衡状態と同じ状態であった場合に限られる．

　次に，内部束縛を課した（オンにする）ときのエントロピー変化を考えよう．平衡状態にある孤立系に，コックを閉めるときのように，どの相加変数の値も直接には変えないようにして新たに内部束縛を課す．すると，(4.27) の右辺は，既にその相加変数の値において最大値をとっているから，どの相加変数の値も変化しない．したがって，10.1.1 項の (4) のようにマクロには何も変化が起こらず，エントロピーの値も変わらない．つまり，

> **定理 10.2**　平衡状態にある孤立系に，どの相加変数の値も直接には変えないようにしてあらたに内部束縛を課すと，マクロには何も変化が起こ

---

1)　明らかにこの定理は定理 4.1 (p.68) と重複しているが，わかりやすいように別の定理にしておいた．

らず，エントロピーの値も変わらない.

10.1.4　孤立系のエントロピー増大則

上の 2 つの定理から，次の**エントロピー増大則**が結論できる[2]：

> **定理 10.3　孤立系のエントロピー増大則**：平衡状態にある孤立系に対して，外部から操作できるのが，どの相加変数の値も直接には変えないようにして内部束縛をオン・オフすることだけだとすると，系のエントロピーは増加する（つまり，強増加するか変わらないかのいずれかであり，決して強減少しない）.

　この表現では，「外部」から何かが働きかけて内部束縛を操作しているように書いてあるが，たとえば次のような場合にも成り立つ：系の中に，留め金で固定された壁がたくさんあり，系は，その留め金がかかっている条件下で平衡状態にあったとする. ところが，あるとき留め金が折れて壁が外れてしまったとしよう. 留め金が折れたということは，留め金を含む全系は，（その時間スケールの）平衡状態にはなかったということだが，留め金以外の部分は平衡状態にあったのであり，エントロピーが定義できる. 留め金の大きさが全系の大きさに比べて無視できるほど小さければ（逆に言えば，全系の大きさが十分に大きければ），エントロピーの示量性により，留め金以外の部分のエントロピーを全系のエントロピー S と見なして良いだろう. すると，「壁が外れた後，十分時間が経って再び平衡状態に達したときには，S が増えている」と言える. 一方，なにかの拍子に壁ができたとする. たとえば，バネで閉まろうとするスライド扉を，開いた状態になっているように支えていた留め金が折れて，扉が閉まってしまう場合などだ. 前項で述べたように，この場合は S は変化しない. このように，孤立系の中で，留め金（のような内部束縛を左右するもの）の状態が変わって内部束縛がオンされたりオフされたりしているときに，

---

2)　本書の用語法では「増加則」と呼ぶべきだが，慣習に従って「増大則」と呼ぶ. なお，束縛をオフしたために系が一時的に非平衡状態になっている最中に，おもむろに束縛をオンする場合には，オンにするタイミングによって終状態の平衡状態は異なる. その場合でもこの定理は成り立つ（章末の問題 10.5）.

留め金の状態が変わる時間間隔 ≫ 留め金以外の系が平衡に達する時間

$$\text{(10.2)}$$

であれば，留め金の状態が変化しない期間には，系は平衡状態に達するから全系のエントロピー S が十分な精度で定義でき，それは強増加するか変わらないかのいずれかであり，決して強減少しない．これを簡単に，**孤立系のエントロピーは増加する**と表現し，

$$\Delta S \geq 0 \quad \text{(孤立系)} \tag{10.3}$$

などと書く．これも**エントロピー増大則**と呼ばれる．

エントロピー増大則のことを，しばしば**熱力学第二法則**とも呼ぶ．ただし，「熱力学第二法則」には**これ以外にも様々な表現の仕方がある**（その一部は以下でも紹介する）．どの表現を採用したかに応じて，他の「法則」を適切な形で要請すれば，それらは互いに等価であることが示されている[3]．それらのどの表現にしても，本書の理論体系では，要請 I, II に自然な形で含まれている．（要請 II-(v) のエントロピー最大の原理との関係を疑問に思う人は，下の補足参照．）

それにしても，エントロピー増大則は面白い．孤立系に対するミクロな運動法則は，時間反転について対称である．つまり，ある運動が物理的に可能であれば，それを時間的に逆にたどるような運動も常に可能である[4]．マクロ系はミクロ系の自由度が極端に多いものと見なせるのに，時間反転対称性が消えて無くなってしまうのである．現在のところ，この理由はまだ十分には解明されていない (関連する事項は下の補足)．

補足：エントロピー最大の原理とエントロピー増大則

本書では，「エントロピー最大の原理」である要請 II-(v) と「エントロピー増大則」は明確に区別している．前者は，「様々な局所平衡状態の中で比べたら，平衡状態が最も大きな局所平衡エントロピーを持っている（その最大値が平衡状態のエントロピーに等しい）」ということだったから，局所平衡状態の

---

3) ♠♠ 逆に言うと，等価であるかどうかは，他の「法則」をどのような形で要請するか次第で変わるということだが，通常は，ちゃんと等価になるような形を選ぶ．

4) ♠ 古典力学ではこれは自明だろう．量子論でも，空間反転と粒子を反粒子にする，という操作も同時に行えば，時間的に逆にたどるような運動が可能である．要するに，本質的には時間反転可能と言うことである．

間をどのように**遷移** (transition) するか（移り変わっていくか）を述べている
ものではない．それに対して後者は，平衡状態への移行について述べている要
請 I-(i) と，このエントロピー最大の原理とを組み合わせて導かれた定理（法
則）であり，その内容は「ある平衡状態から出発して，途中で（一般には）平
衡状態でも局所平衡状態でもない状態を経て，最後に到達する平衡状態は，最
初の状態よりもエントロピーが増加するような状態に限られる」というもので
ある．これは明らかに遷移について述べているから，前者とはまったく異なる
内容である．

なお，この例でもわかるように，熱力学の**要請 I, II** の中で，**要請 I-(i) だ
けが遷移に関わっており，異彩を放っている**．これをミクロ系の物理学から一
般的に導出することは，未だに十分にはできていない[5]．

10.2　部分系のエントロピーの変化

以上は孤立系の話であった．では，孤立系でない場合はどうなるか？　ある
系が孤立系でないということは，その系が別の系とエネルギーや物質をやりと
りしている，ということである．もしも両者の間以外にはエネルギーや物質の
やりとりが無いとすると，両方の系をいっしょにした大きな系を考えれば，そ
れは孤立系になる．他にもエネルギーや物質をやりとりしている系があれば，
それも含めたより大きな系を考えれば，やはり孤立系になる．このように，**孤
立系でない系も，その系を含む十分大きな系（全系）を考えればそれは孤立系
になる**だろう．

全系は孤立しているのだから，エントロピー増大則より決してエントロピー
は減らない．しかし，着目系はこの大きな系の部分系にすぎないので，一般に
はエントロピーが減っても構わない．その場合は，全系に対するエントロピー
増大則に反しないように，その減り分を上回るほど他の部分系のエントロピー
が増える．つまり，**他の部分系のエントロピーの増大を犠牲にすれば，特定の
部分系のエントロピーを減らすことは一般には可能である**．すなわち，部分系
$1, 2, 3, \cdots$ よりなる全系のエントロピー $S_{全系}$ は，$S_{全系} = S^{(1)} + S^{(2)} +
S^{(3)} + \cdots$ であるから，$\Delta S^{(1)} < 0$ となることは，$\Delta S^{(2)} + \Delta S^{(3)} + \cdots \geq$

---

5)　♠ 近年，量子力学を用いて研究が進展したが，平衡状態に緩和するのに要する時間が長
　　くないことを示すことや，結果の一般性を示すことなど，まだ未解決の問題が少なくない．

$-\Delta S^{(1)}$ であれば $\Delta S_{\text{全系}} \geq 0$ は守られるので，一般には可能である．

ところが，それでもまったく無制限に部分系のエントロピーを減少させることは，実はできないのである．つまり，たとえ $\Delta S_{\text{全系}} \geq 0$ が満たされても $\Delta S^{(1)} < 0$ が禁止されるケースがあり，しかも，それは決して珍しいケースではない．この驚くべき事実を示そう．

10.2.1 可逆仕事源

まず，議論を簡単にするための道具立てとして，「可逆仕事源」というものを説明する．例として，紐につるした重りを考える．2.4 節で述べたように，力学によると，この重りの全エネルギー E は (2.5) のように分解できる．この重りの一般の運動を考えると，$E_{\text{全体運動}}, E_{\text{全体位置}}, E_{\text{内部}}$ のいずれも変化しうるが，どれか特定のものだけ変化するように仕組むこともできる．

たとえば，この重りを動かさずにゆっくりと熱した場合は $E_{\text{内部}}$ だけが上昇し，$E_{\text{全体運動}}, E_{\text{全体位置}}$ は不変である．このときは，$d'Q = TdS$ からわかるように，重りのエントロピーが増す．

他方，この重りを真空中につるしてゆっくりと上下させるだけならば，$E_{\text{全体位置}}$ だけが変化するであろう．つまり，重りのエネルギー変化は，全体としての位置エネルギーだけで勘定できてしまう．熱力学における「力学的仕事」W_M の定義を思い出せば，これは，重りのエネルギー変化が W_M だけで勘定できてしまうことを意味する．したがって，熱の定義から $d'Q = 0$ となり，さらに，ゆっくりだから $d'Q = TdS$ が成り立つので，この重りのエントロピー変化は無視できることがわかる．（これは，紐を引っ張って元の位置に戻した場合，重りのマクロ状態は始めとまったく同じであることからも理解できる．マクロ状態が同じならエントロピーの値も同じであるからだ.）このように振る舞う系を，一般に「可逆仕事源」と言う：

定義：可逆仕事源

他の系と仕事を通じてエネルギーのやりとりを行うのだが，その際に，自分自身のエントロピー変化が無視できて，エネルギー変化が仕事だけで勘定できる系を，**可逆仕事源** (reversible work source) と言う．

上の重りの例では，全体としての位置だけが変化して内部運動の様子は変化しないように仕組んであったが，内部運動の変化が伴う熱力学的な過程が起こ

る場合でも，平衡状態に達する速さが十分速ければ，それを断熱壁で囲うことにより可逆仕事源になる．たとえば：

例 10.1　断熱可動壁を境にして 2 種類の気体 A,B が押し合っていて，圧力差から，この可動壁が 1 m/s で動いているとする．気体 A は，熱浴と熱接触しているものの，壁が 1 m/s で動いてしまっては平衡状態に緩和する暇がなく非平衡状態になってしまうとする．しかし，もう一方の気体 B にとっては 1 m/s は十分ゆっくりであって準静的過程になっているということがありうる．その場合，気体 B の周りを断熱壁で囲っておけば，気体 B のエントロピーは $0 = d'Q = TdS$ より変化しない．つまり，気体 B は可逆仕事源と見なせる（気体 A は非平衡になるので同じ式は成り立たず，終状態のエントロピーは増える）．したがって，この実験は，可逆仕事源である気体 B が気体 A に仕事をしていると見なせることになる．■

このように，適当な条件下で，ある物体が十分な精度で可逆仕事源とみなせるということは少なくない．

問題 10.1　上記の 2 つの可逆仕事源の例を，自分で図を描くなどして，納得するまで考えよ．

10.2.2　断熱された系のエントロピー増大則

　断熱・断物の壁で囲まれた系に力学的仕事をする場合を考える．系は，力学的仕事をされる以外には，外部系とは何もやりとりできないとする．たとえば，孤立系を断熱ピストンを介して押したり引いたりするとか，熱を伝えない棒をつっこんでぐるぐるまわしたりする場面を想像してもらえばよい．

　はじめに，仕事が可逆仕事源によりなされる場合を考察しよう．可逆仕事源はその留め金を外せば動き出すように仕掛けておく．すると，孤立している全系（＝系＋可逆仕事源）に定理 10.3 が使え，エントロピーが増加する：$\Delta S_{全系} = \Delta S_{系} + \Delta S_{可逆仕事源} \geq 0$. 可逆仕事源については $\Delta S_{可逆仕事源} = 0$ だから，この式は，

$$\Delta S_{系} \geq 0 \tag{10.4}$$

を意味する．

次に，可逆仕事源ではない仕事源により仕事がなされる場合を考えよう．一般に，どんな仕事源が成す仕事も，それが物理的に可能な仕事である限りは，可逆仕事源で真似ができると考えられる．たとえば，

例 10.2　モーターをコントロールして系にかける力を大きくしたり小さくしたりする仕事源を考えよう．これを可逆仕事源で模倣するには，たとえば良く滑る滑り台のような物の上を重りを落下させる仕掛けを使えばよい．あらかじめ滑り台の勾配を場所により適宜変えておけば，力が大きくなったり小さくなったりする可逆仕事源になる．モーターが行うのと同じ力が働くように，好きなだけ勾配を調整することができる．■

系は，ピストンや棒を介して仕事を受けるだけなので，**それらを動かすのが可逆仕事源であろうが無かろうが系にとっては同じことである**．したがって，系は可逆仕事源を用いたときと同じマクロ状態へと移行するし，系のエントロピーは可逆仕事源を用いたときと同じだけ上昇する．（もちろん，全系のエントロピーの上昇は異なるが．）したがって，(10.4) は仕事源が可逆であるかどうかとは無関係に成り立つ．特に，系にとって準静的に仕事が成される場合には，定理 7.6 (p.131) より等号が成り立つ．こうして次の定理を得る：

> **定理 10.4　部分系のエントロピー増大則**：断熱・断物の壁で囲まれた系に力学的仕事をすると，系のエントロピーは増加する．特に，（系にとって）準静的に仕事がなされる場合には，一定値を保つ．

これもしばしば，**エントロピー増大則**とか**熱力学第二法則**と呼ばれる．この定理を言い換えれば，

- 断熱・断物の壁で囲まれた系には，**どんなふうに力学的仕事をしようとも，系のエントロピーを強減少させるような状態変化を引き起こすことは不可能**である．

- したがって，いったん系のエントロピーが強増加するような状態変化を起こしてしまったら，力学的仕事だけでもとの状態に戻そうとしても不可能である！

- 系のエントロピーを強減少させるような変化を引き起こすためには，熱や物質の出入りを許すしかない．

という驚くべき結論が導かれる．たとえ部分系であっても，まったく自由に状態変化を引き起こすことができるわけではないのだ！

10.3　熱の移動の向き

今度は，高温の系と低温の系を**熱接触** (thermal contact) させたとき（つまり，透熱壁を介して接触させたとき）に，どちらの向きに熱の移動が生じるかを調べよう．この節の 2 つの定理もしばしば**熱力学第二法則**と呼ばれる．

2 つの系 H, L が，最初は熱のやりとりができないように離されていて，それぞれがエネルギー U_H, U_L の平衡状態にあったとしよう．それぞれの系の中では隅々まで熱の交換が可能だとすると，定理 9.1 (p.158) より，それぞれの系の中では逆温度は一様である．以下の考察ではエントロピーの自然な変数 $U, V, N, \cdots$ のうち U 以外は変化しないので，それぞれの逆温度は U_H, U_L だけの関数とみなせる：$B_H = B_H(U_H), B_L = B_L(U_L)$．この最初の状態における逆温度は異なっていたとする：

$$B_H(U_H) \neq B_L(U_L). \tag{10.5}$$

さて，このような 2 つの系を，堅くて断物の透熱壁を介して熱接触させる．全体としては孤立しているとする．すると，熱交換が可能な系の間の平衡条件 $B_H = B_L$ が満たされていないので，新しい平衡状態へ向かって状態変化が始まる．この変化の間は非平衡状態なので，温度は一般には定義できない．要請 I-(i) より十分時間が経つと新しい平衡状態に達するが，そのときまでに熱として H から L の向きに移動したエネルギーを Q とする．壁に関する仮定により，熱の移動以外にはエネルギー移動はない．そして，必ず変化が生ずるのだから，$Q \neq 0$ である．さらに，最後の状態では，熱交換が可能な系の間の平衡条件 $B_H = B_L$ が満たされている：

$$B_H(U_H - Q) = B_L(U_L + Q). \tag{10.6}$$

仮に $Q > 0$ とすると，B の U に関する単調性から，

$$B_H(U_H) \leq B_H(U_H - Q), \qquad B_L(U_L + Q) \leq B_L(U_L) \qquad (10.7)$$

であるが，(10.6) と合わせると，$B_H(U_H) \leq B_L(U_L)$. (10.5) より等号は除外できるので，$T = 1/B$ で書けば，結局

$$T_H(U_H) > T_L(U_L). \qquad (10.8)$$

一方，$Q < 0$ とするならば，同様の議論から逆向きの不等式を得る．いずれにせよ，熱は高温系 → 低温系の向きに流れることになる．ゆえに，

定理 10.5　熱の移動の向き（準静的とは限らないが熱しかやりとりできない場合）：熱しか通さない堅くて断物の透熱壁を介して2つの系を熱接触させると，熱は高温の系から低温の系へと移動する．

このことからも，本書で定義した温度が，日常生活で使っている温度と（原点の取り方を除いて）一致していることがわかる．たとえば，熱い物（＝温度の高い物）に触れると熱くてやけどをするが，それは，手の方が温度が低いために，熱が手に流れ込んでくるからである．

ところで，HとLを合わせた全系のエントロピーを S_{tot} とすると，エントロピー増大則から，最後の平衡状態における S_{tot} は，最初の平衡状態のときの S_{tot} よりも増えている．（式で言うと，(10.6) が，H, L が熱接触しているという新しい条件の下での局所平衡エントロピーを最大にする条件であった．）言い換えると，熱がHからLへと流れるのは，エントロピー増大則の帰結であると見ることもできる．

　さて，上記の定理 10.5 は，その証明から明らかなように，**途中が非平衡状態になっても成り立つ**．ただし，HとLの間の壁は，熱しか通さない断物の堅い壁であった．この制限がないと，一般には熱はどちら向きにも流れうる．しかし，代わりに準静的という制限を課してやれば，常に高温側から低温側に流れるという結論が再び得られる．それを示そう[6]．

　具体例として，HとLの間に透熱可動壁がある場合について述べるが，一

---

6)　こちらのケースについてしか述べていない教科書が多いようだが，それではやけどなどの実体験を説明しきれない．

般の場合も同様である. この壁は動きも熱の流れも遅くて, H にとっても L にとっても準静的過程だとする. すると, **各瞬間瞬間には全系は局所平衡状態にあるが, その状態は, その時点で壁を断熱固定壁に換えたときに到達する平衡状態と同じである.** なぜなら, H, L それぞれが平衡状態にあるし, $\widehat{S}$ の最大値を探す際に U_H, V_H, U_L, V_L はその時点での値に固定されて動かせないから $S_{\text{tot}} = \max \widehat{S} = \widehat{S}$ であり, 要請 II-(v) を満たすからだ. ゆえに, U_H, V_H, U_L, V_L が微小量 dU_H, dV_H, dU_L, dV_L だけ変化した時点で断熱固定壁に換えた場合だけ考えれば, それ以降は同じ議論がくり返せる. このときの平衡状態は, $[U_H, U_H + dU_H], [V_H, V_H + dV_H], [U_L, U_L + dU_L], [V_L, V_L + dV_L]$ の範囲に制限したときの平衡状態と明らかに等しいので, U_H, V_H, U_L, V_L のときの平衡状態である初期状態と比べると, 要請 I-(i), II-(v) より $dS_{\text{tot}} > 0$ である. そして, 準静的過程だから, 熱を流す前の温度を $T_H > T_L$ とし, $d'Q$ を H から L の向きを正に選ぶと,

$$d'Q = -T_H dS_H = T_L dS_L \tag{10.9}$$

$$dS_{\text{tot}} = dS_H + dS_L = (1/T_L - 1/T_H)d'Q \tag{10.10}$$

となるが[7], $dS_{\text{tot}} > 0, T_H > T_L$ なのだから, $d'Q > 0$ が従う. ゆえに,

---

定理 10.6　熱の移動の向き (準静的だがやりとりするのが熱に限らない場合):温度の異なる 2 つの系を透熱壁を介して接触させると, どちらの系にとっても準静的過程であれば, 熱は高温の系から低温の系へと移動し, 2 つの系を合わせた複合系のエントロピーは強増加する.

これもエントロピー増大則の帰結と見ることが可能である. また, (10.10) からわかるように, **$d'Q$ が同じ大きさでも逆温度の差が大きいほど dS_{tot} が大きくなる**.

問題 10.2　この定理の状況で, $T_H, T_L, d'Q$ に様々な値を代入してみて, それぞれの場合の dS_{tot} を見積もれ.

問題 10.3　この節の議論の内容を, 自分のスタイルで繰り返せ.

---

7)　通常の微分の議論と同様に, T_H の変化は $O(dS_H)$ なので, (10.9) の右辺でそれを考慮しても $O([dS_H]^2)$ という 2 次の微小量になる. T_L についても同様.

10.4 可逆過程と不可逆過程

断熱・断物の壁で囲まれた系について,「可逆過程」と「不可逆過程」を次のように定義しよう:

--- **定義**:可逆過程・不可逆過程 ---

断熱・断物の壁で囲まれた系について,内部束縛をオン・オフすることと力学的仕事をすることだけで,どんな平衡状態間を遷移させられるかを考える.ある平衡状態 A から別の平衡状態 B に遷移させることはできたとする.もしも逆に B から A に遷移させることも可能ならば,A から B へと遷移させた過程を**可逆過程** (reversible process) と呼び,不可能ならば**不可逆過程** (irreversible process) と呼ぶ.

要するに,「内部束縛をオン・オフすることと力学的仕事をすることだけ許す」という同じルールの下でも,行き(A → B)は可能だが帰り(B → A)は不可能というような一方通行になることがあり,そのときの行きを不可逆過程と呼ぶのである.

10.2 節で論じたように,**断熱・断物の壁で囲まれた系の状態を力学的仕事により変化させる過程は,一般には不可逆過程である**.このように,ある過程が不可逆であるという事実を,またはそのような過程が存在するという事実を,**不可逆性** (irreversibility) と言う.10.3 節の結果も,やはり不可逆性を表している.なぜなら,高温系と低温系を合わせた系に対して,熱接触をオフするだけで

$$T_H > T_L \text{ という平衡状態 A}$$

$$\downarrow \quad (\text{熱が } H \to L \text{ の向きに流れる})$$

$$T_H = T_L \text{ という平衡状態 B}$$

という変化は起こせるが,状態 B から(それよりエントロピーが低い)A に戻す

$$T_H = T_L \text{ という平衡状態 B}$$

$$\downarrow$$

$$T_H > T_L \text{ という平衡状態 A}$$

という変化は，内部束縛をオン・オフすることと力学的仕事をするだけでは（エントロピーを下げられないから）決して起こせないことを示しているからだ．これもまた，マクロな物理法則には素朴な時間反転対称性が無くなっていることを如実に示している．

　ただし，「不可逆」とは言っても，あくまで「内部束縛をオン・オフすることと力学的仕事をすることだけ許す」というルールの下での話である．10.2 節の例でも，熱や物質を出入りさせることまで許せば系は元の状態に戻せるのであった[8]．しかし，特定のルールの下では帰れないというのは，ミクロ系にはないような大変きつい制限である．ミクロ系であれば，力学的仕事だけで行き（A → B）も帰り（B → A）も可能なのが普通だからだ．たとえば，水素原子に適当なレーザー光をあてれば，電子を好きな量子準位に，行きも帰りも遷移させることができる．

　このように，**操作可能性に対する制限に，ミクロ系とマクロ系の大きな違いが存在するのだ**[9]．そして，10.2 節や 10.3 節で示したように，その**マクロ系の操作に関する制限や限界が，エントロピーが増加すべしという簡単な式で記述できてしまうのだ**．これはまことに驚くべきことではないだろうか？

　なお，「可逆過程」「不可逆過程」の意味は教科書によってばらついている．また，上の定義を，より一般の場合にまで拡張している文献もある（下の補足参照）．しかし，1.4 節でも述べたように，大事なのは，言葉の定義を云々することではなく，「△△の操作では戻せない」「○○の操作なら戻せる」を正しく判定できるようになることである．

---

8)　その際には，孤立系のエントロピー増大則により，系と熱や物質を交換した系のエントロピーは増加するであろう．直ぐ下の補足で述べるように，この事実に着目して「不可逆過程」を定義する流儀もある．

9)　♠ ミクロ系には不確定性原理があるが，これはミクロ系特有のものではなく，マクロ系も満たさねばならない．ただ，不確定性原理が直接効いてくるような効果は，マクロ系ではほとんど測定誤差に埋もれて見えないので，目立たないだけである．

♠ 補足：一般の可逆過程・不可逆過程

上記よりも一般の場合について可逆過程・不可逆過程を定義することもある．代表的なのはたとえば参考文献 [5] の定義である：注目する系が，ある状態 α から他の状態 α' に変化するとき，外界が状態 β から β' へ変わるとする．何らかの方法により，系を α' から α に戻し，同時に外界を β' から β へもどすことが可能であるとき，$(\alpha, \beta) \to (\alpha', \beta')$ の過程は**可逆過程** (reversible process) という．可逆でない過程を**不可逆過程** (irreversible process) という．この定義は，系が断熱・断物の壁で囲まれていなくてもよいという点で，上記の定義よりも広い．

10.5 熱とエントロピー

準静的過程では，エントロピーと熱の移動は (7.31) という簡単な関係で結びついていた．一方，7.6.3 項で見たように，まったく一般の場合には，エントロピーは熱の移動とはまったく無関係に増加する．この節では，この両極端のケースを内挿（ないそう）するような結果を述べる．

着目系（単に「系」と呼ぶ）が容器に入っていて，透熱壁を介して，外部系 e（たとえば大気）と接触しているとする．また，容器には断熱ピストンが付いていて，それを介して系は外部系 e' と力学的仕事をやりとりできるとする．**e と e' は異なっていてもよいし，同一の系でもよい．**すなわち，系は外部系（たち）と熱も力学的仕事もやりとりできるとする．さらに，**熱を系とやりとりする外部系 e は平衡状態に緩和（かんわ）するのが十分速く，ピストンが動いたり熱の移動があっても，常に平衡状態にあるとみせるとする．**また，全体系（系＋e＋e'）は孤立系とみなせるとする．これは，全体系とその他の系の間の境界をそうなるように選べば（つまり，e と e' をそうなるように定義すれば），ほとんど常に正しい仮定だろう．

さて，最初はピストンが留め金で固定してあって平衡状態にあったのに，あるとき留め金をはずしたとする．あるいは，最初は系と e の間の透熱壁に断熱壁が重ねられていて別の温度の平衡状態にあったのが，あるとき断熱壁を取り除いたとする．どちらの場合も，新たな平衡状態に向かう変化が始まる．その間に，系は，e と熱をやりとりしたり，e' と仕事をやりとりしたりする．このとき系は，一般には非平衡状態になる．一方，e の方は平衡状態に緩和するのが十分速いため，平衡状態を保ちつつ異なる平衡状態を次々にたどる，とみ

なせる. 全体系（系＋e＋e′）はいったんは非平衡状態になるが, 最後にはまた平衡状態になる. このような過程における**最初と最後の平衡状態を比べたとき**, 系のエントロピーは ΔS だけ変化し, 全部で Q だけの熱が系に流れ込んだとする. ΔS と Q の間にどのような関係があるか調べよう.

外部系 e にとってはこの過程は準静的な過程なので, その温度 $T^{(\mathrm{e})}$ とエントロピー $S^{(\mathrm{e})}$ を常に定義することができ, 熱の符号 $(d'Q^{(\mathrm{e})} = -d'Q)$ に注意すれば, エントロピー変化 $\Delta S^{(\mathrm{e})}$ は (7.31) より,

$$\Delta S^{(\mathrm{e})} = -\int_{\text{始状態}}^{\text{終状態}} \frac{d'Q}{T^{(\mathrm{e})}} \tag{10.11}$$

となる. これを系のエントロピー変化 ΔS と結びつけるために, 全系のエントロピー変化 ΔS_{tot} を考えると, 相加性から $\Delta S_{\mathrm{tot}} = \Delta S + \Delta S^{(\mathrm{e})} + \Delta S^{(\mathrm{e}')}$ であるが, 孤立系のエントロピー増大則 (p.172 定理 10.3) より $\Delta S_{\mathrm{tot}} \geq 0$ だから, $\Delta S \geq -\Delta S^{(\mathrm{e})} - \Delta S^{(\mathrm{e}')}$. これに (10.11) を用いれば,

$$\Delta S \geq \int_{\text{始状態}}^{\text{終状態}} \frac{d'Q}{T^{(\mathrm{e})}} - \Delta S^{(\mathrm{e}')}. \tag{10.12}$$

ところで, e′ を, それと同じ手応えを示す可逆仕事源に置き換えてみると, 系から見れば e′ が可逆仕事源かどうかは区別が付かないので[10), 系のエントロピー変化 ΔS は, e′ が可逆仕事源であるときと同じになる. ところが, 可逆仕事源はそのエントロピー変化が無視できるのだから, $\Delta S^{(\mathrm{e}')} = 0$ である. したがって, 上式で $\Delta S^{(\mathrm{e}')} = 0$ とおいた不等式も, e′ が可逆仕事源であるかどうかとは無関係に成り立つ. こうして次の定理を得た:

定理 10.7　系がいくつかの外部系と熱や力学的仕事をやりとりするとき, 熱を交換する相手の外部系 e にとって準静的過程であれば, 系のエントロピー変化（最後の平衡状態と最初の平衡状態におけるエントロピーの差; **系は途中は非平衡でもよい**）は, e の温度を $T^{(\mathrm{e})}$ として次の不等式を満たす:

---

10)　♠♠ この種の議論は本書に限らずよく出てくるが, それは「マクロな遠距離相関」がないような状態だけを考えると暗に仮定していることになる. そうでない状態は不安定なことが A. Shimizu and T. Miyadera, Phys. Rev. Lett. **89** (2002) 270403 で示されているので, 通常の状況ではこれは妥当な仮定である.

$$\Delta S \geq \int_{始状態}^{終状態} \frac{d'Q}{T^{(\mathrm{e})}}. \qquad (10.13)$$

この定理と定理 7.5 (p.131) の内容をきちんと理解するためには，次の例が教育的であろう：

例 10.3 全系は，（着目）系と外部系 e よりなり，孤立しているとする．はじめ，系と e の間の壁は断熱されており，系と e はそれぞれ，異なる温度の平衡状態にあったとする．ある時刻に，系と e の間の壁を，熱を伝えはするがあまり熱の流れがよくない，堅くて断物の壁に代える．すると，系と e の間に熱が流れはじめるが，熱の流れが遅いために，系も e も，それぞれは，ずっと平衡状態にあると見なせるとする．つまり，系にとっても e にとっても準静的な過程であるとする．このとき，それぞれには (7.31) が適用できるので，e から系に流れ込む熱を $d'Q$ とすると，それぞれのエントロピーの変化は

$$\Delta S = \int_{始状態}^{終状態} \frac{d'Q}{T}, \qquad (10.14)$$

$$\Delta S^{(\mathrm{e})} = \int_{始状態}^{終状態} \frac{-d'Q}{T^{(\mathrm{e})}} \qquad (10.15)$$

である．全系のエントロピーの変化は

$$\Delta S_{\mathrm{tot}} = \Delta S + \Delta S^{(\mathrm{e})} = \int_{始状態}^{終状態} \left(\frac{1}{T} - \frac{1}{T^{(\mathrm{e})}} \right) d'Q \qquad (10.16)$$

である．定理 10.6 (p.180) より，$T < T^{(\mathrm{e})}$ なら $d'Q > 0$ であるし，$T > T^{(\mathrm{e})}$ なら $d'Q < 0$ である．すると，いずれにしても (10.13) が成り立つことが，(10.14) より確認できる．さらに，いずれにしても $\Delta S_{\mathrm{tot}} > 0$ となることが，(10.16) からわかる．このような過程は，例 8.1 (p.150) で述べたように，**個々の系にとっては準静的な過程だが全系にとっては準静的でない**ので，全系には定理 7.5 (p.131) は適用できず，その帰結である定理 7.6 (p.131) も適用できない．だから全系のエントロピーは強増加するのである．■

問題 10.4 上記の例の議論を，自分のスタイルで繰り返せ．

　この例からもわかるように，(10.13) と (7.31) は似てはいるが，不等号と等号の違いはもちろんのこと，適用条件や被積分関数も違う．両者が一致するのは，たとえば，系がいくつかの外部系と，次の条件を満たしつつ熱や力学的仕事をやりとりするような場合である：

(i)　系にとっても，系と熱をやりとりする外部系にとっても，準静的な過程である．

(ii)　熱をやりとりするときは，系の温度 T と熱をやりとりする外部系の温度 $T^{(e)}$ が等しい（これに疑問を感じる人は下の補足を見よ）．

実際，これらの条件が満たされれば，条件 (i) より定理 7.5 (p.131) が使えて，しかも条件 (ii) より $T = T^{(e)}$ だから，

$$\Delta S = \int_{始状態}^{終状態} \frac{d'Q}{T} = \int_{始状態}^{終状態} \frac{d'Q}{T^{(e)}} \tag{10.17}$$

この場合，条件 (i) より系はずっと平衡状態にあると見なせるので，「始状態」「終状態」は，この過程の中の任意の 2 つの状態でよい．またこれは，(10.13) において等号が成り立つ場合の例にもなっている．

　系が次々と違う外部系 $e_1, e_2, \cdots$ と熱接触する場合でも，それらの外部系が常に平衡状態にあると見なせれば，定理 10.7 を次々にあてはめればよい．すると，定理 10.7 と上記の条件を少し一般化した（実質的には同じことだが）次の定理を得る：

定理 10.8　系がいくつかの外部系と力学的仕事をやりとりしながら，外部系 $e_1, e_2, \cdots$ と次々に熱接触する過程が，系が熱を交換する相手の外部系 $e_1, e_2, \cdots$ にとって準静的過程であれば，系のエントロピー変化（最後の平衡状態と最初の平衡状態におけるエントロピーの差；**系は途中は非平衡でもよい**）は，e_i の温度を T_i として次の不等式を満たす：

$$\Delta S \geq \sum_i \int_{e_i と接触する始状態}^{e_i と接触する終状態} \frac{d'Q}{T_i}. \tag{10.18}$$

特に，次の 2 条件が満たされる場合には等号が成り立つ：
(i) 系にとっても，系と熱をやりとりする外部系にとっても，準静的な過

程である.

(ii) 系が熱を e_i とやりとりするときは,系の温度 T は T_i と等しい.

この定理は,次章以降で重要な役割を演ずる.

♠ 補足:同じ温度の系の間に熱が流れる?

注意深い人は,上記の条件 (i), (ii) が満たされたら熱は流れないのではないかと疑問に思うはずだ.その点を (10.10) を用いてきちんと説明しよう. $T - T_i = \epsilon$ のとき,実験(あるいは線形応答理論という理論)によると,流れる熱 $d'Q$ は単位時間あたり $O(\epsilon)$ である.したがって,τ だけの時間をかければ,流れる熱の総量 Q は $O(\epsilon)\tau$ であり,(10.10) より $\Delta S_{\text{tot}} = O(\epsilon^2)\tau$ である.そこで,$\epsilon\tau$ を一定にしつつ ϵ を必要なだけ小さく(それに反比例して τ を大きく)すれば,Q を一定に保ったまま ΔS_{tot} をいくらでも小さくできる.したがって,たとえば定理 10.8 について言えば,$|T - T_i|$ を十分小さくして τ をそれに反比例させて大きくすれば,熱を必要なだけ流しつつ,(10.18) の両辺の差をいくらでも小さくできる.そのことを簡略化して「条件 (i), (ii) が満たされれば,(10.18) の等号が成り立つ」と表現したのである.以後もこのような簡略化した表現をしばしば用いる.

問題 10.5 ♠p.172 の脚注 2 の例として次の問題を解け(一般の場合も同様である):完全な容器の中が断熱断物の仕切壁で左右に 2 分されており,エントロピーの自然な変数が U, V, N である気体が異なる圧力で左右に入っていて平衡状態にある.そこから仕切壁を引き抜くことで気体の流れを生じさせ,流れが収まる前に仕切り壁を差し込む.そしてしばらく待てば新しい平衡状態に達するが,そのときのエントロピーの値 S' は初期状態における値 S よりも増加している(つまり定理 10.3 が成り立つ)ことを示せ.

第 11 章
熱と仕事の変換

Jule の実験で確立されたのは,「熱も仕事もどちらもエネルギー移動である」ということであった. その点については熱と仕事は等価である. では, 熱と仕事は他の面でも等価なのだろうか？ これをみるためには, 一方を他方に変換することが可能かどうかを調べるのがわかりやすい. もしもどちらの方向にも常に 100% の効率で変換することが可能であれば, 実質的に両者は等価である. 一方に他方の役割をさせたかったら, 変換してから使えばよいからだ. ところが実際には, この変換はまったく自由にできるわけではなく, 基本的な制限が付く. 熱と仕事は等価ではないのだ. これもマクロ系特有の不可逆性の帰結である.

11.1 サイクル過程とその効率

まず, 状況設定をきちんとしよう. **もしも着目系の始状態と終状態が異なっていてもよいとしてしまったら,**（理想気体に熱を加えてから準静的断熱膨張させて熱を仕事に変換するなどの手段で）**熱と仕事はどちら向きにも 100% の効率で変換できてしまい,** 違いが見えない. そこでこの章では, 実用上も重要な「サイクル過程」を考察の対象にする:

— 定義：サイクル過程 —

はじめ平衡状態にあった着目系が, いくつかの外部系と熱や力学的仕事をやりとりしたあげく, 最後に落ち着いた状態が最初と同じ平衡状態であるとき, この過程を（この着目系に関する）**サイクル過程** (cyclic process) と呼ぶ.

明らかに, **サイクル過程を何度も繰り返す過程もサイクル過程である.** ピストンを一回だけ動かしたらそれ以上は仕事ができないような機械では特殊な用途

以外には役に立たないので，エンジンなど多くの動力機械は，サイクル過程で仕事をする機械になっている．

　一般に，ある目的について，達成できた成果の大きさと支払ったコストとの比を**効率** (efficiency) と呼ぶ．以下の具体例でもわかるように，効率は**それぞれの目的に応じて定義をするのである**から，**目的が異なれば効率の定義も異なる**し，同じ機械でも，異なる用途（目的）に使用すれば，効率は異なる．

　本章では，サイクル過程における熱と仕事の間の変換効率を考える．その際，**最初と最後は（着目系だけでなく）全系が平衡状態にあるとする**．そうでないとしたら，議論があいまいになってしまうし，そもそも最初と最後の状態がきちんと指定できているかどうかすら疑わしい．我々は，平衡状態ならば少数の相加変数で指定できることを知っているが，非平衡状態については何とも言えないからだ．さらに，一時的に収支をマイナスにする代わりに総合的には大きなプラスになるような過程もありうるので，エネルギーが出入りしている途中で効率を計算するのは適当でない（途中の様子を詳細に調べたい場合は別だが）．したがって，**最後に平衡状態に落ち着いた後で収支を計算して効率を求める**．商店でも，収支をきちんと計算するには，「棚卸し日」を設けて 1 日だけ入出荷を止めて計算するが，それと同じことである．

11.2　熱浴と Clausius の不等式

　着目系と熱をやりとりする系が次のような性質を持つ場合，**熱浴** (heat bath) とか**熱溜** (heat reservoir) と呼ぶ：

(i)　平衡への緩和が十分速く，着目系と熱をやりとりしても常に平衡状態にあるとみなせる．

(ii)　着目系よりもサイズが圧倒的に大きいなどの理由で（詳しくは 14.3.1 項），着目系と熱をやりとりしても温度が変化しないと見なせる．

サイクル過程において，もしも系が熱を交換する相手の外部系がすべて熱浴であれば，それらを $e_1, e_2, \cdots$ と名付けたときに，定理 10.8 (p.186) より，不等式 (10.18) が成り立つ．しかも，積分の中の温度は一定値をとるので積分の外に出せる．さらに，サイクル過程においては最初と最後は同じ平衡状態なので，ΔS はゼロである．ゆえに，

定理 11.1　系が，いくつかの外部系と力学的仕事をやりとりしながら，外部系 $e_1, e_2, \cdots$ と次々に熱接触するサイクル過程において，$e_1, e_2, \cdots$ がすべて熱浴であれば，e_i から系に流れ込んだ熱 Q_i は，e_i の温度を T_i として次の不等式を満たす：

$$\sum_i \frac{Q_i}{T_i} \leq 0. \qquad (11.1)$$

これを，**Clausius**（クラウジウス）**の不等式**と呼ぶ．特に，次の 2 条件が満たされる場合には等号が成り立つ：

 (i)　系にとっても，系と熱をやりとりする外部系にとっても，準静的な過程である．

 (ii)　系が熱を e_i とやりとりするときは，系の温度 T は T_i と等しい．

　この不等式は，サイクル過程における熱の出入りに何か根本的な制限があることを示している．ということは，仕事の出入りにも何か根本的な制限があることになる．なぜなら，エネルギー保存則より，サイクル過程では

$$\sum Q_i = \text{着目系が外部系にした仕事の総量} \qquad (11.2)$$

となるからだ．実際，以下で示すように，様々なサイクル過程の効率の上限値が（着目系と熱をやりとりする相手が熱浴である場合には[1]）Clausius の不等式から簡単に導き出せる．

♠ 補足：熱をやりとりする相手の温度が変わる場合の Clausius の不等式

　上記の定理はやや一般化できる．すなわち，着目系と熱をやりとりする e_1, $e_2, \cdots$ の温度が，熱をやりとりする最中に変わってしまったとしても，常に平衡状態にあると見なせさえすればやはり (10.18) が成り立つので，

---

[1]　ただし，熱浴に限定されるのはやや不満なので，Clausius の不等式が適用できないようなもっと一般の場合の結果も与える．

$$\sum_i \int_{e_i と接触する始状態}^{e_i と接触する終状態} \frac{d'Q}{T_i} \leq 0 \tag{11.3}$$

が言える．これも **Clausius**（クラウジウス）**の不等式**と呼ばれる．

11.3　仕事から熱への変換

外から仕事 $W\,(>0)$ を受け取り，その仕事を適当な外部系 e へと流れる熱 $Q_e\,(>0)$ に変換するサイクル過程を考える．この場合の**仕事から熱への変換効率** $\eta_{W\to Q}$ は

$$\eta_{W\to Q} \equiv Q_e/W \tag{11.4}$$

と定義するのが妥当だろう．これはどれぐらい大きくできるのか？　エネルギー保存則から来る最大値である 1 になるようなやり方は存在するのか？　答えはイエスである．たとえば図 11.1 のような系で次のようにすればよい：

(i)　はじめは，系と外部系 e の壁は透熱壁で，全系は平衡状態にあったとする．

　　　$\longrightarrow$　系の温度 T は外部系の温度 T_e と等しい．このときの系のエネルギーを U_0 とする．

(ii)　間の壁に重ねるように断熱壁を挿入してから，外からプロペラに仕事 W を行う．

　　　$\longrightarrow$　エネルギーが $U_0 + W \equiv U_1$ になる．

(iii)　仕事を終えた後，平衡になるまで待つ．系の物質を，$U_0 \leq U \leq U_1$ の範囲で T が U の強増加関数（一定にはならない）になるような物質に選んでおけば[2]，このときの T は外部系の温度 T_e より高い．

(iv)　ステップ (ii) で重ねた断熱壁を取り去る．

　　　$\longrightarrow$　$T > T_e$ だから，熱の移動が起こる．

(v)　平衡になるまで待つ．外部系を熱浴に選んでおけば，その温度 T_e は変

---

[2]　17 章で説明するように，これは，物質が $U_0 \leq U \leq U_1$ の範囲で「一次相転移を起こさない」ということである．

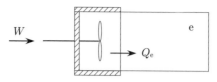

図 11.1 仕事を熱に変換するサイクル過程の一例. 斜線部は断熱壁. どの壁も物質を通さない堅い壁とする.

化しないから, 平衡状態では再び $T = T_e$ であり, 系は元の状態に戻るので, これはサイクル過程である. 系のエネルギーも U_0 に戻る.

以上のようにすれば, (iv) から (v) の間に系から外部系に向かって移動した熱 Q_e は, エネルギー保存則より $Q_e = U_1 - U_0 = W$ と, (ii) で成した仕事に等しくなり, $\eta_{W \to Q} = 1$ が達成できる. このように, **仕事から熱へ 100% の効率で変換するサイクル過程は可能**である.

11.4　熱から仕事への変換

11.3 節とは逆に, ある高温系 H から受け取った熱 Q_H (> 0) を, 適当な外部系 e への仕事 W_e (> 0) に変換するサイクル過程を考える. この場合の効率, すなわち**熱から仕事への変換効率** $\eta_{Q \to W}$ は,

$$\eta_{Q \to W} \equiv W_e / Q_H \tag{11.5}$$

と定義するのが妥当である. これはどこまで大きくできるのか？ エネルギー保存則から来る最大値である 1 になるようなやり方は存在するのか？ 以下で示すように, 答えはノーである！

11.4.1　熱機関

これから示すように, このようなサイクル過程の効率は決して 100% には達しないので, 系は余分なエネルギーを熱として[3]どこかに捨てない限りはエネルギーが上昇してしまう. したがって, サイクル過程であるためには熱の捨て場所が必要であるが, 熱は低温側に向かって流れるのだから, それは H よ

---

3) もしも仕事として捨てる部分があったら, それも W_e に含めた方が効率が上がる. だから, 効率の上限を求めるときには, 熱として捨てる場合だけを考えれば十分である.

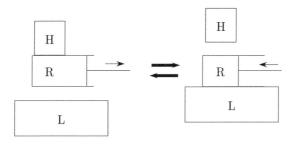

図 11.2 熱を仕事に変換するサイクル過程（熱機関）の一例.

りも温度の低い系でないといけない. それを低温系 L と呼び, そこに捨てる
熱を Q_L (≥ 0) としよう. 全体として見ると, 熱が高温系 H から低温系 L へ
と流れる途中で, 一部を外部系への仕事 W_e として取り出すことになる. これ
が, ワットの蒸気機関に代表される[4], **熱機関**である. 具体的な仕組みとして
は, たとえば,

例 11.1 図 11.2 のように, 気体の入ったピストン付きシリンダー R を, 高
温系 H と接触させれば, 熱が R に移動して気体が温まって膨張し, ピストン
を通じて外部系に仕事ができる. 次に, 膨張した気体の容器を低温の熱浴 L
（たとえば大気）と接触させて冷やす. すると気体は元の状態に戻り, 再び仕
事ができるようになる. つまり, サイクル過程になる. これを繰り返すと, 何
度も仕事ができる. ■

熱機関本体 R の物質や構造にも様々な選択肢があるし, これ以外にもいろ
いろなやり方があろう. しかし, 高温系 H から低温系 L へと流れる熱を利用
して外部系 e に仕事をする限りは（つまり熱機関である限りは）, いずれも図
11.3 の模式図に当てはまる. そうすると, サイクル過程では R のエネルギー
が最初と最後で同じになることから, 熱や仕事の向きの定義に注意してエネル
ギー保存則を書き下すと

$$Q_H = W_e + Q_L. \tag{11.6}$$

これを $\eta_{Q \to W}$ の定義に代入すれば,

---

4) ワットの蒸気機関では, L は大気である.

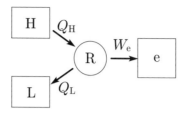

図 11.3 熱を仕事に変換するサイクル過程の模式図. 高温系 H から流れ出す熱 Q_H を外部系 e への仕事 W_e に変換し, 余った熱 Q_L を低温系 L に捨てる.

$$\eta_{Q \to W} = 1 - \frac{Q_L}{Q_H} \tag{11.7}$$

であるから, Q_L/Q_H の下限を求めれば $\eta_{Q \to W}$ の上限が求まる.

問題 11.1 何か熱機関を自分で考えてみよ.

11.4.2 高温系・低温系が熱浴である場合

熱機関の簡単な場合として, H, L がともに熱浴であるときを考える (一般の場合は 11.4.3 項). それぞれの温度を T_H, T_L として, Clausius の不等式 (11.1) を熱の向きに注意して適用すれば,

$$\frac{Q_H}{T_H} - \frac{Q_L}{T_L} \leq 0. \tag{11.8}$$

したがって, $Q_L/Q_H \geq T_L/T_H$. これを (11.7) に入れれば, 直ちに次の定理を得る (11.4.3 項の一般の場合の議論をふまえた表現にしてある):

定理 11.2 熱機関の効率: 高温系 H から低温系 L への熱の移動を外部系への仕事に変換するサイクル過程の変換効率 $\eta_{Q \to W}$ は, H の (一番熱かったときの) 温度を T_H, L の (一番冷たかったときの) 温度を T_L として, 次の不等式を満たす:

$$\eta_{Q \to W} \leq 1 - \frac{T_L}{T_H}. \tag{11.9}$$

特に, 熱機関にとって準静的な過程で, H, L が熱浴で, 熱をやりとりするとき熱機関と熱浴の温度が等しいならば, 等号が成り立つ.

つまり，どんな物質を使っても，どんな工夫をしても，右辺の上限値を超えることはできないのである！　そして，T_H が有限であることと，$T_L \to 0$ の熱浴は 14.7.4 項で示すように事実上不可能であることから，$\eta_{Q \to W}$ は 1 には達しない．つまり，**熱を仕事に変換するサイクル過程の変換効率は決して100% には届かないのである！**

一方，前節で，逆向きに変換するサイクル過程の効率は容易に 100% になることを見た．したがって，同じエネルギー移動の形態でも，仕事と熱とでは，その「使い勝手」が違う．**熱は使い勝手が悪いエネルギー移動の仕方なのだ**．だから，**エネルギーを蓄えるときは，直接に仕事として取り出せる形で蓄えておく方がよい**．たとえば，（スペースなどの実用上の問題を抜きにすれば）水を温めておくよりも，くみ上げておく方が良いのである．

また，**効率の上限が，熱機関の仕組みや材料とは無関係に，高温系と低温系の温度だけで決まる**ということも上記の定理は主張している．この主張がいかにすさまじい主張であるか，読者は感じ取っていただけるだろうか？　もしも，個別の熱機関についてその最大効率を調べるのであれば，たとえば，部品が理想的に（完璧に設計図どおりに）加工できたらどうなるだろうと[5]，スーパーコンピュータでも使って大がかりなシミュレーションをして調べることになろう．しかし，それでわかるのは，その設計図に描かれた（構造と材料の）熱機関のことだけであり，他の熱機関については何もわからない．ところが，熱力学を用いると，あらゆる熱機関をすべて調べ上げたとしても上記の効率を超えるものは決して存在しえない，ということがいきなりわかってしまうのだ！

これは，実用上も大きな意味を持つ．原理的限界が判れば，「そこまではいけるはずだ」ということで到達目標になる．また，ほとんど原理的限界に近いものが作れたとしたら，それ以上その方向で努力しても無駄なこともわかる．それ以上の効率を得たければ，上記の限界を導く際の議論のどこかが成り立たないような状況を考えるしかないわけだ．そうした発想から，画期的な発明への道が開けることもあるかもしれない[6]．

---

5)　多くの場合，いくら良い機械を設計しても，完全にその通りに加工することはほとんど不可能なので，実際の性能は本来の値よりも落ちる．だから，最大効率を調べるためには，机上計算とかシミュレーションに頼るのが普通である．

6)　♠筆者は，様々な原理的限界を求めるのが好きだが，とかく原理的限界を示されると，「そこまでしかいかないのか」とがっかりする人が多くて困る．そうではなくて，「画期的なことをするには，原理的限界を示すときに設定した状況の外に出ればよい」という重要

　なお，上記の定理の後半で最大の効率を達成できる条件を述べているが，それは定理 11.1 の等号が成り立つ条件から来ており，物理的にはこういうことである：

1) 各々の系にとって準静的な過程にすれば，たとえば定理 10.4 (p.177) のような，余分なエントロピーの上昇が抑えられる．

2) 系と熱浴の温度を常に一致させれば，例 10.3 (p.185) のような理由でエントロピーが上昇することもない．

3) 途中で H が冷めて L が温まると効率は明らかに落ちるが，熱を交換する相手を熱浴にすればそういうこともない．

逆に言えば，これらの条件のいずれかが満たされていない場合には，最大の効率が達成できないだろうと予想できる．そのことを，1)，2) については 11.4.4 項で，3) については 11.4.3 項の最後に論ずる．

　一方，定理の「熱を仕事に変換する」「サイクル過程」という 2 つの設定のいずれかから外れた場合には，当然ながら (11.9) の制限はかからなくなるので，効率はもっと上がりうる．たとえば，くみ上げておいた水を使っても，熱以外のエネルギー源と熱源を併用しても，(11.9) を上回る効率が達成できる．

問題 11.2　(11.1) だけを見て，上記の定理を自分で導いてみよ．

11.4.3 ♠ 高温系・低温系が一般の場合

　前項では，H, L が熱浴と見なせると仮定した．しかし，蒸気機関のような実際の熱機関では，特に H は平衡状態とはほど遠い状態で動作している．そこで本項では，H, L が熱浴とは限らない一般の（ただし過度の複雑化をさけるため単純系の）場合について定理 11.2 を証明しておく．

　11.1 節に述べた理由で，最初と最後は全系が平衡状態にあるときに選ぶべきだ．すると，図 11.3 の過程は次のように記述できる：

(i) 最初，熱機関本体 R，高温系 H，低温系 L，外部系 e はそれぞれ平衡状態にあり，それぞれのエントロピーの値は S_R, $S_H(U_H)$, $S_L(U_L)$, S_e だったとする．ここで，U_H, U_L はそれぞれ，このときの H, L のエネルギーであ

なヒントのつもりなのだが…．

る．エントロピーの自然な変数のうち，以下のサイクル過程の最初と最後（途中は別だが）で変化するのは U_H, U_L だけであるケースを考えることにして，他の変数は引数から省いた．$S_H(U_H)$, $S_L(U_L)$ の微係数 $1/T_H(U_H)$, $1/T_L(U_L)$ が逆温度であるが，この時点では H と L は熱の移動が起こらないように隔てられており，H の方が高温だった：$T_H(U_H) > T_L(U_L)$.

(ii) R を介して，H から L へと熱の移動を生じさせ，それを利用して e に仕事をする．この間は，どの系も一般には非平衡状態になる．e にも熱が流れてしまうと仕事への変換効率は下がるだけだから，最大効率を求めるために，e との間を断熱して熱の移動がないようにした場合を考える．

(iii) 何サイクル繰り返した後でもいいので，R が (i) のときと同じ平衡状態に向かうところで動作を止める[7]．そしてすべての系が平衡状態になるまで待つ．(i) の状態からこの平衡状態になるまでの間に，H から R へ流れた熱の総量を Q_H，e になされた仕事の総量を W_e とする．すると，平衡状態になった後の H, L のエントロピーは $S_H(U_H - Q_H)$, $S_L(U_L + Q_H - W_e)$ になる．このときの e のエントロピーを $S_e + \Delta S_e$ としよう．もちろん，R のエントロピーの値は (i) と同じ S_R である．また，このときの H の温度は $T_H(U_H - Q_H)$ であるが，$U_H - Q_H < U_H$ であるから，$T_H(U_H - Q_H) \leq T_H(U_H)$ であり，(i) における温度よりも下がっている（温度低下の大きさは，熱浴であれば無視できるほど小さいが，一般の場合には無視できない）．だから，**$T_H(U_H)$ というのは，H が一番熱かったときの温度である**[8]．同様に，**$T_L(U_L)$ というのは，L が一番冷たかったときの温度である**．

エントロピー増大則を用いれば，この過程の効率の上限が次のように求まる．R, H, L, e を併せた系は孤立していると見なせる．なぜなら，もしも H, L, e とエネルギーなどのやりとりをする別の系があるならば，それも H, L, e それぞれに含めれば良いからだ[9]．したがって，エントロピー増大則より，

---

7) たとえば，L が大気だとすれば，T_L は最初と最後で同じ値だとみなせる（14.3.1 項参照）ので，(i) と (iii) において R を L にくっつけておけばよい．

8) 逆に言えば，状態 (i) としては H が一番熱かったときを採用しないといけない．

9) ♠H を熱くするために燃やす燃料のタンクを H に含めようとすると，H と燃料タンクの温度が違ってしまって困りそうに見えるが，その場合には，燃料タンクが最後の一滴を H に供給し終わって空になり，H がそれを燃やして熱くなった直後を (i) にとればよい．

(iii) におけるエントロピーは (i) のそれより増加している：

$$S_R + S_H(U_H - Q_H) + S_L(U_L + Q_H - W_e) + S_e + \Delta S_e$$
$$\geq S_R + S_H(U_H) + S_L(U_L) + S_e. \tag{11.10}$$

移項して整理すれば，

$$S_H(U_H - Q_H) - S_H(U_H) + S_L(U_L + Q_H - W_e) - S_L(U_L) + \Delta S_e \geq 0. \tag{11.11}$$

ここで，グラフを書けば明らかな（下の問題参照），次の定理に注目する：

数学の定理 11.1 上に凸な関数は，どこで接線を引いてもそれより下になる．すなわち，区間 I で $f(x)$ が上に凸なとき，I の任意の点 x と内点 x_0 について，$f(x_0) + (x - x_0)f'(x_0 \pm 0) \geq f(x)$. つまり，

$$(x - x_0)f'(x_0 \pm 0) \geq f(x) - f(x_0). \tag{11.12}$$

これを (11.11) の左辺に用いれば，

$$\frac{-Q_H}{T_H(U_H)} + \frac{Q_H - W_e}{T_L(U_L)} + \Delta S_e \geq (11.11) \text{ の左辺} \geq 0. \tag{11.13}$$

簡単のため，$T_H(U_H), T_L(U_L)$ を単に T_H, T_L と書こう．これらはそれぞれ，H の最初の（一番熱かったときの）温度と L の最初の（一番冷たかったときの）温度である．上式に T_L/Q_H をかけて (11.5) を用いると，

$$\eta_{Q \to W} \leq 1 - \frac{T_L}{T_H} + \frac{T_L \Delta S_e}{Q_H}. \tag{11.14}$$

ここで，右辺の ΔS_e は，e が R，H，L とは断熱されているから負にはならない（p.177 定理 10.4）．一方，ある e について効率 $\eta_{Q \to W}$ が達成できたら，同じ「手応え」をもつ可逆仕事源（それだと $\Delta S_e = 0$ になる）に e を変えても同じ効率を持つはずである．したがって，右辺の ΔS_e をゼロにしても正しい不等式であり，それは上記のものよりも厳しい不等式になる．不等式は厳しいほど意味があるので，それを定理として採用したのが定理 11.2 である．

準静的過程についてしか分析していなかったり，H, L, e について特殊な仮定をして分析している教科書もよく見かけるが，本書で証明したように，実際

には定理 11.2 はもっと一般の場合にも成り立つ結果なのである.

　こうして, 不等式 (11.9) の T_H は H が一番熱かったときの温度で, T_L は L が一番冷たかったときの温度だとわかった. 平均的には H はもっと低温だし, L はもっと高温だ. そのことから容易に想像できるのは, H や L の温度が変わってしまうようでは, 効率の上限は (11.9) よりもっと小さな値で抑えられそうだ, ということだ (不等式だからどちらも正しい). 実際そうなることは, たとえば H や L にとって準静的な過程であれば具体的に確認することができるので, 読者が計算してみるとよいだろう.

問題 11.3 数学の定理 11.1 を, グラフを描いて納得せよ.

11.4.4 ♠♠ 効率とパワーのトレードオフ

　11.4.2 項の最後に書いた条件のうち, 3) は満たされているとして, 1), 2) の条件が満たされていない場合に, $\eta_{Q \to W}$ がその最大値

$$\eta_{\max} \equiv 1 - T_L/T_H \tag{11.15}$$

になるような熱機関はありうるのだろうか?　条件 1), 2) を満たせるようにする自明な設定は, 動作を無限にゆっくりにすることだ. すると, 運転時間 τ_{op} が無限に長くなる. 一方, 熱機関にさせたい仕事量 W は, たとえば東京から長野まで乗客 100 人を運ぶなどと, 決まっているだろう. したがって, $\tau_{op} \to \infty$ では, 熱機関から単位時間あたりに取り出せる平均パワー (仕事率)

$$\mathcal{P} \equiv W/\tau_{op} \tag{11.16}$$

がゼロになってしまい, 役に立たない熱機関になってしまう. そこで, 次の疑問が湧く:**熱機関にさせたい仕事量 W を固定したとき, τ_{op} が有限の範囲で (つまり $\mathcal{P} > 0$ で), $\eta_{Q \to W}$ は $\eta_{\max}$ にどこまで近づけるのか?**　ここでは, マクロな理論である熱力学だけを使ってこの問題に迫ってみる. より一般的で詳細な議論は, ミクロな理論を用いた文献[10]を見ていただきたい.

　条件 3) は満たされているとする. それでも, 条件 1), 2) が満たされていないと, 余分なエントロピーの増加が生じる. それを $\Delta S'$ (≥ 0) としよう. 全系のエントロピーは増加するから, R がもとの状態に戻るためには, この増

---

10)　N. Shiraishi, K. Saito, H. Tasaki, Phys. Rev. Lett. **117** (2016) 190601.

加分も，すべて熱浴のエントロピー増加に押しつけなければならない．ゆえに，

$$Q_L/T_L - Q_H/T_H = \Delta S' \geq 0. \tag{11.17}$$

これを整理すると，

$$\eta_{\max} - \eta_{Q \to W} = \frac{T_L}{Q_H} \Delta S' \geq 0. \tag{11.18}$$

$T_L > 0$ であるから，この式より，**最大効率を達成するためには $\Delta S'/Q_H = 0$ にする必要がある**とわかる．このことと τ_{op} の関係を考えればよい．

　まず，条件 1) についてだが，たとえば R と外部系 e の間の仕事のやりとりが断熱の力学過程である場合，定理 10.4 (p.177) により，R にとって準静的であれば $\Delta S' = 0$ にできる．R が平衡状態へ緩和する時間は有限だから，τ_{op} をそれより十分に長くしさえすれば，有限の τ_{op} でもこれは達成できる．したがって，条件 1) を要求することが，有限の τ_{op} で $\eta_{Q \to W} = \eta_{\max}$ を達成する障害になるとは，直ちには言えない．

　では，条件 2) はどうか？ それを考えるために，R が熱浴と熱を交換する時間スケールが，R の平衡への緩和時間よりも長く，R にとって準静的だというケースを考えてみる[11]．その場合，R の温度 T が T_i $(i = H, L)$ と大きく異なったら，例 10.3 (p.185) で示したように，$\Delta S' > 0$ となり，$\eta_{Q \to W} = \eta_{\max}$ は達成できない．そこで，$|T - T_i|$ は微小にする必要がある．もちろん，完全に $|T - T_i| = 0$ では R と熱浴の間を流れる熱流 J_i はゼロになって，$\tau_{op} \to \infty$ になってしまうから，τ_{op} を有限にするためには，微小な温度差 ϵ が要る．そのときは，p.187 の補足で述べたように，流れる熱の総量は $Q_i = O(\epsilon)\tau_{op}$ である一方，$\Delta S' = O(\epsilon^2)\tau_{op}$ である．ところで，熱機関にさせたい仕事の量 W は決まっている（それをいま固定して考えている）ので，$W = O(\epsilon^0)$ が必要であり，それと $Q_H \geq W$ から $Q_H \geq O(\epsilon^0)$ も必要．したがって，$\tau_{op} \geq 1/O(\epsilon)$ となる．これらを (11.18) に代入して，

$$\eta_{\max} - \eta_{Q \to W} \geq O(\mathcal{P}) \tag{11.19}$$

を得る．これから，$\eta_{Q \to W} \to \eta_{\max}$ と近づけるにつれて，$\mathcal{P} \to 0$ になってし

---

11)　熱浴と熱接触していない間は，R は激しい非平衡になってもかまわないが，それだと条件 1) が満たされないので $\Delta S' \geq 0$ をもたらし，効率が落ちることはあっても上がることはない．

まうことがわかる.

このように, **最大効率と有限パワーは両立しない**. このことは, 上記の場合よりも一般に言えるが, それについては冒頭の文献を参照されたい.

11.5 熱を低温系から高温系へと流す

10.3 節の結果は, 熱が高温側から低温側に流れることを主張しているが, それは, 単に透熱壁を介して 2 つの系を熱接触させた場合のことだと明記してある. この前提が崩れれば, 熱を逆向きに流すことも可能になる. それをこの節で調べよう.

11.5.1 簡単な例

まず, そういうことが可能であることを納得してもらうために, サイクル過程にはなっていないのだが, 簡単な例を挙げよう:

例 11.2 低温系 L と高温系 H が, 図 11.4 のように, 断熱壁を介して並んでいる. これとは別に, 気体の入ったピストン付きシリンダー R を用意する. 周りの大気と L, H, R の間は断熱されているとする.

(i) 図の (a) のように, R を L にくっつけておいて, 全系が平衡になるまで待つ. 平衡になった後の L, H の温度を T_L, T_H ($T_L < T_H$) とする.

(ii) 図の (b) のように, R のピストンを引いて気体の体積を増す. すると気体の温度が下がる (下の問題参照) ので, L から熱が流れ込む. そのまま全系が平衡になるまで待つ. このとき外力がした仕事を W', L から R に移動した熱を Q_L とする.

(iii) 図の (c) のように, R を L から離して, ピストンを押して気体の体積を縮める. すると気体の温度が上がる (下の問題参照) が, 温度が T_H より高くなるまで縮める. このとき外力がした仕事を W'' とする.

(iv) 図の (d) のように R を H にくっつける. すると, 気体の方が温度が高いので, 熱が H に流れ込む. このとき R から H に移動した熱を Q_H とする.

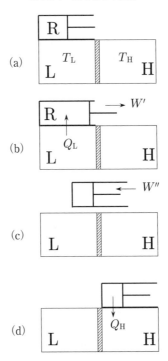

図 11.4 低温系から高温系へ熱を移動させる手順の一例. 斜線部は断熱壁. どの壁も物質を通さない堅い壁とする.

以上のようにして，L から熱 Q_L が奪われ，H には熱 Q_H が流れ込むので，結局，熱が L から H に移動したことになる．外部系に仕事（総計 $W = W' + W''$）をさせることにより 10.3 節の定理の条件を破り，$T_\mathrm{L} < T_\mathrm{H}$ にもかかわらず熱を L から H に移動できたのである．■

問題 11.4 以上の過程を，1 成分理想気体の基本関係式を用いて納得するまで解析せよ.

11.5.2 冷蔵庫やクーラーの効率

上の例でわかるように，外部系に仕事をさせれば，熱を低温側から高温側に移動できる．これをサイクル過程として行う典型例が冷蔵庫で，電力で仕事 W をすることによって，低温系（冷蔵庫内部）から高温系（室内）に熱を移

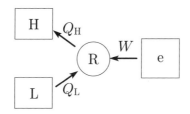

図 11.5 仕事を利用して低温系 L から高温系 H へと熱を移動させる
サイクル過程の模式図.

動させている. クーラーも同様で, その場合は低温系が室内で, 高温系は戸外
になる.

このような場合,「冷やす」という目的のために支払ったコストは総仕事量
W で, 成果の大きさは低温系から移動できた熱の総量 Q_L だから, このとき
の冷蔵庫やクーラーの効率, すなわち**冷却効率** $\eta_冷$ としては,

$$\eta_冷 \equiv Q_L/W \tag{11.20}$$

を採用するのが適切である.

冷蔵庫やクーラーの具体的な仕組みはいろいろあるだろうし, 用いる物質の
選び方や量にも様々な選択肢がある. しかし, 外部系 e がなす仕事 W を利用
して低温系 L から高温系 H へと熱を流すという限りは, いずれも図 11.5 のよ
うな模式図に当てはまる. このときもエネルギー保存則より (11.6) が成り立
つので, W を消去して $\eta_冷$ の定義式に代入すれば,

$$\eta_冷 = \frac{Q_L}{Q_H - Q_L} = \frac{1}{Q_H/Q_L - 1} \tag{11.21}$$

となる. したがって, $\eta_冷$ の上限を求めるには, Q_H/Q_L の下限を求めればよ
いことがわかる. なお, 熱が流れる向きを求めた 10.3 節の議論と大きく違う
ところは, 仕事が成されることと, 最後の状態における H と L の温度が異な
ることである.

11.5.3 高温系・低温系が熱浴である場合

簡単な場合として, H, L がともに熱浴であるケースを考えよう (一般の場
合は 11.5.5 項で述べる). それぞれの温度を T_H, T_L として, Clausius の不等
式 (11.1) を熱の向きに注意して適用すれば,

$$\frac{Q_\mathrm{L}}{T_\mathrm{L}} - \frac{Q_\mathrm{H}}{T_\mathrm{H}} \leq 0. \tag{11.22}$$

これを変形した $Q_\mathrm{H}/Q_\mathrm{L} \geq T_\mathrm{H}/T_\mathrm{L}$ を (11.21) に入れれば，直ちに次の定理を得る（11.5.5 項の一般の場合の結論をふまえた表現にしてある）：

定理 11.3　外部系がなす仕事を利用して低温系 L から高温系 H へと熱を移動するサイクル過程の冷却効率 $\eta_{冷}$ は，H の（一番冷たかったときの）温度を T_H，L の（一番熱かったときの）温度を T_L として，次の不等式を満たす：

$$\eta_{冷} \leq \frac{T_\mathrm{L}}{T_\mathrm{H} - T_\mathrm{L}} = \frac{1}{T_\mathrm{H}/T_\mathrm{L} - 1}. \tag{11.23}$$

特に，冷却器にとって準静的な過程で，H, L が熱浴で，熱をやりとりするとき冷却器と熱浴の温度が等しいならば，等号が成り立つ.

つまり，**どんな物質を使っても，どんな工夫をしても，右辺の上限値を超えることはできないのである！**

　ただし，$\eta_{Q \to W}$ とは違って，**この上限値は容易に 1 より大きくなる**. $0 < T_\mathrm{L} < T_\mathrm{H} < +\infty$ だけ守ればよいから，たとえば $T_\mathrm{H}/T_\mathrm{L} = 1.5$ なら上限は 2 になる. このように，**熱を高温側に向けて移動させるのに要する仕事は，移動させる熱よりも少なくてすむのである！**　その理由は次のように説明できる：仕事で手助けしてやらないと，全系のエントロピーが減少してしまうために，熱は高温側へ向かっては移動しない. ところで，11.4.2 項で述べたように，熱の移動は，仕事には 100 % は変換できないという，使い勝手が悪いエネルギー移動の形態であった. 今の場合は，その使い勝手の悪い形態で構わないから，とにかくエネルギーを移動させればよい. このため，わずかに手助けするだけで，（全系のエネルギーが上昇するために）全系のエントロピーが増加に転じ，熱を高温側へ移動できる. 仕事は全系のエントロピー変化を正にすることだけに使えば良いのであり，移動させた熱の量よりも少ない仕事で足りる.

問題 11.5　(11.1) だけを見て，上記の定理を自分で導いてみよ.

問題 11.6　部屋の温度 T が最初は外気温 T_0 と同じ 32℃ であったとする.

エアコンをつけて部屋の温度を下げるとき，その冷却効率 $\eta_冷$ の理論上の最大値を，次の3つのケースについて求めよ.

 (i) エアコンをつけた直後の，$T = T_0$ のとき.

 (ii) $T = 27°\mathrm{C}$ まで下がったとき.

 (iii) $T = 22°\mathrm{C}$ まで下がったとき.

これから，エアコンの温度設定のわずかな差が，いかに大きく消費電力量を左右するか考えよ．（暑いときは薄着をしましょう！）

11.5.4 ヒートポンプの効率

 クーラーは，室内機から吸った室内の熱を，外に設置した室外機から捨てる．もしも室内機と室外機を交換したら，熱は戸外から室内へと運ばれることになる．これを夏にやったら悲惨だが，冬であれば室内を暖める暖房になる！このような仕組みの暖房機を**ヒートポンプ** (heat pump) と呼ぶ．最近のエアコンの多くは，クーラーとして動作するかヒートポンプとして動作するかをスイッチひとつで切り替えられるようになっている.

 ヒートポンプの場合は，室内を暖めるという目的のために支払ったコストは外部系のした仕事の総量 W で，成果の大きさは室内（高温系）に流れ込んだ熱の総量 Q_H だから，ヒートポンプの効率，すなわち**暖房効率** $\eta_暖$ としては，

$$\eta_暖 \equiv Q_\mathrm{H}/W \tag{11.24}$$

を採用するのが適切である．**同じエアコンでも，冷房のときとは目的が違うので，効率の定義が $\eta_冷$ とは異なる**ことに注意しよう.

 この場合も図 11.5 (p.203) の模式図に当てはまるので，前項と違うのは効率の定義だけである．効率の定義を比べて (11.6) を用いれば，

$$\eta_暖 = \frac{Q_\mathrm{H}}{W} = 1 + \frac{Q_\mathrm{L}}{W} = 1 + \eta_冷 \tag{11.25}$$

を得る．Q_H には W も加わるので，その分だけ冷房時よりも効率が良くなるわけだ．これから次の定理を得る（11.5.5 項の一般の場合の議論をふまえた表現にしてある）：

定理 11.4 外部系がなす仕事を利用して低温系 L から高温系 H へと熱

を移動するヒートポンプの暖房効率 $\eta_{\text{暖}}$ は，L の（一番熱かったときの）温度を T_{L}，H の（一番冷たかったときの）温度を T_{H} として，次の不等式を満たす：

$$\eta_{\text{暖}} \leq \frac{T_{\text{H}}}{T_{\text{H}} - T_{\text{L}}} = \frac{1}{1 - T_{\text{L}}/T_{\text{H}}}. \tag{11.26}$$

特に，ヒートポンプにとって準静的な過程で，H, L が熱浴で，熱をやりとりするときヒートポンプと熱浴の温度が等しいならば，等号が成り立つ．

$0 < T_{\text{L}} < T_{\text{H}} < +\infty$ だから，右辺は必ず 1 より大きい．仕事は，熱を室外から運んでくるための補助として使うだけな上にその仕事も熱に変換して利用できるので，**使った仕事よりも多くの熱を運んで来られるのである**．

　これに対して，電熱器では，使った仕事[12]をそのまま熱に変えるだけである．したがって $Q_{\text{H}} = W$ であり，$\eta_{\text{暖}} = 1$ にしかならない．このように，ヒートポンプの方が電熱器よりも熱力学をうまく使って効率良く暖房しているのである．最近は，住宅用の湯沸かし器にもヒートポンプを使った機器が売り出され，省エネになることから注目されている．

問題 11.7　本書で定義した $\eta_{\text{冷}}, \eta_{\text{暖}}$ を，それぞれ $T_{\text{H}}, T_{\text{L}}$ の典型的な値において計測した値が，エアコンの「エネルギー効率」として，エアコンのカタログなどに載っている．電気店に置いてあるカタログや，自宅のエアコンの取り扱い説明書や，電機メーカーのホームページなどで，何機種かのエアコンの効率がいくらになっているか調べてみよ．

11.5.5　♠ 高温系・低温系が一般の場合

　11.5.2 項と 11.5.4 項では，H, L が熱浴と見なせると仮定した．本項では，H, L が熱浴とは限らない一般の場合について定理 11.3 と定理 11.4 を証明しておく．

　図 11.5 は図 11.3 とそっくりで，違いは，L, H が入れ替わっているのと，$W_{\text{e}} = -W$ という点だけである．したがって，(11.13) の L, H を入れ替えて

---

12)　**電力**は，荷電粒子（たいていの物質中では電子）が流れることによる（単位時間あたりの）仕事である．

W_e を $-W$ に変えた次式が成り立つ：

$$\frac{-Q_L}{T_L(U_L)} + \frac{Q_L + W}{T_H(U_H)} + \Delta S_e \geq 0. \tag{11.27}$$

簡単のため，$T_H(U_H), T_L(U_L)$ を単に T_H, T_L と書いて，(11.20) を用いると，

$$\eta_\text{冷} \leq \frac{T_L}{T_H - T_L} + \frac{T_H T_L}{(T_H - T_L)W}\Delta S_e. \tag{11.28}$$

ここで，右辺の ΔS_e は，e が H, L とは断熱されているから，負にはならない．一方，ある e について効率 $\eta_\text{冷}$ が達成できたら，同じ動きをする可逆仕事源（それだと $\Delta S_e = 0$ になる）に e を変えても同じ効率を持つはずである．したがって，右辺の ΔS_e をゼロにしても正しい不等式であり，それは上記のものよりも厳しい（したがって，より意味のある）不等式になる．こうして定理 11.3 を得る．

ヒートポンプの場合も同様で，(11.27) が成り立つので，$T_H(U_H), T_L(U_L)$ を単に T_H, T_L と書いて，(11.24) を用いると，

$$\eta_\text{暖} \leq \frac{T_H}{T_H - T_L} + \frac{T_H T_L}{(T_H - T_L)W}\Delta S_e. \tag{11.29}$$

ここで，上記と同様の理由で右辺の ΔS_e をゼロとおけば，定理 11.4 を得る．

11.6 関連する事項

以上のように，マクロ系に働きかける様々な機械の効率の原理的な上限値が，熱力学を用いればたちどころに求まってしまう．その具体的な求め方も以上で説明したことから十分わかったと思う．一方，同じ結果を，いわゆる「Carnot サイクル」や「永久機関」を出発点にして導き出す本も多い．本書の論理構成の方が簡単だしわかりやすいと思うが，他の文献を読むときの便利のために，これらの事項にも触れておこう．

11.6.1 Carnot サイクル

図 11.3 (p.194) で表されるサイクル過程のうちで，H, L が熱浴であって，図 11.6 に図示したステップを繰り返すような準静的過程を，**Carnot**（カルノー）**サイクル**と呼ぶ[13]．すなわち，次のように準静的等温過程と準静的断熱過程

13) ただし，Carnot サイクルには様々なバージョンがあり，そのうちのどこまでを Carnot サイクルと呼ぶのかは，文献によってまちまちである．本書では平均的なとこ

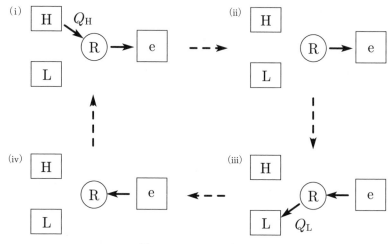

図 11.6 Carnot サイクル.

を交互に繰り返す過程のことである:

(i)　（図の左上）熱機関本体 R を高温熱浴 H に接触させることにより，R（の中の気体など）を膨張させてゆっくりと e に対して仕事をさせる．H は熱浴であるから，この間 R の温度は一定値 T_H に保たれる．すなわち，これは<u>準静的等温膨張過程</u> である．そして，R が適当な大きさの体積 V_1 にまで膨張したところで，次のステップに移る．

(ii)　（右上）R を H から離し，e に対してはそのままゆっくりと仕事をさせ続ける．この間，R は H, L, e のいずれとも断熱されているから，これは<u>準静的断熱膨張過程</u> であり，R は冷えてゆく．R の温度がちょうど L の温度 T_L まで下がったところ（そのときの R の体積を V_2 とする）で次のステップに移る．

(iii)　（右下）R を低温熱浴 L に接触させつつ，e にゆっくりと仕事をさせることにより，R を圧縮する．この間 R の温度は一定値 T_L に保たれるので，これは<u>準静的等温圧縮過程</u> である．そして，R が適当な大きさの体積 V_3 まで圧縮されたところで，次のステップに移る．

ろを選んだ．

(iv) （左下）R を L から離し，e にはそのままゆっくりと圧縮の仕事をさせ
続ける．この間，R は H, L, e のいずれとも断熱されているから，これは
準静的断熱圧縮過程 であり，R は熱くなってゆく．R の温度がちょうど
H の温度 T_H まで上がったところ（そのときの R の体積を V_0 とする）で
ステップ (i) に戻る．

このくりかえしの 1 巡目では，ステップ (iv) が終わったときの R（の中の
気体など）の体積 V_0 は，(i) を始めたときの最初の体積とは違うかもしれな
い．しかし，2 巡目以降は，V_0 は (i) における最初の体積そのものである．だ
から，2 巡目以降は毎回，(i) の最初の状態の T, V, N が同じになる．13.4 節
で説明するように，その T, V, N のところでちょうど「相転移」が起こるよう
な物質を R に用いない限りは，（U, V, N でなくても）T, V, N で平衡状態が一
意的に定まる．したがって，R は毎回元の平衡状態に戻るわけで，2 巡目以降
はサイクル過程になっている．

Carnot サイクルは，定理 11.2 (p.194) の等号が成り立つ条件を満たしてい
るので，$\eta_{Q \to W} = 1 - T_L/T_H$ という**最大の効率を達成する熱機関になってい
る**．しかし，定理の条件さえ満たされれば Carnot サイクルでなくても最大効
率を達成できるから，図 11.6 のようなサイクルが他に比べて特別すぐれてい
るわけではない．実際，他のサイクルと同様に，素早く動作させると条件が満
たされなくなって効率が下がる．

問題 11.8 R が理想気体の入ったシリンダーであるとして，以上の過程を分
析せよ．

11.6.2 永久機関

エネルギーの供給なしに，外部系に永久に仕事をし続ける夢の機関を**第一種
永久機関**と呼ぶ．これはエネルギー保存則に反するので，明らかに不可能であ
る．

では，次のような機関はどうか？　周りの環境（たとえば大気）からエネル
ギーを熱として取り出し，それを使って外部系に仕事を行う．これならエネル
ギー保存則には反しない．環境に含まれる物質の量は莫大なので，半永久的に
仕事ができるのではないか？

この種の議論をするときには，「周りの環境」として，どのような性質を持

つ系を想定しどのように使うかをはっきりさせないと結論もあいまいになってしまう. ここでは，次のような機関を考えよう：

定義：第二種永久機関

サイクル過程で外部系に正の仕事 $W_e\,(>0)$ をし，その間に熱を交換する相手の外部系 $e_1, e_2, \cdots$ がすべて熱浴であり，しかも，それぞれから受け取る熱の総量 $Q_1, Q_2, \cdots$ がどれも非負であるような機関を，**第二種永久機関**と呼ぶ.

このような永久機関も存在しえない. なぜなら，$Q_1, Q_2, \cdots$ がどれも非負であれば，Clausius の不等式 (11.1) を満たすためには $Q_1 = Q_2 = \cdots = 0$ しかありえない. ところが，エネルギー保存則から $W_e = \sum_i Q_i$ であるから，これは $W_e = 0$ を意味し，$W_e > 0$ という仮定に反する. よって，

定理 11.5 第二種永久機関は不可能である.

しばしば，この定理を**熱力学第二法則**の表現として採用することがあるが，その場合には「第二種永久機関」の内容を上記のようにきちんと定義しておく必要がある. しかし，上記の定義はたくさん条件が付いていていかにも長々しい. やはり，基本的かつ明確なのは，10.3 節の定理のような表現であろう.

　なお，くりかえしになるが，本書の論理構成では，**熱力学第二法則の今までに示したどの表現も，要請 I, II から導ける定理にすぎない**.

11.6.3 ♠ 摩擦熱・ジュール熱

「物をこすると**摩擦熱**が発生する」とか「抵抗に電流を流すと**ジュール熱**が発生する」という言い方をすることがある. しかし，実際に起こっていることは，系に対して，こするとか電流を流すということによって**仕事をし**，その結果，系のエネルギーが上昇しているということであり，ここまでの段階では**熱の移動はない**.

　ではなぜ「熱が発生する」という言い方をするかというと，こういう意味である. たとえば，抵抗に電流を流してから電流を流すのをやめると速やかに平衡状態に落ち着くが，その抵抗の平衡状態は，電流を流す前の状態に比べて，

エネルギーが増して温度が上昇している．ところが，こうなってしまうと，このエネルギー上昇分を外部系に対する仕事として取り出そうとしても，熱くなった抵抗を高温系（いわゆる「熱源」）として熱機関を組むしかない．したがって，100% の効率で仕事として取り出すことは（サイクル過程では）もはや不可能である．つまり，抵抗に電流を流すということによってなした仕事が，もはや熱という使い勝手の悪いエネルギーとしてしか取り出せなくなってしまったのである．

「抵抗に電流を流すとジュール熱が発生する」というのは，こういう意味だと思えば，正しい言い方とみなせる．「ものをこすると摩擦熱が発生する」も同様である．ただし，この言葉を口にする人が皆，そういう意味で言っているかどうかは，筆者は知らない．

11.7 遷移に関する予言能力について

ある平衡状態からどんな平衡状態へと遷移するかという問に対して，熱力学が答えられることは，

(i) こんな平衡状態には絶対に遷移できないという禁止則を示す．

(ii) 適当な条件が満たされる場合に，どんな平衡状態へと遷移するかを予言する．

という 2 種類に大別できる．

前章と本章で議論した，エントロピー増大則から導かれる様々な結論は，主として「こういうことは不可能である」「これが限界だ」というような内容であった．これは，普遍的な不可能性と限界を言っている．このような普遍的な結論を導いたエントロピー増大則は，内容的には「こんな平衡状態には遷移できない」と言う「禁止則」である．このように，**熱力学が「こんな遷移は不可能である」と言うときには，それは 100% できない普遍的な結果である**．これが上記の (i) の内容である．これは (ii) に比べて力強いので，しばしばこれこそが熱力学の本質だと語られることすらある．

一方，7.8.1 項で説明したように，準静的過程であるとか保存則が使えるなどの適当な条件が満たされる場合には，ある平衡状態からどんな平衡状態へと遷移するかという，平衡状態間遷移が熱力学で予言できる．これが上記の (ii)

の内容であるが，裏を返せば，平衡状態間遷移はいつでも予言できるとは限らないということだ．たとえば，中間の状態の非平衡の度合いが強くて，しかも外力による U の値の変化量がその非平衡状態に依存して変わってしまうようなケースでは，終状態がどんな平衡状態になるかを熱力学だけで予言するのは一般には不可能である．あるいは，完全な容器の中に**断熱可動壁** (adiabatic movable wall) を設け，圧力が異なる気体をその壁の左右に入れた状態を初期状態としたケースも，一般には熱力学だけでは終状態は求まらない．

　このように，「**どんな平衡状態に遷移するか**」という問に対しては，**熱力学は答えられるときもあれば，答えられないときもある**．そのこと自体は，本書の論理体系ではとくに問題ではない[14]．（どんな理論でも，その守備範囲の外に出たら，予言力を失うものである．）それでも予言したいのであれば，熱力学以外の理論も併用することになる．それで予言できるようになることも少なくない．

　ただし，あらゆる理論を総動員しても予言できないこともある，という事実は知っておくべきだ．自然現象の中には，まったく同じ実験条件で同じ実験を行っても，毎回異なる結果が得られる部分がある．これを，（一般的な用語はないので，本書では）**本質的に定まらない部分**と呼ぶことにする．たとえば，無重力の場所で，容器に入った気体を冷やして液化させる実験を行ったら，図3.3 (p.49) の (a) や (b) のような平衡状態が出現するが，これらは明らかにマクロに見て異なる状態である．このうちのどちらの状態が（あるいは別の状態が）実現されるかは，気体の量，最初と最後の温度など，実験の諸条件を完全に同じにしても，実験するたびに異なる[15]．これが「本質的に定まらない部分」である．自然現象を正しく記述する理論は，本質的に定まらない部分については，やはり「定まらない」「予言できない」という結論を出すようなものでなければならない．だから，どんな理論を持ち出しても予言できないし，**予言できてはいけない！**

　一方，3.3.6 項で述べたように，図3.3 の (a) でも (b) でも，液化してできた液体の総量はいつも同じになる．理論に求められるのは，この例の液体の

---

14)　♠♠ 熱力学の公理系に本書の「要請」とは別のセットを採用した場合には，問題になることがある．

15)　♠ ここで言う「実験の諸条件」はマクロな条件を言っている．では，仮にミクロに同じ状態を準備できたとしたらどうなるか？　古典力学では実験結果は同じになるはずだが，物質はミクロには量子論に従っているので，実験結果はやはり確率的にばらつくであろう．

総量のように, **定まっている部分について正しい予言を与える**ことである[16].
熱力学はまさにそうなっており, 液体の位置は予言できないが, 液体の総量に
ついては (17章で示すように) 正しい予言を与えるのである.

---

16) これは, 参考文献 [11] で強調したように, ミクロな自然現象を相手にする量子論でも
　 同様である.

第12章

ルジャンドル変換

　系の熱力学的性質は，系を構成する各単純系の基本関係式 $S = S(U, X_1, X_2, \cdots)$ を知っていればすべて予言できるのであったが，実用上は，これと等価な別の関数を用いた方が便利なことが多い．熱力学にはそのような関数が何種類も出てきて当惑することが多いが，それらはこの章で説明する「ルジャンドル変換」で結びついていて，実質的には同じ関数なのである．なお，ルジャンドル変換を（特異性のある凸関数についても）既に理解している読者は，本書の略記法 (12.8), (12.19) だけ確認して次章に飛んでよい．

12.1　やりたいこと

　$f(x, y, \cdots)$ を凸関数とする．簡単のため，f が連続的微分可能として説明する．x に関する偏微分係数の値を p と書こう：

$$p = \frac{\partial f(x, y, \cdots)}{\partial x}. \tag{12.1}$$

これからやりたいことは，**凸関数 $f(x, y, \cdots)$ から $p, y, \cdots$ の適当な関数 $g(p, y, \cdots)$ を構築し，逆に $g(p, y, \cdots)$ だけ知っていれば $f(x, y, \cdots)$ が再構築できるようにすることである．**

　すぐに思いつくのは，(12.1) を逆に解くことかもしれない．後述のように逆に解ける保証もないのだが，仮に解けたとしてもこれではだめである．すなわち，(12.1) が x について逆に解けて，$x = x(p, y, \cdots)$ のように x が $p, y, \cdots$ の関数として一意的に求まるという幸運な状況であったとしても，この関数 $x(p, y, \cdots)$ は上述の目的のための $g(p, y, \cdots)$ には採用できない．なぜなら，$x(p, y, \cdots)$ だけを知って $f(x, y, \cdots)$ を再構築しようとしてもできないからである．たとえば，

例 12.1　$f(x, y) = x^2 + y^2$ のとき，$p = 2x$ なので逆に解けて $x = p/2$ だから

$$x(p, y) = p/2 \quad (y \text{ には依存しない}) \tag{12.2}$$

となるが, 他方, $f(x, y) = x^2 + 2y^2$ であっても, やはり $p = 2x$ なので同じ $x(p, y)$ を得る. ということは, (12.2) だけを与えられていたとしたら, どちらの $f(x, y)$ が正しいのか (あるいは他の形か) わからない. ∎

このように, 単純に (12.1) を逆に解くのではだめであり, 別の方法が必要になる. それがルジャンドル変換である. 元の凸関数 $f(x, y, \cdots)$ が連続的微分可能な場合はもちろんのこと, たとえ微分できないなどの特異性がある場合でも, **ルジャンドル変換で得られた $g(p, y, \cdots)$ からは, $f(x, y, \cdots)$ が特異性を含めて完全に再構築できる**. 熱力学では, 基本関係式 $S = S(U, V, \cdots)$ や $U = U(S, V, \cdots)$ は連続的微分可能であったから, 特異性のことを気にするのは杞憂に思えるかもしれない. しかし, 次のような理由で, 特異性のある関数が現れるのだ.

詳しくは 13.4 節と 17 章で説明するが, 氷を温めると水になるように, あるいは水を温めると水蒸気になるように, 温めるなどの操作により物質の平衡状態の有様が質的に変わることを, **相転移** (phase transition) と呼ぶ. 相転移が起こるときには, T などの示強変数が, $U, V, \cdots$ のある値の範囲内で, たとえば U に依らずに一定値をとることがある. そうすると, $U = U(S, V, \cdots)$ を S などについてルジャンドル変換した関数に特異性が出てくるのだ! 相転移は, 物理や化学で最も重要な現象のひとつであるが, それを扱うには, 特異性がある関数を相手にすることになるのである. ところが, 熱力学に限らず解析力学・量子力学・場の理論でも, ほとんどの教科書は, 12.2 節のまったく特異性が表れない場合のルジャンドル変換しか説明していない[1]. そこで本書では, **特異性のある一般の凸関数にも通用する**ルジャンドル変換を, 12.3 節以降で詳しく解説する.

---

[1] 筆者の手元には 10 冊以上の熱力学の教科書があるが, ちゃんとしたルジャンドル変換が解説されていたのは, 参考文献 [6] だけだった.

12.2　何回でも微分可能で微係数が強単調な場合

　一般のルジャンドル変換を説明する前に，最も簡単なケースを説明する．すなわち，凸関数 $f(x)$ が，$f(x) = x^4$ のように，何回でも微分可能（C^∞ 級）で，しかも微係数 $f'(x)$ が強単調な場合を説明する．$f'(x)$ が強単調であるから，$f(x)$ が下に凸であれば $f''(x) > 0$ だし，上に凸であれば $f''(x) < 0$ である．高校で習ったことを思い出せば，このような $f(x)$ は平らな（直線の）部分がない凸関数である．熱力学では，相転移が起こらない場合には，このような関数しか現れない．一般の凸関数の場合（相転移が起こりうる場合）の議論は次節以降で行うが，それは少しだけややこしいので，**初学者は，この節の内容だけ理解した後で，(12.7)，(12.11)，(12.28) の一般形である (12.50)，(12.13)，(12.34) を認めてしまって，次章に飛んでよい**．なお，本節の中の「数学の定理」は，一般にも成り立つような表現にしてある．

12.2.1　1 変数の凸関数のルジャンドル変換

　下に凸な関数 $f(x)$ が開区間 $x_\text{inf} < x < x_\text{sup}$ で定義されているとしよう．微係数 $f'(x)$ の下限値を p_inf，上限値を p_sup と記すと，$f'(x)$ は強増加であるから，

$$p_\text{inf} = f'(x_\text{inf} + 0), \ p_\text{sup} = f'(x_\text{sup} - 0). \tag{12.3}$$

さて，$p_\text{inf} < p < p_\text{sup}$ を満たすような実数 p を任意に持ってきたとき，

$$f'(x) = p \tag{12.4}$$

を満たすような x は，$f'(x)$ が連続な強増加関数であるから，$x_\text{inf} < x < x_\text{sup}$ の中に 1 点だけ必ずある．その点を $x(p)$ と書こう．この関数 $x(p)$ は，要するに，$f'(x)$ の逆関数である：

$$x(p) = f'^{-1}(p). \tag{12.5}$$

　この関数 $x(p)$ を用いて，次のような p の関数 $g(p)$ を定義する：

$$g(p) \equiv x(p)p - f(x(p)) \quad (p_\text{inf} < p < p_\text{sup}). \tag{12.6}$$

この式の意味は，「p の値が与えられたとき，$f'(x) = p$ を満たす x の値 $x(p)$

を見つけなさい. その x の値を $xp - f(x)$ に代入した値を $g(p)$ の値と定義します」ということだから, 次のように書いても良い:

$$g(p) \equiv xp - f(x) \ \text{ at } x \text{ such that } f'(x) = p \quad (p_{\text{inf}} < p < p_{\text{sup}}). \quad (12.7)$$

ここで at 以下は, such that（= のような）の意味通りに,「$f'(x) = p$ を満たすような x の値を入れなさい」という意味である. つまり, 雑に言えば **$xp - f(x)$ の値を p で表したものが $g(p)$** なのだが,「p で表す」には x にどんな値を代入するか決めないといけない. それを at 以下で指定しているわけだ. これを左右の微係数が一致しない（特異性のある）場合にまで拡張したのが, 後述の一般式 (12.50) である.

さて, (12.6) と (12.7) のいずれもやや煩雑なので, 本書ではしばしば

$$g(p) = [xp - f(x)](p) \quad (12.8)$$

と略記することにする. この $[\cdots]$ の意味は,「$[\cdots]$ 内の量を, 定められた仕方で p の関数として表す」ということであり, その具体的な内容はもちろん上記の通りである. このように定義した関数 $g(p)$ を, $f(x)$ の**ルジャンドル変換** (Legendre transform) と呼び, $f(x)$ から $g(p)$ を構築することを, $f(x)$ を**ルジャンドル変換する**と言う.

ここまでは $f(x)$ が下に凸の場合の表式を書いてきたが, 上に凸な場合も同様である. ただし, 下に凸なら $f'(x)$ が強増加であったのが, 上に凸だと強減少になるので, (12.3) は

$$p_{\text{inf}} = f'(x_{\text{sup}} - 0), \ p_{\text{sup}} = f'(x_{\text{inf}} + 0) \quad (12.9)$$

と入れ替わる.

なお, **ルジャンドル変換においては関数の凸性が重要**である[2]. 下の問題にあるように, $f(x)$ が凸関数でない場合は, 上記のやり方で $g(p)$ を一意的に決定することすら, 一般にはできないからである.

例 12.2 $0 < x < +\infty$ において関数 $f(x)$ を $f(x) = x^2 + 1$ と定義すると, これは下に凸で, あらゆる x で微分可能で, $f'(x) = 2x = p$ を満たす x の値

---

2) ♠ 凸関数でない場合には, 12.3.7 項で述べる定義を用いればルジャンドル変換自体はできるが, 逆変換しても元の関数は得られない. もちろん, 凸関数については, 本書で主に解説する定義と等価になり, 逆変換すれば元の関数が得られる.

$x(p)$ は一意的に定まり，$x(p) = p/2$ である．したがって，

$$g(p) = x(p)p - f(x(p)) = (p/2)p - \left((p/2)^2 + 1\right) = p^2/4 - 1. \quad (12.10)$$

$0 < f'(x) < +\infty$ なので，$g(p)$ の定義域は $0 < p < +\infty$ である．■

問題 12.1　$0 < x < +\infty$ において関数 $f(x)$ を $f(x) = x^4/4$ と定義したとき，下に凸であることを確かめ，ルジャンドル変換 $g(p)$ を求めよ．

問題 12.2　$f(x)$ が凸関数でない場合は，上記のやり方で $g(p)$ を一意的に決定することすらできないことがある．この事実を，適当な例を作って確かめよ．

12.2.2　ルジャンドル変換 $g(p)$ の性質

$g(p)$ から $f(x)$ が再構築できることはすぐ後で述べるが，その前に，$g(p)$ の主な性質を見ておこう．まず，後の節で一般の場合にも示されるように，**$g(p)$ は連続関数になる**．この節では，もっと強く，$g(p)$ は何回でも微分可能として説明する．

まず，(12.6) を微分して $f'(x(p)) = p$ を用いると，$g'(p) = x'(p)p + x(p) - x'(p)f'(x(p)) = x(p)$．すなわち，**$g(p)$ の微係数は，$f'(x) = p$ を満たす x を p の関数として与える**：

$$g'(p) = x(p) = \left[f'(x) = p \text{ を満たす唯一の } x\right]. \quad (12.11)$$

粗っぽく言えば，**$g'(p)$ は「p に対応する x の値」を与える**わけだ．

また，$p = f'(x(p))$ を微分すると，$1 = f''(x(p))x'(p) = f''(x(p))g''(p)$．すなわち，**$f''(x)$ と $g''(p)$ は，互いに逆数の関係にある**：

数学の定理 12.1　凸関数 $f(x)$ もそのルジャンドル変換 $g(p)$ も 2 階微分可能な領域では，

$$f''(x)g''(p) = 1 \quad \text{for } x = x(p), \text{ i.e., for } p = f'(x). \quad (12.12)$$

つまり，$f''(x)$ が大きいと $g''(p)$ は小さくなり，反対に $f''(x)$ が小さいと $g''(p)$ は大きくなる．この事実を頭に入れておくと，$g(p)$ の振舞いを予想するのに便利である．たとえば，問題 12.1 の解でこれが成り立っていることを確かめてみよ．

また，$f''(x) > 0$ であったから，上記の定理から $g''(p) > 0$ が言える．ゆえに，$g'(p)$ は強増加関数であり，$g(p)$ は $f(x)$ と同様に下に凸である．また，証明の道筋からわかるように，上記の定理は $f(x)$ が上に凸（$f''(x) < 0$）でも成り立つ．だから，$f(x)$ が上に凸ならそのルジャンドル変換も上に凸である．すなわち，**ルジャンドル変換は凸性を保持する**：

数学の定理 12.2　　関数 $f(x)$ が下に凸であれば，それをルジャンドル変換した関数 $g(p)$ も下に凸である．同様に，$f(x)$ が上に凸であれば $g(p)$ も上に凸である．

12.3 節で示すように，この定理は $f(x)$ や $g(p)$ が特異性を持つ場合でも成り立つ．

実は，(12.11) を，$f(x)$ や $g(p)$ の左右の微係数が一致しない（つまり微分不可能な）場合にまで拡張すると，次のことが言える：

数学の定理 12.3　　下に凸な関数 $f(x)$ とそのルジャンドル変換 $g(p)$ の微係数について，次の不等式が成立する：

$$g'(p-0) \leq \left[f'(x-0) \leq p \leq f'(x+0) \text{ を満たす } x \right] \leq g'(p+0).$$
$$(12.13)$$

つまり，$\boldsymbol{g'(p \pm 0)}$ は $\boldsymbol{f'(x-0) \leq p \leq f'(x+0)}$ を満たす $\boldsymbol{x}$ の範囲を規定しているのである．この定理を詳しく知りたい読者には 12.3 節で説明するので，とりあえずはわかりやすい (12.11) を頭に入れておけばよい．熱力学では，相転移を扱わない限りは，それですむ．

12.2.3　ルジャンドル変換のルジャンドル変換

さて，$g(p)$ をルジャンドル変換したらどうなるか？　つまり，$g'(p) \, (= x(p))$ が取り得る値の範囲内の任意の実数を x としたとき，$[px - g(p)](x)$ は x のどんな関数になるか？　この式の意味は，(12.7) と同様に，x の値がひとつ与えられたときに

$$px - g(p) \quad \text{at } p \text{ such that } g'(p) = x \tag{12.14}$$

という意味である．$g(p) = x(p)p - f(x(p))$，$g'(p) = x(p)$ であったから，これは（問題 12.4 も参照せよ），

$$
\begin{aligned}
&= px - x(p)p + f(x(p)) \quad \text{at } p \text{ such that } x(p) = x \\
&= px - xp + f(x) \quad \text{at } p \text{ such that } x(p) = x \\
&= f(x). \tag{12.15}
\end{aligned}
$$

このように，$g(p)$ をルジャンドル変換すると元の関数が得られる：

$$f(x) = [px - g(p)](x). \tag{12.16}$$

このルジャンドル変換を行うときの x の範囲は $g'(p_{\inf} + 0) < x < g'(p_{\sup} - 0)$ であるが，これは $x_{\inf} < x < x_{\sup}$ を意味するから，元の関数 $f(x)$ の定義域と同じである．ゆえに，**関数 $g(p)$ さえ知っていれば，それをルジャンドル変換することにより，元の関数 $f(x)$ が定義域も含めて回復できる**：

> **数学の定理 12.4**　凸関数をルジャンドル変換したものをもう一度ルジャンドル変換すれば，元の関数が得られる．

12.3 節で示すように，この定理も $f(x)$ や $g(p)$ が特異性を持つ場合でも成り立つ．また，何故このような結果が得られたかを直感的に理解したい読者も，12.3 節の前半を一読することを勧める．

　なお，$f(x)$ をルジャンドル変換するときに $f'(x) = p$ を満たすような x を $x(p)$ と書いたことに倣って，$g'(p) = x$ を満たす p を $p(x)$ と書くことにすると，(12.11) に対応して次式が成り立つ：

$$f'(x) = p(x) = \Big[g'(p) = x \text{ を満たす唯一の } p \Big]. \tag{12.17}$$

例 12.3 (12.10) の $g(p)$ をルジャンドル変換してみよう. $g(p)$ は下に凸で, $g'(p) = p/2 = x$ を満たす p の値 $p(x)$ は一意的に定まり, $p(x) = 2x$ である. したがって,

$$[px - g(p)](x) = (2x)x - ((2x)^2/4 - 1) = x^2 + 1. \qquad (12.18)$$

$0 < g'(p) < +\infty$ なので, この表式の定義域は $0 < x < +\infty$ である. こうして, たしかに元の $f(x)$ が定義域まで含めて回復できた! また, (12.17) も成り立っている. ■

問題 12.3 問題 12.1 (p.218) で得られた $g(p)$ をルジャンドル変換して, 元の $f(x)$ が得られることを確かめよ.

問題 12.4 上記の定理を示すのに, 単に $px - g(p) = px - (xp - f(x)) = f(x)$ とするのでは証明になっていない. その理由を考えよ.

12.2.4 符号が反対のルジャンドル変換

実は, $g(p)$ の符号を変えただけの

$$h(p) \equiv [f(x) - xp](p) \qquad (12.19)$$

も $f(x)$ の**ルジャンドル変換** (Legendre transform) と言い, よく使われる. 今考えているような特異性のない場合は, これは

$$h(p) = f(x(p)) - x(p)p \qquad (12.20)$$

を意味する. 単純に $h(p) = -g(p)$ であるから, **$g(p)$ について導いた前項まで**
の結果は, $g(p) \to -h(p)$ と置き換えればすべて成り立つ.

たとえば, $g'(p)$ は $f'(x) = p$ を満たす x を与える関数 $x(p)$ に等しかったが, $h'(p)$ はそれにマイナス負号を付けたものを与える:

$$h'(p) = -x(p) = -\Big[f'(x) = p を満たす唯一の x\Big]. \qquad (12.21)$$

また, $f(x)$ が下に凸であれば ($g(p)$ も下に凸であったから) $h(p)$ は上に凸になる. 同様に, $f(x)$ が上に凸であれば $h(p)$ は下に凸になる. このように, **こ**
の流儀のルジャンドル変換をすると, 凸性はひっくり返る.

また, $h(p)$ から元の $f(x)$ を得るためには, (12.21) にマイナスが付いてい

るから任意の実数 x を $h'(p)$ ではなく $-h'(p)$ が取り得る値の範囲から選び，ルジャンドル変換も（$(f(x) = [px - g(p)](x) = [px + h(p)](x)$ だから）**px の前の符号を変える必要がある**：

$$f(x) = [h(p) + px](x). \tag{12.22}$$

$g(p)$ の場合とは違って，同じルジャンドル変換をもう一度やれば良いということにはならないのだ．これらの違いを強調するために，(12.22) を**逆ルジャンドル変換**と呼ぶことにする．

　この流儀と前の流儀とで，元の関数を回復するときに符号が混乱しがちだが，次のように直感的に確認できる．まず，前の流儀の (12.15) の計算を，問題 12.4 のように粗っぽく $[px - g(p)](x) = px - (xp - f(x)) = f(x)$ と書いてみれば，$[px - g(p)](x)$ が正しいとわかる．これと同様に今回の流儀を粗っぽく書けば，$[h(p) + px](x) = f(x) - xp + px = f(x)$ となるので，$[h(p) + px](x)$ が正しい逆ルジャンドル変換だとわかる．

12.2.5　多変数の凸関数を 1 個の変数についてルジャンドル変換する

　多変数の凸関数 $f(x_1, x_2, x_3, \cdots)$ のルジャンドル変換は，単に 1 変数のルジャンドル変換の組み合わせとしてとらえることができる．まず，ひとつの変数 x_1 についてのルジャンドル変換を説明しよう．

　見やすくするために，x_1 以外の変数 $x_2, x_3, \cdots$ をまとめて $\vec{y}$ と記す．この項では，簡単のため，関数 $f(x_1, \vec{y})$ は下に凸で，連続的微分可能で，偏微分係数 $\dfrac{\partial f(x_1, \vec{y})}{\partial x_1}$ が強増加するとする（そうでない一般の場合は 12.4 節）．また，定義域は適宜処理されているとして，定義域にまつわる細かい問題は気にしないことにする．

　多変数凸関数 $f(x_1, \vec{y})$ を，そのひとつの変数 x_1 についてルジャンドル変換するには，残りの変数 $\vec{y}$ を固定しておいて，x_1 について 1 変数関数のルジャンドル変換を行えばよい．（$\vec{y}$ をひとつの値に固定して計算し，また別の値に固定して計算し，…と続ければ，$\vec{y}$ 依存性もわかる[3]）．だから，以下で出てくる式も，一見するとややこしいが，**$\vec{y}$ はどうせ固定されているから定数だと思ってしまえば，今までに出てきた表式と同じ内容に過ぎない**．ただし，

---

3)　以下の例で見るように，実際の計算は $\vec{y}$ をパラメーターとして扱うだけなので，一気に行える．

12.2.7 項の補足に述べるような理由で，多変数の場合は $g(p) = [xp - f(x)](p)$ の流儀よりも $h(p) = [f(x) - xp](p)$ の流儀の方が便利なので，後者を採用することにする.

具体的には次のようになる. $\dfrac{\partial f(x_1, \vec{y})}{\partial x_1}$ の下限値を $p_{1\,\text{inf}}(\vec{y})$，上限値を $p_{1\,\text{sup}}(\vec{y})$ と記すと，$p_{1\,\text{inf}}(\vec{y}) < p_1 < p_{1\,\text{sup}}(\vec{y})$ の範囲内にある実数 p_1 を任意に持ってきたとき，

$$\frac{\partial f(x_1, \vec{y})}{\partial x_1} = p_1 \tag{12.23}$$

を満たすような x_1 は，$\dfrac{\partial f(x_1, \vec{y})}{\partial x_1}$ が連続な強増加関数であるから，1 点だけ必ずある．それを $x_1(p_1, \vec{y})$ と書くと，関数 $f(x_1, \vec{y})$ の x_1 についてのルジャンドル変換 (Legendre transform) は次式で定義される：

$$h_1(p_1, \vec{y}) \equiv f(x_1(p_1, \vec{y}), \vec{y}) - x_1(p_1, \vec{y})p_1 \tag{12.24}$$

$$= f(x_1, \vec{y}) - x_1 p_1 \ \text{ at } x_1 \text{ such that } \frac{\partial f(x_1, \vec{y})}{\partial x_1} = p_1 \tag{12.25}$$

$$\equiv [f(x_1, \vec{y}) - x_1 p_1](p_1, \vec{y}). \tag{12.26}$$

これは x_1 についてしかルジャンドル変換していないから，（$\vec{y}$ を定数と見なせる場合には）**1 変数のときの結果も計算法もすべて使える**．たとえば，f の x_1 についての凸性はひっくり返るから，h_1 は p_1 については上に凸になる．ただし，他の変数 $x_2, x_3, \cdots$ についてはルジャンドル変換していないから，f の凸性は引き継がれる（問題 12.5, 12.15 参照）．つまり，$f(x_1, x_2, x_3, \cdots)$ が下に凸であれば，$h_1(p_1, x_2, x_3, \cdots)$ は p_1 については上に凸で，$x_2, x_3, \cdots$ については下に凸になる．また，h_1 を p_1 について逆ルジャンドル変換すれば，元の関数 f が得られる：

$$f(x_1, \vec{y}) = [h_1(p_1, \vec{y}) + p_1 x_1](x_1, \vec{y}). \tag{12.27}$$

したがって，$h_1(p_1, \vec{y})$ だけ与えられれば，元の関数 $f(x_1, \vec{y})$ が再構築できる！ こうして，12.1 節の冒頭に述べた我々の目的は達成できた．それを次の問題で確かめてみよ.

問題 12.5 例 12.1 (p.214) の 2 種類の下に凸な関数 $f(x, y)$ について，(i) それぞれの x についてのルジャンドル変換 $h(p, y) = [f(x, y) - xp](p, y)$ を計算

し，(ii) それらが p については上に凸で y については下に凸であることを確かめ，(iii) それらを逆ルジャンドル変換してそれぞれ元の $f(x, y)$ が得られることを確かめよ．

12.2.6　h_1 の微係数

ここまでの結果は要するに，**注目する変数の組 p_1, x_1 については 1 変数のときの p, x の組と同様のことが成立する**ということである．だから，微係数についても，1 変数のときの (12.11) に対応して，**h_1 の p_1 に関する微係数は，x_1 を $(p_1, \overline{y})$ で表した関数 $x_1(p_1, \overline{y})$ を与える**：

$$\frac{\partial}{\partial p_1} h_1(p_1, \vec{y}) = -x_1(p_1, \vec{y}). \tag{12.28}$$

一方，ルジャンドル変換していない変数 $x_2, x_3, \cdots$ についての偏微分については，1 変数のときにはない話なので，ここで初めて考察することになる．たとえば (12.24) の $h_1(p_1, \vec{y})$ を x_2 で偏微分すれば（長々しくなるので 1 行目では引数を若干省略して書くと），

$$\frac{\partial h_1(p_1, x_2, x_3, \cdots)}{\partial x_2} = \frac{\partial x_1(p_1, x_2, x_3, \cdots)}{\partial x_2} \frac{\partial f}{\partial x_1} + \frac{\partial f}{\partial x_2} - \frac{\partial x_1(p_1, x_2, x_3, \cdots)}{\partial x_2} p_1$$
$$= \left. \frac{\partial f(x_1, x_2, x_3, \cdots)}{\partial x_2} \right|_{x_1 = x_1(p_1, x_2, x_3, \cdots)}. \tag{12.29}$$

最後の行は，元の関数の偏微分の引数 x_1 に $x_1(p_1, x_2, x_3, \cdots)$ を代入せよ，という意味である．その結果，右辺も $p_1, x_2, x_3, \cdots$ の関数として表せたことになる．つまり，**ルジャンドル変換していない変数についての h_1 の偏微分は，元の関数の偏微分を $p_1, x_2, x_3, \cdots$ の関数として表したものになる**．この結果は，$x_3, x_4, \cdots$ に関する偏微分についても同様であるので，まとめて次のように略記しよう：

$$\frac{\partial h_1(p_1, x_2, x_3, \cdots)}{\partial x_l} = \left[\frac{\partial f(x_1, x_2, x_3, \cdots)}{\partial x_l} \right] (p_1, x_2, x_3, \cdots) \quad (l = 2, 3, \cdots). \tag{12.30}$$

以上の偏微分の結果を簡略的に導く仕方を下の問題に書いておくので参考にして欲しい．

なお，当然ながら，x_1 以外の変数，たとえば x_2 についてルジャンドル変換してもよい：

$$h_2(x_1, p_2, x_3, \cdots) \equiv [f(x_1, x_2, x_3, \cdots) - x_2 p_2]\,(x_1, p_2, x_3, \cdots). \quad (12.31)$$

これを p_2 について逆ルジャンドル変換すれば f が得られる：

$$f(x_1, x_2, x_3, \cdots) = [h_2(x_1, p_2, x_3, \cdots) + p_2 x_2]\,(x_1, x_2, x_3, \cdots). \quad (12.32)$$

その他の性質も，x_1 のときと同様である．

問題 12.6　以上の偏微分の結果を次のようにして導いている教科書をよく見かける．しかし，この簡略的な計算では意味がわかりにくいと思うので，本書の計算と対応させて意味を理解せよ．（いったん理解すれば，あとはこのような計算ですませられる！）

$\dfrac{\partial f}{\partial x_l} = p_l$ と記すと，

$$
\begin{aligned}
dh_1 = d(f - x_1 p_1) &= df - (dx_1)p_1 - x_1 dp_1 \\
&= p_1 dx_1 + p_2 dx_2 + p_3 dx_3 + \cdots - p_1 dx_1 - x_1 dp_1 \\
&= -x_1 dp_1 + p_2 dx_2 + p_3 dx_3 + \cdots. \quad (12.33)
\end{aligned}
$$

この式の両辺を，$dx_2 = dx_3 = \cdots = 0$ とおいて dp_1 で割り算すれば $\dfrac{\partial h_1}{\partial p_1} = -x_1$ が得られ，$dp_1 = dx_3 = \cdots = 0$ とおいて dx_2 で割り算すれば $\dfrac{\partial h_1}{\partial x_2} = p_2$ が得られる．

なお，(12.28) を，f や h_1 の左右の微係数が一致しない（つまり微分不可能な）場合にまで拡張すると，後で説明するように，ややこしく見える次式になる：

$$
\begin{aligned}
-\frac{\partial}{\partial p_1} h_1(p_1 - 0, \vec{y}) &\le \left[\frac{\partial}{\partial x_1} f(x_1 - 0, \vec{y}) \le p_1 \le \frac{\partial}{\partial x_1} f(x_1 + 0, \vec{y}) \text{ を満たす } x_1 \right] \\
&\le -\frac{\partial}{\partial p_1} h_1(p_1 + 0, \vec{y}). \quad (12.34)
\end{aligned}
$$

しかしこれは，p_1, x_1 について，残りの変数たち $\vec{y}$ を定数だと思って，1 変数のときの (12.13) と同じ式を書いただけである．要するに，**注目する変数の組 p_1, x_1 については 1 変数のときの p, x の組と同様のことが成立する**のである．1 変数のときと同様に，熱力学では，相転移を扱わない限りは，わかりや

すい (12.28) だけですむ.

12.2.7　多変数の凸関数を複数個の変数についてルジャンドル変換する

　最後に, $f(x_1, x_2, x_3, \cdots)$ を 2 つの変数についてルジャンドル変換したものを考えよう. たとえば, x_1 についてルジャンドル変換して得られた $h_1(p_1, x_2, x_3, \cdots)$ を, さらに x_2 についてルジャンドル変換した

$$h_{12}(p_1, p_2, x_3, \cdots) \equiv [h_1(p_1, x_2, x_3, \cdots) - x_2 p_2] (p_1, p_2, x_3, \cdots) \quad (12.35)$$

がその一例である. これに (12.26) を代入すれば,

$$h_{12}(p_1, p_2, x_3, \cdots)$$
$$\equiv \Big[[f(x_1, x_2, x_3, \cdots) - x_1 p_1] (p_1, x_2, x_3, \cdots) - x_2 p_2 \Big] (p_1, p_2, x_3, \cdots)$$
$$\equiv [f(x_1, x_2, x_3, \cdots) - x_1 p_1 - x_2 p_2] (p_1, p_2, x_3, \cdots). \quad (12.36)$$

3 行目の意味は「2 行目をこのように略記する」ということである. この 3 行目の書き方では, h_{12} と h_{21} の区別が付かないが, 問題 12.17 (p.245) で示すように実は $\boldsymbol{h_{12} = h_{21}}$ であるから, 構わない.

　前項で議論した h_1 と同様に, **変換した変数については凸性がひっくり返り, 残りの変数については凸性が保持される**ことに注意しよう. すなわち, $f(x_1, x_2, x_3, \cdots)$ が下に凸であれば, $h_{12}(p_1, p_2, x_3, \cdots)$ は p_1, p_2 については上に凸で, $x_3, \cdots$ については下に凸になる.

　こうして得られた h_{12} を p_2 について逆ルジャンドル変換すれば $h_1(p_1, x_2, x_3, \cdots)$ が得られ, さらにそれを p_1 について逆ルジャンドル変換すれば $f(x_1, x_2, x_3, \cdots)$ が得られる. 簡単に書けば,

$$f(x_1, x_2, x_3, \cdots) = [h_{12}(p_1, p_2, x_3, \cdots) + p_1 x_1 + p_2 x_2] (x_1, x_2, x_3, \cdots)$$
$$(12.37)$$

が逆ルジャンドル変換である.

　同様に, m 個の変数 $x_1, x_2, \cdots, x_m$ についてルジャンドル変換することもできる:

$$h_{12\cdots m}(p_1, \cdots, p_m, x_{m+1}, \cdots)$$
$$\equiv \left[f(x_1, x_2, \cdots) - \sum_{k=1}^{m} x_k p_k \right] (p_1, \cdots, p_m, x_{m+1}, \cdots). \quad (12.38)$$

これも，変換した変数については凸性がひっくり返り，残りの変数については凸性が保持される．逆ルジャンドル変換は，

$$f(x_1, x_2, x_3, \cdots) = \left[h_{12\cdots m}(p_1, \cdots, p_m, x_{m+1}, \cdots) + \sum_{k=1}^{m} p_k x_k \right](x_1, x_2, x_3, \cdots)$$

$$(12.39)$$

である．特に，$f(x_1, \cdots, x_n)$ のすべての変数 $x_1, \cdots, x_n$ についてルジャンドル変換して得られる

$$h_{12\cdots n}(p_1, \cdots, p_n) \equiv \left[f(x_1, \cdots, x_n) - \sum_{k=1}^{n} x_k p_k \right](p_1, \cdots, p_n) \quad (12.40)$$

を，$f(x_1, \cdots, x_n)$ の**完全ルジャンドル変換**と呼ぶ．これに対して，$m \ (< n)$ 個の変数についてルジャンドル変換したものを**部分ルジャンドル変換**とも呼ぶ．

$h_{12\cdots m}$ の微係数については，h_1 のときと同様の理由で，次のようになる：

$$\frac{\partial}{\partial p_k} h_{12\cdots m}(p_1, \cdots, p_m, x_{m+1}, \cdots) = -x_k(p_1, \cdots, p_m, x_{m+1}, \cdots) \quad \text{for } k \leq m,$$

$$(12.41)$$

$$\frac{\partial}{\partial x_l} h_{12\cdots m}(p_1, \cdots, p_m, x_{m+1}, \cdots) = \left[\frac{\partial f(x_1, x_2, \cdots)}{\partial x_l} \right](p_1, \cdots, p_m, x_{m+1}, \cdots)$$

$$\text{for } l \geq m+1. \quad (12.42)$$

ただし (12.42) の右辺は，$\dfrac{\partial f(x_1, x_2, \cdots)}{\partial x_l}$ を $p_1, \cdots, p_m, x_{m+1}, \cdots$ で表す，という意味である．

このような多変数のルジャンドル変換は，次章以降にたくさん出てくるので，それらの具体例を見れば理解が深まるであろう．

♠ 補足：$[xp - f]$ の流儀による多変数のルジャンドル変換

$g(p) = [xp - f(x)](p)$ の流儀で多変数のルジャンドル変換をするとどうなるか試してみよう．まず，$f(x_1, x_2, x_3, \cdots)$ を x_1 についてルジャンドル変換すると，

$$g_1(p_1, x_2, x_3, \cdots) = [x_1 p_1 - f(x_1, x_2, x_3, \cdots)](p_1, x_2, x_3, \cdots). \quad (12.43)$$

f が下に凸なら，g_1 は p_1 については同じく下に凸だが $x_2, x_3, \cdots$ についてはひっくり返って上に凸になる．さらに x_2 についてルジャンドル変換すれば，

$$g_{12}(p_1, p_2, x_3, \cdots) \equiv [x_2 p_2 - g_1(p_1, x_2, x_3, \cdots)] \, (p_1, p_2, x_3, \cdots). \quad (12.44)$$

$$\equiv [x_2 p_2 - x_1 p_1 + f(x_1, x_2, x_3, \cdots)] \, (p_1, p_2, x_3, \cdots). \quad (12.45)$$

これを見ると，$x_1 p_1$ と $x_2 p_2$ とで符号が逆になっている．さらに，(12.43) と比べると，f の前の符号が逆になっている．このため，凸性はややこしくなる：f が下に凸なら，g_{12} は $p_1, x_3, \cdots$ については下に凸だが，p_2 については上に凸になる．このように，**この流儀のルジャンドル変換で多変数の場合を扱うと，$x_k p_k$ や f の前の符号とか，凸性がややこしくなる**[4]．しかし，ルジャンドル変換の仕組みを理解するには，12.3.2 項で行うように，まずこの流儀のルジャンドル変換の 1 変数の場合から理解するのがわかりやすいと思う．

12.3 ♠1 変数の凸関数のルジャンドル変換 —— 一般の場合

前節で，元の関数 f にもルジャンドル変換 g や h にも，何の特異性も生じない場合を説明した．この章の残りの節では，そうでない一般の場合を説明する．これは熱力学では，相転移が起こる系の場合である．だから，**とりあえず次章にとんでしまい，相転移を理解したくなったときにここに戻って読む，という読み方でも構わない**．まず，この節で基本となる 1 変数関数のルジャンドル変換を説明し，多変数関数の場合は次節で説明する．

12.3.1 ♠ 凸関数の左右の微係数のグラフ

下準備として，1 変数の凸関数の，左右の微係数のグラフがどんな様子になるかを考察する．$f(x)$ を下に凸な関数とする．すると，数学の定理 5.1 (p.80) を下に凸な関数に翻訳したものより，左右の微分係数 $f'(x \pm 0)$ は常に存在し，$f'(x-0) \leq f'(x+0)$ を満たしつつ増加する（すなわち，強増加するか一定値にとどまる）．したがって，そのグラフ $p = f'(x \pm 0)$ は右肩上がりになる．

---

4)　これを回避するには，$f \to g_1 \to g_{12}$ と順繰りに作っていくのを止めて，いきなり g_{12} を

$$g_{12}(p_1, p_2, x_3, \cdots) \equiv [x_1 p_1 + x_2 p_2 - f(x_1, x_2, x_3, \cdots)] \, (p_1, p_2, x_3, \cdots)$$

$$(12.46)$$

と定義すればよいのだが，それだと (12.43) は成り立つのに (12.44) が成り立たなくなり，やはり不便である．

たとえば，$f(x)$ が次のような下に凸な関数である場合を考えよう：

$$f(x) = \begin{cases} (x^3 + x)/4 & (0 < x < 1) \\ x - 1/2 & (1 \leq x < 2) \\ x^2/2 - x + 3/2 & (2 \leq x < 3) \\ x^2/2 - 3/2 & (3 \leq x) \end{cases} \tag{12.47}$$

この関数のグラフ $y = f(x)$ は図 12.1(a) のようになる．下に凸であることも，数学の定理 5.1 で述べた諸性質も，一目瞭然だろう．一方，左右の微係数 $f'(x \pm 0)$ を計算すると，$x = 3$ においてだけ $f'(x - 0)$ と $f'(x + 0)$ の値が異なり，

$$f'(x \pm 0) = \begin{cases} (3x^2 + 1)/4 & (0 < x < 1) \\ 1 & (1 \leq x < 2) \\ x - 1 & (2 \leq x < 3) \\ 2, 3 & (x = 3, 複号同順) \\ x & (3 < x) \end{cases} \tag{12.48}$$

となる．したがって，$p = f'(x \pm 0)$ のグラフは図 12.1(b) のようになる．数学の定理 5.1 を下に凸な関数に翻訳した通りに，$f'(x - 0), f'(x + 0)$ はそれぞれ増加関数で，$f'(x - 0) \leq f'(x + 0)$ であり，$x = 3$ 以外では $f(x)$ は 1 階微分可能（すなわち $f'(x - 0) = f'(x + 0)$）であることが見て取れる．その一方で，次のような特異性を持っていることもわかる：

- $x = 3$ では，$2 = f'(3 - 0) < f'(3 + 0) = 3$ であるので $f(x)$ は微分不可能であり，$f'(x \pm 0)$ のグラフはジャンプする．

- このため，$2 < p < 3$ の範囲の p に対しては，**$p = f'(x \pm 0)$ を満たす x は無い**．

- $1 \leq x \leq 2$ では，$f'(x - 0) = f'(x + 0) = f'(x) = 1 = $ 一定なので，**$p = f'(x \pm 0)$ を満たす x の値は無数にあり，一意的には決まらない**（これは，x の関数としては何ら特異的ではないが，後述のように，$f(x)$ のルジャンドル変換 $g(p)$ に特異性を与える）．

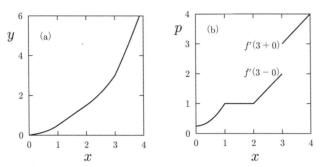

図 12.1　(a) (12.47) で与えられる下に凸な関数 $f(x)$ のグラフ $y = f(x)$. $1 \leq x < 2$ では傾き 1 の直線である. また, $x = 3$ においてカクンと（微分不可能に）曲がっている. (b) その左右の微係数のグラフ $p = f'(x \pm 0)$. $x = 3$ 以外では, $f'(x - 0) = f'(x + 0)$ なので $f'(x - 0)$ と $f'(x + 0)$ のグラフは重なっている. 一方 $x = 3$ では, $f'(3 - 0)$ は下端で $f'(3 + 0)$ は上端である.

- $f(x)$ の 2 階微係数 $f''(x)$ は, $x = 1, 2, 3$ では存在しない.

後述のように，このような特異性のある関数が，相転移のある熱力学系では主要な役割を演ずるのである.

問題 12.7　(12.47) だけを見て，図 12.1(b) を自分で描け.

12.3.2　♠ 凸関数のルジャンドル変換は面積の引き算

　これからやりたいことは，凸関数 $f(x)$ から p の適当な関数 $g(p)$ を構築し，「逆に $g(p)$ だけ知っていれば $f(x)$ が再構築できる」とすることである. それを可能にする後述の (12.50) のアイデアを，まず，数学的な厳密さに拘らずに面積の引き算で説明しよう.

　しばらくは，$f(x)$ が，(12.47) の場合のように，定義域が $x > 0$ でかつ $\lim_{x \to +0} f(x) = 0$ である場合を考察する（一般の場合は 12.3.6 項で述べる）. すると単純に

$$f(x) = \int_0^x f'(x' \pm 0)dx' \tag{12.49}$$

となる. 被積分関数の $f'(x \pm 0)$ は, $\pm$ のどちらをとっても積分値は変わらないだろう.

　上式は，$f(x)$ が図 12.2 の塗りつぶした部分の面積であると言っている. つ

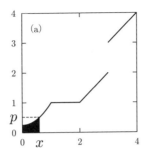

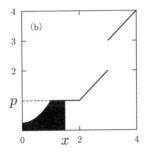

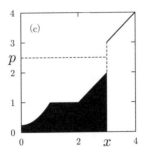

図 12.2 $p = f'(x \pm 0)$ のグラフである図 12.1(b) を用いて，ルジャンドル変換を説明した図．原点と点 (x, p) を対角とする長方形を考えると，$f(x)$ は黒い部分の面積，$g(p)$ は長方形の残りの白い部分の面積である．

まり，x の値がひとつ与えられたとき，その x のところに引いた垂線と $p = f'(x \pm 0)$ のグラフで囲まれた部分の面積が $f(x)$ である．したがって，我々の目標を面積で表現すれば，p の適当な関数 $g(p)$ を構築して，$g(p)$ だけ知って

いれば任意の x に対する黒い部分の面積が求められるようにすることである.

それには次のようにすればよい. p の値がひとつ与えられたとき,図 12.2 の点線のように, $p = f'(x \pm 0)$ のグラフに水平線を引く.水平線とグラフが交わった点 x から x 軸に垂線を降ろす.そうすると,図のように,原点と点 (x, p) を対角とする長方形ができる.その長方形の(黒く塗りつぶした部分を除いた)白い部分の面積を $g(p)$ の値にする.このように定義された関数 $g(p)$ を知ってさえいれば,長方形の面積と $g(p)$ の値を引き算すれば,黒い部分の面積である $f(x)$ が直ちにわかる!

このアイデアが実際にうまくいくことを,図 12.2 で具体的に見てみよう. $g(p)$ から $f(x)$ を再構築できることは 12.3.3 項で見ることにして,ここではまず, p の関数 $g(p)$ が一意的に定まることを見る:

$f(x)$ は区間 $0 < x < +\infty$ で定義されているが,図 12.1 と (12.48) からわかるように, $1/4 < f'(x \pm 0) < +\infty$ である.したがって, $g(p)$ の引数 p の変域は, $1/4 < p < +\infty$ の範囲を考えればよい.

(i) $1/4 < p < 1$ では,図の (a) のように,この範囲の任意の p を与えれば x も長方形も一意的に定まる.したがって,白い部分の面積である $g(p)$ の値も一意的に定まる.

(ii) $p = 1$ では,図の (b) のように,**x も長方形も一意的には定まらないのだが,白い部分の面積は一意的に定まる**.つまり,この場合も $g(p)$ の値は一意的に定まる.

(iii) $1 < p \le 2$ では,(i) と同様なので, $g(p)$ の値が一意的に定まる.

(iv) $2 < p < 3$ では, $p = f'(x \pm 0)$ を満たす x は無いので,このままでは長方形は作れない.そこで,このような場合には,図の (c) のように,**ジャンプしている部分をつないだ点線と水平線が交わったところを長方形の角にすることにする**(すぐ下で与える (12.50) のように書けば,この操作は式の中に自動的に取り込まれる).そうすれば, x も長方形も一意的に定まり,白い部分の面積である $g(p)$ の値も一意的に定まる.

(v) $p \ge 3$ では,(i) と同様なので, $g(p)$ の値が一意的に定まる.

このように, $1/4 < p < +\infty$,すなわち **$f'(x \pm 0)$ の下限と上限の間のすべての p に対して,関数 $g(p)$ が一意的に定義できている**. $f(x)$ が特異性を持つ

のにこのようにうまくいったのは，$f(x)$ が凸関数であるために，$f'(x \pm 0)$ が増加関数になっているからである．このアイデアに基づいて次のように（面積は使わずに）定義した $g(p)$ を，$f(x)$ の「ルジャンドル変換」と呼ぶ：

数学的定義：開区間 I で下に凸な関数 $f(x)$ が与えられたとする．$f'(x \pm 0)$ の下限値を p_{inf}，上限値を p_{sup} と記すと[5]，$p_{\text{inf}} < p < p_{\text{sup}}$ の範囲の任意の p について

$$g(p) \equiv xp - f(x) \quad \text{at } x \text{ such that } f'(x-0) \leq p \leq f'(x+0) \quad (12.50)$$

のように定義した関数 $g(p)$ を，$f(x)$ の**ルジャンドル変換** (Legendre transform) と呼び，$f(x)$ から $g(p)$ を構築することを，$f(x)$ を**ルジャンドル変換する**と言う．

ここで at 以下は，such that（＝のような）の意味通りに，「$f'(x-0) \leq p \leq f'(x+0)$ を満たすような x の値を（一意的でなければどれでもいいから）入れなさい」という意味である．具体的には，

- もしも $f'(x-0) \leq p \leq f'(x+0)$ を満たす x において $f(x)$ が微分可能であれば，$f'(x-0) = f'(x+0) = f'(x)$ なので，(12.50) は次のような簡単な内容である：

$$g(p) \equiv xp - f(x) \quad \text{at } x \text{ such that } f'(x) = p. \quad (12.51)$$

  ここで at 以下は，「$f'(x) = p$ を満たすような x の値を（一意的でなければどれでもいいから）入れなさい」という意味である．だから，上記の (ii) のケースのように，$f'(x) = p$ を満たす x の値が一意的には定まらない場合でも通用する定義になっている．

- 特に，上記の (i), (iii) のケースのように，$f'(x) = p$ を満たすような x において $f'(x)$ が強増加している場合には，p から x の値が一意的に求まるので，その値を $x(p)$ と書けば，(12.51) はさらに簡単な (12.6) に帰着する．

---

5)　♠$f'(x \pm 0)$ は増加関数なので，p_{sup} は x を I の上端に下から近づけていったときの $f'(x-0)$ の極限値に等しい（$f'(x+0)$ の方は $x+0$ が I の外に出てしまう）．同様に，p_{inf} は x を I の下端に上から近づけていったときの $f'(x+0)$ の極限値に等しい．

- 上記の (iv) のケースのように，もしも $f'(x-0) \leq p \leq f'(x+0)$ を満たす x において $f(x)$ が微分不可能であれば，その x の値を代入すればいいので，やはり (12.50) で $g(p)$ がきちんと定義されている．つまり，**対応する $f'(x \pm 0)$ の値が存在しないような $f'(x-0) < p < f'(x+0)$ の範囲の p に対しても，$g(p)$ がきちんと定義されている**．

このように，$f'(x \pm 0)$ の下限値と上限値の間のすべての実数について，$g(p)$ は (12.50) できちんと定義できている．以下では，12.2 節と同様に，$f(x)$ のルジャンドル変換 $g(p)$ を $g(p) = [xp - f(x)](p)$ と略記することにする．この $[\cdots]$ の意味は，「$[\cdots]$ 内の量を，定められた仕方で p の関数として表す」ということであり，その具体的な内容はもちろん (12.50) であるが，(12.7) が使えるところではそれを用いてよい．

なお，一番簡単な (12.7) が，ほとんどの物理の教科書に書かれているルジャンドル変換の定義式である．しかしそれでは，熱力学で最も重要な，$f(x)$ に特異性がある場合（17 章参照）が扱えないので，やはりきちんとした定義 (12.50) を知らないとまずいと思う．

12.3.3 ♠ ルジャンドル変換の性質

$f(x)$ のルジャンドル変換 $g(p)$ は，図 12.2 の白い部分の面積であった．この図を，p 軸が下になるように寝かせて眺めて欲しい．すると，白い部分の面積が $g(p)$ なのだから，その微係数 $g'(p \pm 0)$ のグラフは，寝かせたグラフそのもの（実線の部分）であることがわかる．すなわち，$x = g'(p \pm 0)$ のグラフは，$p = f'(x \pm 0)$ のグラフである図 12.1(b) を寝かせたものになる．見やすいように，これを p 軸の正の側が右側になるように裏返すと，図 12.3 のようになる．

この図を見ると，図 12.1(b) を寝かせたものとは少しだけ違っている．すなわち，図 12.1(b) で**水平線だったところが値がジャンプする**ようになり，図 12.1(b) で**値がジャンプしていたところが水平線になっている**．こうなる理由は図 12.2 の白い部分の面積を微分することを考えれば明らかだろうが，重要なので定理として述べておこう（次項の計算法の (ii) も参照せよ）：

数学の定理 12.5 凸関数 $f(x)$ の左右の微係数が一致しない点は，$f(x)$ をルジャンドル変換した関数 $g(p)$ が直線になる領域に対応し，$f(x)$ が直

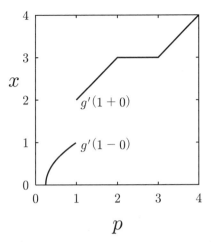

図 12.3 微係数 $f'(x \pm 0)$ のグラフが図 12.1(b) のようになる $f(x)$ のルジャンドル変換 $g(p)$ の，微係数のグラフ $x = g'(p \pm 0)$. $p = 1$ 以外の点では，$g'(p - 0) = g'(p + 0)$ であり，$g'(p - 0)$ と $g'(p + 0)$ のグラフは重なっている．一方 $p = 1$ では，$g'(1 - 0)$ は下端で $g'(1 + 0)$ は上端である.

線になる領域は，$g(p)$ の左右の微係数が一致しない点に対応する.

　もうひとつ注目して欲しいのは，図 12.3 のグラフも右肩上がりになっていることである（図 12.1(b) を寝かせて裏返したものだからこれは当然である）．また，これを積分して得られる **$g(p)$ は，連続関数になる**．したがって，数学の定理 5.2 (p.81) を下に凸な関数に翻訳したものより，$g(p)$ は下に凸な関数になることがわかる．すなわち，**ルジャンドル変換は凸性を保持する**という，数学の定理 12.2 (p.219) が一般に成り立つ．したがって，凸関数に関する様々な定理が $g(p)$ にも適用できる．

　また，$x = g'(p \pm 0)$ のグラフは，$p = f'(x \pm 0)$ のグラフを寝かせたものであったから，数学の定理 12.1 (p.218) も言える．これは $g(p)$ の振舞いを予想するのに便利である．たとえば，$f'(x)$ が定数になる領域で $g'(p)$ がジャンプするのは，$f''(x) \to 0$ で $g''(p) \to \infty$ となるからだとも解釈できる．

　さて，$g(p)$ をルジャンドル変換したらどうなるか？　つまり，$[px - g(p)](x)$ は x のどんな関数になるか？　それを見るには，$f(x)$ をルジャンドル変換するときに $f'(x)$ のグラフ（図 12.2）について行ったのと同様の作図を，$g'(p)$

のグラフ（図 12.3）について行えばよい．すなわち，x の値が与えられたと
き，水平線を引いて長方形を作る．すると，グラフの下の面積が $g(p)$ で，残
りの部分の面積が $g(p)$ のルジャンドル変換である．ところが，この残りの部
分の面積は，図 12.2 の黒く塗った部分に等しい．つまり $f(x)$ である！　こう
して，

$$f(x) = [px - g(p)](x) \tag{12.52}$$

ということがわかった．言うまでもなく，この式の意味は，(12.8) と同様に，

$$f(x) = px - g(p) \text{ at } p \text{ such that } g'(p - 0) \leq x \leq g'(p + 0) \tag{12.53}$$

という意味であり，(12.50) と同様に，$g(p)$ が微分可能でない点でも有効で
ある．すなわち，**微分不可能な点も含めて $f(x)$ が完全に回復できた！**　ま
た，グラフから明らかに定義域も回復できている[6]．ゆえに，数学の定理 12.4
(p.220) が一般の場合でも成り立つ．

♠♠ 補足：ルジャンドル変換で本当に定義域も回復できるのか？

数学の定理 12.4 において，元の関数の定義域も回復できるかどうかは，（あ
えて書かなかったが）若干の注意が要る．たとえば，$(0, 1)$ で定義された凸関
数 $f(x)$ が，$f(1 - 0) = f'(1 - 0) = 0$ であったとする．$f(x)$ を，$f(x) = 0$ for
$x \in [1, 2)$ のように延長した関数を $\bar{f}(x)$ とすると，その定義域は $(0, 2)$ であ
る．このとき，$\bar{f}(x)$ のルジャンドル変換は $f(x)$ のルジャンドル変換 $g(p)$ と
（定義域も含めて）一致してしまう．このため，$g(p)$ だけ与えられても，元
の関数が $(0, 1)$ で定義された $f(x)$ なのか $(0, 2)$ で定義された $\bar{f}(x)$ なのかわか
らない．このように，$f(x)$ の定義域の端で $f'(x \pm 0)$ がゼロになる場合には，
$f(x)$ を定数関数で延長する任意性がある．幸い，物理学の問題では大抵の場
合，そのような延長は物理的に無意味であることがわかる．

12.3.4　♠ 実際的な計算法

先に進む前に，特異性を持つ凸関数 $f(x)$ が与えられたときに，そのルジャ
ンドル変換 $g(p)$ を計算する実際的な方法を紹介しよう．

(i)　まず，$f(x)$ が微分可能で，$f'(x)$ が強増加する領域たちを探す（図 12.1(b)

---

6)　♠♠ これに疑問を持った読者は，すぐ下の補足を見よ．

で言えば，$0 < x < 1$, $2 < x < 3$, $3 < x$ の3つの領域であり，これ
らはそれぞれ $1/4 < p < 1$, $1 < p < 2$, $3 < p$ に対応する）．見つけた領域
のそれぞれの内部では (12.7) が使えるので，それで $g(p)$ を計算する．

(ii)　次に，$f(x)$ が微分不可能な点たちを探す．そのような点の数は，数学の
定理 5.1 (p.80) より高々可算個しかないが，熱力学ではほんの数個しか
ないのが普通である（図 12.1(b) で言えば，$x = 3$ という点であり，これ
は $2 < p < 3$ に対応する）．それぞれの点（x_* とする）は，$f'(x_* - 0) <
p < f'(x_* + 0)$ の範囲の p に対する $g(p)$ を与えるが，この範囲のどの p
に対しても x_* は同じだから，(12.50) より $g(p)$ は

$$g(p) = x_* p - f(x_*) \qquad\qquad (12.54)$$

という直線になる．

(iii)　以上により $g(p)$ は高々可算個の点を除いて求まっているので，それら
の点において $g(p)$ が連続になるように繋ぐ（単にその点の左右における
$g(p)$ の値と同じ値を与えればよい）．

なぜこれでいいかと言うと，まだ $g(p)$ を計算していない p の値は，(i)，
(ii) で計算した p の領域の端と，$f(x)$ が微分可能で $f'(x)$ が一定値をとる
領域に対応する p である．ところが，これらはどれも点になってしまう
（図 12.1(b) で言えば $p = 1, 2, 3$）ので，それぞれの点（p_* としよう）の
左右の領域における $g(p)$ の値は (i)，(ii) によりすでに計算ずみである．
ところが，数学の定理 12.5 (p.234) の下で述べたように $g(p)$ は連続であ
るから，$p = p_*$ で $g(p)$ が連続になるように繋ぐだけで正しい $g(p)$ を得
る．すなわち，（途中で計算間違いを犯していなければ）(i)，(ii) により
求めた $g(p)$ は $g(p_* - 0) = g(p_* + 0)$ を満たすはずなので，$g(p_*)$ の値は
$g(p_*) = g(p_* \pm 0)$ にとればよい．わざわざ (12.51) 等を用いて $g(p_*)$ を計
算する必要は（計算チェックの目的以外には）ない．

こうして，(12.50) よりも簡単な (12.7) と (12.54) だけを用いて，$g(p)$ が計算
できる．

例 12.4　(12.47) で与えられる関数 $f(x)$ のルジャンドル変換 $g(p)$ を求めよ
う．まず，図 12.1(b) からわかるように，上記の方法の (i) に相当するのは

$1/4 < p < 1,\ 1 < p < 2,\ 3 < p$ である．(12.7) の $x(p)$ は (12.48) から容易に求まる．たとえば最初の区間 $1/4 < p < 1$ では，$x(p) = [(4p-1)/3]^{1/2}$ と求まるので，それを (12.7) に代入すれば，

$$g(p) = \left(\frac{4p-1}{3}\right)^{1/2} p - \frac{1}{4}\left(\frac{4p-1}{3}\right)^{1/2}\left(\frac{4p-1}{3} + 1\right)$$
$$= \frac{1}{2}\left(\frac{4p-1}{3}\right)^{3/2} \quad (1/4 < p < 1). \tag{12.55}$$

同様にして，

$$g(p) = (p+1)p - \left(\frac{(p+1)^2}{2} - (p+1) + \frac{3}{2}\right) = \frac{p^2 + 2p - 2}{2} \quad (1 < p < 2), \tag{12.56}$$

$$g(p) = p^2 - \left(\frac{p^2}{2} - \frac{3}{2}\right) = \frac{p^2}{2} + \frac{3}{2} \quad (3 < p). \tag{12.57}$$

一方，上記の方法の (ii) に相当するのは $2 < p < 3$ で，$x_* = 3$ であるから，(12.54) に代入して，

$$g(p) = 3p - 3 \quad (2 < p < 3). \tag{12.58}$$

これらを単に連続に繋げるのが上記の (iii) の操作で，それは単に，それぞれの区間の端に次のように等号を加えるだけでよい[7]：

$$g(p) = \begin{cases} \dfrac{1}{2}\left(\dfrac{4p-1}{3}\right)^{3/2} & (1/4 < p < 1) \\ \dfrac{p^2 + 2p - 2}{2} & (1 \le p < 2) \\ 3p - 3 & (2 \le p < 3) \\ \dfrac{p^2}{2} + \dfrac{3}{2} & (3 \le p) \end{cases} \tag{12.59}$$

これをみると，確かに，(i), (ii) では計算していない点 $p = 1, 2, 3$ においても連続になっている．この関数のグラフ $y = g(p)$ をプロットすると，図 12.4 のように下に凸になっている．特に，数学の定理 12.5 (p.234) が言うように，図 12.1(a) のグラフが直線になっている部分に対応する $p = 1$ においてはカクンと（微分不可能に）曲がっていることに注目して欲しい．■

---

7) ここでは各区間の左側の不等号に等号を加えたが，$g(p)$ は連続なのだから，右側の不等号に等号を加えても同じである．

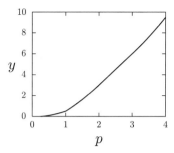

図 12.4 式 (12.47) で与えられる関数 $f(x)$ のルジャンドル変換 $g(p)$ のグラフ $y = g(p)$. $p = 1$ においてカクンと（微分不可能に）曲がっている. また, $2 \leq p < 3$ では傾き 3 の直線である.

問題 12.8　(12.59) を自分で導出し, $g(p)$ の微係数 $g'(p \pm 0)$ の表式を求め, そのグラフが図 12.3 のようになることを確かめよ. さらに, $g(p)$ をルジャンドル変換して, 元の $f(x)$ が得られることを確かめよ.

問題 12.9　次の関数 $f(x)$ について以下の問に答えよ.

$$f(x) = \begin{cases} x + \dfrac{x^2}{2} + \dfrac{1}{2} & (0 < x \leq 1) \\ 2x & (1 < x \leq 2) \\ \dfrac{x^2}{2} + 2 & (2 < x) \end{cases} \tag{12.60}$$

(i)　$f(x)$ が下に凸であることを示せ. ヒント：数学の定理 5.2 (p.81) を下に凸な場合に翻訳したものを使うと楽.

(ii)　$f(x)$ のルジャンドル変換 $g(p)$ を求めよ.

(iii)　$g(p)$ が微分不可能になっている点はどこか？　それは $f(x)$ のどの部分に対応するか？

(iv)　$g(p)$ が下に凸であることを示せ.

(v)　$g(p)$ をルジャンドル変換して, 元の $f(x)$ が得られることを確かめよ.

12.3.5　♠$g(p)$ の微係数の意味

　ところで, $g(p)$ の微係数 $g'(p \pm 0)$ は何を与えるのか？　それは, 図 12.1(b)

と図 12.3 を見比べればよくわかる：

(i)　p の値が，$g(p)$ が微分可能（すなわち $g'(p-0) = g'(p+0) = g'(p)$）で $g'(p)$ が強増加する（一定でない）ような区間にあるときには，$f(x)$ も微分可能で，それぞれの p の値ごとに $f'(x) = p$ を満たす x の値 $x(p)$ が一意的に定まり，それは $g'(p)$ に等しい．つまり，12.2 節の結果 (12.11) に帰着する．

(ii)　p の値が，$g(p)$ が微分可能で $g'(p) = $ 一定（その値を x_* と書くことにする）と，傾き x_* の直線になるような区間にあるときには，この区間の下端の p の値が $f'(x_* - 0)$ で，上端の p の値が $f'(x_* + 0)$ になる．この区間の内点の p に対しては，$f'(x_* - 0) < p < f'(x_* + 0)$ となる．したがって，(12.11) に似せた書き方をすれば，

$$g'(p) = \Big[f'(x-0) \leq p \leq f'(x+0) \text{ を満たす唯一の } x \Big] \quad \text{when } g'(p) = \text{一定}.$$
(12.61)

(iii)　$g(p)$ にはしばしば，図 12.3 における点 $p = 1$ のように微分可能でない（すなわち $g'(p-0) < g'(p+0)$ となる）点がある．そのような点（p_* としよう）については，$f'(x) = p_*$ を満たす x の値はひとつではなく，$g'(p_* - 0) \leq x \leq g'(p_* + 0)$ の範囲のすべての x が満たす．つまり，

$$g'(p-0) \leq \Big[f'(x) = p \text{ を満たすあらゆる } x \Big] \leq g'(p+0)$$
$$\text{when } g'(p-0) < g'(p+0). \quad (12.62)$$

そこで，p.219 の数学の定理 12.3 のように書けば，この 3 つのケースをすべて含むような一般の公式になるわけだ．

問題 12.10　この節の議論の内容を，図 12.1(b) と図 12.3 だけを見て，自分のスタイルで繰り返せ．

問題 12.11　問題 12.9 (p.239) の例について，上記の定理が成立していることを確かめよ．

12.3.6 ♠ 結果の一般性など

ここまでは，$f(x)$ の定義域が $x > 0$ で $\lim_{x \to +0} f(x) = 0$ であるとして説明した．しかし，**そうでない場合でも，この章の数学の定理は成立する**．これは，何の特異性もない場合には，これらを仮定してない 12.2.2 項の議論が使えるので当然であるが，一般の凸関数の場合にもうまくいく理由は，直感的に言えば，「面積」の引き算がたとえ「面積」が負になっても有効であることと，グラフを平行移動しても結論が変わらないからである（きちんと証明したい人は，問題 12.13 参照）．

問題 12.12　(12.47) や (12.60) の定義域を適当に拡大して適当に平行移動したものをルジャンドル変換して，この章の数学の定理が成り立つことを確認せよ．

問題 12.13　♠♠ 凸関数 $f(x)$ の定義域が $x > x_0 \neq 0$ であっても，$\lim_{x \to +0} f(x)$ $\neq 0$ であっても，(12.50) でルジャンドル変換を定義すれば，(12.53) がそのまま成り立つことを示せ．

また，ここまでは $f(x)$ は下に凸としたが，上に凸な場合でも同様である．ただし，下に凸なら $f'(x-0) \leq f'(x+0)$ であったのが，上に凸だと $f'(x-0) \geq f'(x+0)$ になるので，ルジャンドル変換の定義式 (12.50) は，such that 以下の不等式の左右を入れ替える：

$$g(p) \equiv xp - f(x) \ \ \text{at } x \text{ such that } f'(x+0) \leq p \leq f'(x-0). \quad (12.63)$$

これも，$g(p) = [xp - f(x)](p)$ と略記することにする．こうして得られた $g(p)$ も上に凸であり，もう一度ルジャンドル変換すれば元に戻る：

$$f(x) = px - g(p) \ \ \text{at } p \text{ such that } g'(p+0) \leq x \leq g'(p-0). \quad (12.64)$$

このように，**上に凸な場合でも，$f'(x-0) \leftrightarrow f'(x+0)$，$g'(p-0) \leftrightarrow g'(p+0)$ と入れ替えれば，ここまでに述べた下に凸な場合の結果はすべて成立する**．たとえば (12.13) は，

$$g'(p+0) \leq \left[f'(x+0) \leq p \leq f'(x-0) \text{ を満たす } x \right] \leq g'(p-0) \quad (12.65)$$

とすればよい．

12.2 節で述べたように，$h(p) \equiv -g(p) = -[xp - f(x)](p)$ も $f(x)$ の**ルジャンドル変換** (Legendre transform) と言い，よく使われる．単純に $h(p) = -g(p)$ であるから，**$g(p)$ について導いたこれまでの結果は，$g(p) \rightarrow -h(p)$ と置き換えればすべて成り立つ**．たとえば，12.2 節で述べたように，**この流儀のルジャンドル変換をすると，凸性はひっくり返るし**，$h(p)$ から元の $f(x)$ を得るためには，px の前の符号を変えた，**逆ルジャンドル変換** $f(x) = [h(p) + px](x)$ を行う必要がある．また，(12.13) より，

$$-h'(p-0) \leq \left[f'(x-0) \leq p \leq f'(x+0) \text{ を満たす } x \right] \leq -h'(p+0).$$
$$(12.66)$$

特に，p と x が一対一に対応して $h(p)$ も $f(x)$ も微分可能な区間では，$h(p)$ の微係数は，$-x$ を p で表した関数 $-x(p)$ を与えるという 12.2 節の結果 (12.21) に帰着する．$g'(p)$ とは符号が違うことに注意して欲しい．また，12.3.4 項の実際的な計算法を翻訳すると次のようになる：

(i) まず，$f(x)$ が微分可能で，$f'(x)$ が強増加する領域たちを探す．そこでは $f'(x) = p$ を満たす x が一意的に定まるので，それを $x(p)$ と書くと，(12.20) で計算できる．

(ii) 次に，$f(x)$ が微分不可能な点たちを探す．それぞれの点（x_* とする）では，$f'(x_* - 0) < p < f'(x_* + 0)$ の範囲の p に対する $h(p)$ が次式で与えられる：

$$h(p) = f(x_*) - x_* p. \qquad (12.67)$$

(iii) 以上で得られた $h(p)$ が連続になるように間の点を繋ぐ．

12.3.7 ♠ ルジャンドル変換の別の表現法

下の問題で示すように，下に凸な関数 $f(x)$ に対するルジャンドル変換の定義 (12.50) は，次のものに一致する：

$$g(p) \equiv \sup_{x} \left[xp - f(x) \right]. \qquad (12.68)$$

ここで $\sup_{x}$ は，x を様々に動かしてみて $[\cdots]$ の上限を見つけ，その上限値を採用せよ，という意味である．この表式は，ルジャンドル変換の次のような

解釈も与えてくれる[8]：$g(p)$ は $f(x)$ の接線で傾きが p であるような直線の切片の値の -1 倍であり，$g(p)$ から $f(x)$ を構成する作業は，無数の接線の包絡線として $f(x)$ を構成することにあたる．実際の計算には (12.50) の方が便利だと思うが，ある種の証明（問題 12.15 とか問題 12.17）をするときには (12.68) が便利である．

なお，凸関数でない関数についても，(12.68) でルジャンドル変換を定義することがある．その場合は，(12.68) を 2 回施すと，元の関数を適当に「補修」して凸関数になるようにしたものが得られる．ただし，凸関数になるように「補修」する仕方が無数にある中で，このような「補修」の仕方がベストなものであるかどうかは，その補修を行う目的次第である．

問題 12.14　下に凸な関数に対して，(12.68) が (12.50) に一致することを示せ．

12.4　♠ 多変数の凸関数のルジャンドル変換 — 一般の場合

12.2 節で述べたように，多変数の凸関数のルジャンドル変換は，単に 1 変数のルジャンドル変換の組み合わせとしてとらえることができる．それを説明しよう．ただし，定義域の問題を含む数学的な詳細な条件などは，多変数ではややこしくなるので省略する[9]．

数学的定義：$(x_2, x_3, \cdots) \equiv \vec{y}$ と記す．$f(x_1, x_2, x_3, \cdots) = f(x_1, \vec{y})$ が下に凸であるとき，x_1 についての**ルジャンドル変換** (Legendre transform) を次式で定義する：

$$h_1(p_1, \vec{y}) \equiv f(x_1, \vec{y}) - x_1 p_1$$

$$\text{at } x_1 \text{ such that } \frac{\partial f(x_1 - 0, \vec{y})}{\partial x_1} \leq p_1 \leq \frac{\partial f(x_1 + 0, \vec{y})}{\partial x_1}$$

$$\equiv [f(x_1, \vec{y}) - x_1 p_1](p_1, \vec{y}). \tag{12.69}$$

8)　詳しくは，参考文献 [2], [6]．ただし [2] は，$f(x)$ が連続的微分可能で $f'(x)$ が定符号の場合だけを扱っている．

9)　定義域については，5.4 節に書いたことを踏まえて常識的なことをするだけで，結局はうまく処理できる．他の問題の数学的な詳細を知りたい読者は p.80 脚注 4．

x_1 以外の変数についてのルジャンドル変換も同様である.

12.2.5 項でも述べたように（下の問題）, $f(x_1, x_2, x_3, \cdots)$ が下に凸であれば, $h_1(p_1, x_2, x_3, \cdots)$ は p_1 については上に凸で, $x_2, x_3, \cdots$ については下に凸になる. また, h_1 は連続であることも知られている. そして, h_1 を p_1 について逆ルジャンドル変換すれば, 元の関数 f が得られる:

$$f(x_1, \vec{y}) = h_1(p_1, \vec{y}) + p_1 x_1$$

$$\text{at } p_1 \text{ such that } -\frac{\partial h_1(p_1 - 0, \vec{y})}{\partial p_1} \leq x_1 \leq -\frac{\partial h_1(p_1 + 0, \vec{y})}{\partial p_1}$$

$$= [h_1(p_1, \vec{y}) + p_1 x_1](x_1, \vec{y}). \tag{12.70}$$

問題 12.15　♠♠ $f(x_1, x_2, x_3, \cdots)$ が下に凸であるとき, x_1 についてのルジャンドル変換 $h_1(p_1, x_2, x_3, \cdots)$ が $x_2, x_3, \cdots$ について下に凸であることを示せ. ヒント：(12.68) の表現を用いるとわかりやすい.

h_1 の p_1 に関する微係数については, $(p_1, \vec{y})$ と $(x_1, \vec{y})$ が一対一に対応して h_1 も f も微分可能な領域では, 12.2.5 項の (12.28) のように, $\frac{\partial}{\partial p_1} h_1(p_1, \vec{y})$ は, x_1 を $(p_1, \vec{y})$ で表した関数 $x_1(p_1, \vec{y})$ を与える. 一般の場合には, (12.34) のように, $\frac{\partial}{\partial p_1} h_1(p_1 \pm 0, \vec{y})$ は, $\frac{\partial}{\partial x_1} f(x_1 - 0, \vec{y}) \leq p_1 \leq \frac{\partial}{\partial x_1}(x_1 + 0, \vec{y})$ を満たす x_1 の範囲を規定している. 要するに, **注目する変数の組 p_1, x_1 については 1 変数のときの p, x の組と同様のことが成立する.**

また, ルジャンドル変換していない変数 $x_2, x_3, \cdots$ についての h_1 の偏微分は, $(p_1, x_2, \cdots)$ と $(x_1, x_2, \cdots)$ が一対一に対応して h_1 も f も微分可能な領域では, 12.2.5 項の結果 (12.30) がそのまま成り立つ. すなわち, 元の関数の偏微分を $p_1, x_2, x_3, \cdots$ の関数として表したものになる. 一方, 一般の場合には, かなりややこしくなるので, 付録 B に記した.

問題 12.16　(12.33) のような計算が有効である条件を考察し, この計算からは一般的な結果である (12.34) が導けなかった理由を考えよ.

2 つ以上の変数についてのルジャンドル変換も, 12.2.7 項と同様に定義される. たとえば,

$$h_{12}(p_1, p_2, x_3, \cdots) \equiv [h_1(p_1, x_2, x_3, \cdots) - x_2 p_2] (p_1, p_2, x_3, \cdots)$$

$$= [f(x_1, x_2, x_3, \cdots) - x_1 p_1 - x_2 p_2] (p_1, p_2, x_3, \cdots).$$

$$(12.71)$$

前にも結果だけは述べたが，下の問題で示すように**ルジャンドル変換は順序に依らないので**，$h_{12} = h_{21}$ である．また，**変換した変数については凸性がひっくり返り，残りの変数については凸性が保持される**ことも，前に述べた通りである．そして，こうして得られた h_{12} は連続であり，それを p_2 について逆ルジャンドル変換すれば $h_1(p_1, x_2, x_3, \cdots)$ が得られ，さらにそれを p_1 について逆ルジャンドル変換すれば $f(x_1, x_2, x_3, \cdots)$ が得られる．つまり，(12.37) が一般に成り立つ．

問題 12.17　♠♠ 多変数のルジャンドル変換が順序に依らないこと，すなわち

$$h_{12}(p_1, p_2, x_3, \cdots) = h_{21}(p_1, p_2, x_3, \cdots) \tag{12.72}$$

であることを示せ．ヒント：(12.68) の表現を用いるとわかりやすい．

　複数個の変数についてのルジャンドル変換も，12.2.7 項と同様である．そうして得られた $h_{12\cdots m}$ の微係数についても，$(p_1, \cdots, p_m, x_{m+1}, \cdots)$ と $(x_1, x_2, \cdots)$ が一対一に対応して $h_{12\cdots m}$ も f も微分可能な領域では，12.2.7 項の議論が成り立つので，結果は (12.41)，(12.42) である．12.2.7 項の議論が使えないような一般の場合の微係数は，上記の h_1 のときと同様に考えればよい．たとえば，ルジャンドル変換した変数に関する微係数は，(12.41) を一般化した次のような結果になる：

$$-\frac{\partial}{\partial p_k} h_{12\cdots m}(\cdots, p_k - 0, \cdots)$$

$$\leq \left[\frac{\partial}{\partial x_k} f(\cdots, x_k - 0, \cdots) \leq p_k \leq \frac{\partial}{\partial x_k} f(\cdots, x_k + 0, \cdots) \text{ を満たす } x_k \right]$$

$$\leq -\frac{\partial}{\partial p_k} h_{12\cdots m}(\cdots, p_k + 0, \cdots) \qquad (k = 1, 2, \cdots, m). \tag{12.73}$$

　最後に，$h_1(p_1, x_2, x_3, \cdots)$ の，ルジャンドル変換していない変数 $x_2, x_3, \cdots$ についての偏微分だが，その一般論は，$f(x_1, x_2, x_3, \cdots)$ や $h_1(p_1, x_2, x_3, \cdots)$ が微分可能でない領域では，ややこしいので付録 B に回す．このような状況は，17 章で述べる相転移において発生するので，実例を前にしてその都度考

える，というぐらいでもよいと思う．

第13章

他の表示への変換

熱力学の基本は「エントロピー表示」であるが，「エネルギー表示」も可能であることを学んだ．この章では，これら以外の「表示」を紹介する．その際に，前章で説明したルジャンドル変換を数学的な道具として用いる．3.3.8項で述べたように，どんなマクロ系でも単純系の複合系とみなせるので，この章では単純系を扱う．

13.1 概要

最初に，この章で説明することの概要を述べておこう．エントロピーの自然な変数 $U, X_1, \cdots, X_t$ は，1 成分気体などでは U, V, N である．そこで，エントロピー表示をしばしば **UVN 表示** とも呼ぶ．この表示では，

- 系の熱力学的性質は，エントロピーをその自然な変数 U, V, N の関数として表した基本関係式 $S = S(U, V, N)$ で完全に決定できる．

- 平衡状態は U, V, N の値で（3.3.6 項に述べたように実質的に）一意的に定まる．

というのが熱力学の基本であった．

また，V, N を固定したときに，$S(U, V, N)$ は U の連続な強増加関数なので，$U = U(S, V, N)$ のように逆に解くことが必ずできた．この関数 $U(S, V, N)$ も，S の連続な強増加関数になるので，再び逆に解けば，元の $S = S(U, V, N)$ を回復できるのであった．このため，S, V, N と $U = U(S, V, N)$ を知れば，U, V, N と $S = S(U, V, N)$ を知ったのと等価なのであった．これが **エネルギー表示** (energy representation) だったが，今の場合は U の自然な変数が S, V, N になるから，**SVN 表示** とも呼ぶ．この表示では次のようになる：

- 系の熱力学的性質は，エネルギーをその自然な変数 S, V, N の関数として

表した基本関係式 $U = U(S, V, N)$ で完全に決定できる.

- 平衡状態は S, V, N の値で（5.6 項に述べたように実質的に）一意的に定まる.

この章では,これら以外の「表示」として,**U, V, N や S, V, N の一部を狭義示強変数に置き換えたもの**を与える.たとえば,平衡状態を T, V, N で指定しようと試みる.そして,系の熱力学的性質を与える基本関係式として,**Helmholtz**（ヘルムホルツ）**エネルギー**とか,Helmholtz の**自由エネルギー** (free energy) と呼ばれる関数 $F = F(T, V, N)$ を構築する.これを **TVN 表示**と呼ぶ.そうすると,次のようなことになる:

- Helmholtz エネルギーをその自然な変数 T, V, N の関数として表した基本関係式 $F = F(T, V, N)$ が与えられれば,**系の熱力学的性質は完全に決定できる**.

- しかし平衡状態は,多くの場合は T, V, N で一意的に定まるものの,**相転移があるときには T, V, N では定まりきらないことがある**.なぜなら（17 章で説明する水の「三重点」のように）**T, V, N と U, V, N の関係が一対多対応になって**,前者から後者が一意的に定まらなくなることがあるからだ.

平衡状態が T, V, N では定まりきらないことがあるのに,$F = F(T, V, N)$ が系の熱力学的性質を完全に決定するのは奇異に思うだろうが,それは次のような事情による:

- 関数 $U(S, V, N)$ が与えられたとき,それを S についてルジャンドル変換したのが関数 $F(T, V, N)$ である.

- したがって,逆に関数 $F(T, V, N)$ が与えられたときは,それを T について逆ルジャンドル変換すれば,関数 $U(S, V, N)$ が完全に決定できる.

つまり,次のような関係になっている:

$$UVN \text{ 表示}: S = S(U, V, N)$$

$$\updownarrow \quad \text{逆に解く}$$

$$SVN \text{ 表示}: U = U(S, V, N) \tag{13.1}$$

$$\updownarrow \quad \text{ルジャンドル変換・逆ルジャンドル変換}$$

$$TVN \text{ 表示}: F = F(T, V, N)$$

このため，$F(T, V, N)$ を知っていることも，$U(S, V, N)$ を知っていることも，$S(U, V, N)$ を知っていることと完全に等価なのである．

一般に，このような，$S(U, X_1, \cdots, X_t)$ と逆変換やルジャンドル変換で結ばれて等価な，相互に完全に移り変われる関数を（$S(U, X_1, \cdots, X_t)$ も含めて），**熱力学関数** (thermodynamic function) と呼ぶ．とくに，自然な変数を引数にしていないためにこの定義に当てはまらない $S(T, V, N)$ のような関数との区別を強調したいときは，**完全な熱力学関数**と呼ぶことにする[1]．完全な熱力学関数は，それぞれの自然な変数による表示における**基本関係式** (fundamental relation) を与える．

そうは言っても，「TVN 表示では平衡状態が定まりきらないのだから，いつも UVN 表示や SVN 表示を使っておいた方が安心ではないか？」と思われるだろう．それはそうなのだが，TVN 表示は，温度を一定に保って実験するケースを解析する場合に大変便利なのである．なぜなら，その場合，3つの変数 T, V, N のうちの T を定数として扱ってよいので，実質的に少ない変数で議論できるからである．

同様に，熱力学の議論には，**TPN表示**とその基本関係式を与える**Gibbs**（ギッブズ）**エネルギー** $G(T, P, N)$ や，**SPN表示**とその基本関係式を与える**エンタルピー** (enthalpy) $H(S, P, N)$ など，様々な表示と，その基本関係式を与える完全な熱力学関数が登場する．これらの関数は，$U(S, V, N)$ または $S(U, V, N)$ を，いくつかの変数についてルジャンドル変換したものになっている．したがって，これらの表示を用いた場合には，

- U, V, N（や S, V, N）の一部を狭義示強変数に置き換えたものを自然な変数とするので，しばしば，自然な変数と U, V, N の関係が一対多対応にな

---

1) **熱力学ポテンシャル** (thermodynamic potential) とか **fundamental function** と呼ぶことも多いのだが，本書では，名は体を表す，この名前で呼ぶことにする．

って，自然な変数では平衡状態が定まりきらないことがある．

- それにもかかわらず，その表示の完全な熱力学関数から，系の熱力学的性質は完全に決定できる．なぜなら，必要となればいつでも，逆ルジャンドル変換により $S(U, V, N)$ または $U(S, V, N)$ が得られて，UVN 表示や SVN 表示に移れるからである．

これらの様々な表示は，狭義示強変数が一定になるように実験するケースを解析するのに便利なので，よく使われる．

　本章では，以上のことを，エントロピーの自然な変数が U, V, N である場合について説明する．なぜなら，このケースを理解すれば，自然な変数が一般の $U, X_1, \cdots, X_t$ の場合への拡張は容易だからだ．

13.2　Helmholtz エネルギー

　以上のことを定式化しよう．習慣に従って，エネルギー表示の基本関係式 $U = U(S, V, N)$ を出発点にとってルジャンドル変換してゆくことにする．定理 5.8 (p. 93) より，$U(S, V, N)$ は下に凸で連続的微分可能な関数である．

13.2.1　定義
　まずは S についてルジャンドル変換してみる．偏微分係数

$$\frac{\partial U(S, V, N)}{\partial S} = T(S, V, N) \tag{13.2}$$

は常に存在し，それは S, V, N で指定される平衡状態の温度であった．定理 6.3 (p.99) より，その値は正で下限は 0 で上限はない．この下限と上限の間の任意の実数を（上式の右辺と同じ文字の）T とする：

$$0 < T < +\infty. \tag{13.3}$$

そして，ルジャンドル変換

$$F(T, V, N) \equiv \big[U(S, V, N) - ST\big](T, V, N) \tag{13.4}$$

により新たな関数 $F(T, V, N)$ を構築し，**Helmholtz**（ヘルムホルツ）**エネルギー**とか，Helmholtz の**自由エネルギー** (free energy) と名付ける（名前の由来は次章）．偏微分係数 (13.2) は常に存在するので，これは単純に，

$$F(T, V, N) \equiv U(S, V, N) - ST \text{ at } S \text{ such that } T(S, V, N) = T \quad (13.5)$$

を意味する. 前章で述べたように, 右辺は次のような意味である：与えられ
た T と V, N の値に対して, $T(S, V, N) = T$ を満たす S の値を（相転移のた
めに複数個あったらどれでもいいから）$U(S, V, N) - ST$ に代入し, その値を
$F(T, V, N)$ としなさい. 変数 T は, その S の値と V, N とで指定される平衡
状態の温度 $T(S, V, N)$ に等しくなるから, **F の引数 T は温度と解釈できる**.

　要するに, **$U - ST$ の値を T, V, N の関数として表したものが $F(T, V, N)$** なのだが,「T, V, N で表わす」には U, S にどんな状態における値を代入
するかを指定しないといけない. それがルジャンドル変換により,「その $S, V,
N$ における温度が T になるような $U(S, V, N), S$ の値を代入せよ」と指定さ
れたのだ. T, V, N の一組の値に対して, 相転移のために複数の U や S の値
が対応することがあるにもかかわらず, $U - ST$ の値はいつもひとつに定まり,
それが F なのだ. また, ひとつの平衡状態に対して, 状態量である T, V, N
の値はそれぞれひとつに定まるから, その関数である **F も状態量である**. 要
するに, **各平衡状態について $U - ST$ の値がひとつに定まり, それが F であ
る**.

　なお, (13.4) は, しばしば U の引数を省いて次のように略記される：

$$F(T, V, N) \equiv [U - ST](T, V, N). \quad (13.6)$$

また, この節ではエネルギーの自然な変数を S, V, N としているが, 一般の場
合にも, $U(S, X_1, \cdots, X_t)$ を S についてだけルジャンドル変換した

$$F(T, X_1, \cdots, X_t) \equiv [U(S, X_1, \cdots, X_t) - ST](T, X_1, \cdots, X_t) \quad (13.7)$$

を **Helmholtz**（ヘルムホルツ）**エネルギー**と呼ぶことが多い.

13.2.2　凸性・相加性・同次性

12.2.5 項で述べたルジャンドル変換の性質からわかるように, **$F(T, V, N)$**
は T については上に凸で, V, N については下に凸な, 連続関数になる.

　また, 同じ温度の部分系より成る複合系が平衡状態にある場合を考えると,
(13.4) や (13.7) の U と S は相加的で T は共通だから, **F も相加的**だとわか
る：

$$F = \sum_i F^{(i)} \quad (\text{どの部分系の温度も等しいとき}). \tag{13.8}$$

これは，同じ系をくっつけたときには U と同様に F は 2 倍になることを示している．詳しく言うと，U, V, N で指定される平衡状態にある系のサイズを λ (> 0) 倍する（つまり，$U, V, N \rightarrow \lambda U, \lambda V, \lambda N$ とする）と，T は変わらないから，S や U のときと同様な議論により，任意の $\lambda > 0$ に対して

$$F(T, \lambda V, \lambda N) = \lambda F(T, V, N). \tag{13.9}$$

つまり，$F(T, V, N)$ は，**相加変数の引数 V, N については $U(S, V, N)$ と同様に 1 次同次式**になっている．これから，5.1.3 項や 5.6 節と同様の議論により，T と物質量密度 $n \equiv N/V$ だけの関数である **Helmholtz エネルギー密度**

$$f(T, n) \equiv F(T, V, N)/V \tag{13.10}$$

を用いて

$$F(T, V, N) = V f(T, n) \tag{13.11}$$

のように表すことができることもわかる．ここで，$f(T, n)$ の引数には，相加変数である物質量 N は物質量密度 $n \equiv N/V$ として入っているが，狭義示強変数である T はそのまま入っていることに注意して欲しい．それは数学的には，(13.9) の左辺で T が λ 倍されていないことから来ているが，物理的には明らかであろう．

　なお，$f(T, n)$ が与えられれば $F(T, V, N)$ も上式から一意的に決まるから，実は $f(T, n)$ も完全な熱力学関数であり，T, n がその自然な変数なのだ．

13.2.3　1 階微係数

　$U(S, V, N)$ は連続的微分可能であった．しかし $F(T, V, N)$ については，17 章や 18 章で実例を見るように，偏微分可能でなくなる領域が出てくることがある．これと同様のことは，$F(T, V, N)$ に限らず，$U(S, V, N)$ や $S(U, V, N)$ をルジャンドル変換して得られる完全な熱力学関数全般に言えることである．すなわち，**完全な熱力学関数の中では，$U(S, V, N)$ と $S(U, V, N)$ がもっとも良い解析的性質を持っていて，これらにルジャンドル変換を行って得られる完全な熱力学関数は，（多くの変数について変換するほど）一般には解析的性質が悪くなる**．本書のように $S(U, V, N)$ から出発する方が理論がす

っきりする理由のひとつはここにある.

まず, T に関する微分から説明する. $F(T, V, N)$ は T について上に凸だから, 数学の定理 5.1 (p.80) より, 左右の偏微分係数なら必ず存在する. それを (12.28) に倣って

$$\frac{\partial F(T \pm 0, V, N)}{\partial T} \equiv -S(T \pm 0, V, N) \qquad (13.12)$$

と書こう. この関数 $S(T \pm 0, V, N)$ は, $S(U, V, N)$ と同じ文字を使っているが[2], まだ正体不明 (これから明かす) だし, 引数も異なるので, **$S(U, V, N)$ とは違う関数である**. $S(U, V, N)$ はエントロピー S の値を与えたが, $S(T \pm 0, V, N)$ は何を与えるのか? これをみるために, (12.34) と (13.2) より次の不等式が成立することに注意する:

$$S(T - 0, V, N) \leq \big[T(S, V, N) = T \text{ を満たす } S\big] \leq S(T + 0, V, N).$$
$$(13.13)$$

ここで, $U(S, V, N)$ の微分可能性より $T(S - 0, V, N) = T(S + 0, V, N) \equiv T(S, V, N)$ であることを用いた. $[\cdots]$ の中を言葉で表すと,

$$S(T - 0, V, N) \leq \big[\text{温度が } T \text{ であるような状態のエントロピー}\big]$$
$$\leq S(T + 0, V, N). \qquad (13.14)$$

この式は, もしも今考えている T の値において $F(T, V, N)$ が T について偏微分可能であれば, $S(T - 0, V, N) = S(T + 0, V, N) \ (\equiv S(T, V, N))$ であることから,

$$-\frac{\partial F(T, V, N)}{\partial T} = S(T, V, N)$$
$$= \big[\text{温度が } T \text{ であるような状態のエントロピー}\big] \qquad (13.15)$$

とわかりやすくなる. 一方, 17 章で述べるように, **一次相転移** (first-order phase transition) と呼ばれる種類の相転移が起こるときには, $F(T, V, N)$ が T について偏微分可能でなくなることが起こりうる. その場合は, F の凸性から $S(T - 0, V, N) < S(T + 0, V, N)$ となり, (13.14) より, **温度が T であるような状態のエントロピー S の値は, $S(T - 0, V, N)$ から $S(T + 0, V, N)$ の範囲にある**ことがわかる. さらに, 数学の定理 12.3 (p.219) に至る議論と

---

2) わかりにくく感じる人は, とりあえず違う文字で表しておいて, 以下で正体がわかってから S という文字を使い始めればよい.

エントロピーの連続性を考慮すると，**S は実際にこの範囲のすべての値をとりうることもわかる**．実際，17 章で見るように，三重点において水を熱すると，**T は一定のまま S が変わり，その最大値・最小値が $S(T \pm 0, V, N)$ で（複号同順で）与えられる**．

$F(T, V, N)$ の V 微分については，もしも偏微分可能であれば，$U(S, V, N)$ はもともと偏微分可能だから，(12.30) が使えて

$$\frac{\partial F(T, V, N)}{\partial V} = \left[\frac{\partial U(S, V, N)}{\partial V} \right] (T, V, N)$$
$$= - \left[P(S, V, N) \right] (T, V, N). \qquad (13.16)$$

右辺は（符号を除くと）圧力 $P(S, V, N)$ を T, V, N の関数として表したものに過ぎないので，$P(T, V, N)$ と書こう．すると，

$$-\frac{\partial F(T, V, N)}{\partial V} = P(T, V, N)$$
$$= \left[温度が T であるような状態の圧力 \right] \qquad (13.17)$$

とわかりやすい．$F(T, V, N)$ の N 微分についても同様で，もしも偏微分可能であれば，化学ポテンシャル $\mu(S, V, N)$ を T, V, N の関数として表したものになる．それを $\mu(T, V, N)$ と書くと，

$$\frac{\partial F(T, V, N)}{\partial N} = \mu(T, V, N)$$
$$= \left[温度が T であるような状態の化学ポテンシャル \right] \qquad (13.18)$$

とわかりやすい．一方，F が V や N について微分可能でないときには，17 章や付録 B の議論を適用する必要がある．以上の結果をまとめると：

定理 13.1　もしも，考えている T, V, N の値付近で $F(T, V, N)$ が連続的微分可能であれば，その微分は，

$$dF = -S(T, V, N)dT - P(T, V, N)dV + \mu(T, V, N)dN \qquad (13.19)$$

となり，右辺に現れた偏微分係数 $S(T, V, N), P(T, V, N), \mu(T, V, N)$ はそれぞれ，温度，体積，物質量が T, V, N のときのエントロピー，圧力，化学ポテンシャルである．一方，もしも $F(T, V, N)$ が T について偏微分可能でなければ，その左右の微係数 $S(T \pm 0, V, N)$ は温度，体積，物質

量が T, V, N のときのエントロピーの上下限を（複号同順で）与える．
（$F(T, V, N)$ が V や μ について偏微分可能でない場合は 17 章や付録 B
の議論を適用せよ．）

実際の実験では温度が一定になるように実験することが多いので，T, V, N
の関数として S, P, μ を表した $S(T, V, N), P(T, V, N), \mu(T, V, N)$（いずれも
$F(T, V, N)$ を偏微分すれば得られる！）は便利であり，よく使われる．また，
F は，単に表示を変えた基本関係式というだけではなく，「熱浴に浸かってい
るという条件下での自由に使えるエネルギー」という物理的な意味も持つ．そ
れについては次章で説明する．

13.2.4 2 階微係数についての注意

$F(T, V, N)$ に何の特異性もない T, V, N の領域を考えよう．F を T で偏微
分すれば，$S(T, V, N)$ が得られ，それは温度 T におけるエントロピーであっ
た．では，これをもう一度偏微分すると何になるか？　たとえば V で偏微分
すると？

反射的に，「V に共役な示強変数 Π_V を T, V, N の関数として表したものに
なる」と答えたくなる人もいると思う．しかし，理想気体のような特殊なケー
スを除くとそうはならない：

$$\frac{\partial S(T, V, N)}{\partial V} \neq \Pi_V = \frac{\partial S(U, V, N)}{\partial V}. \tag{13.20}$$

これは 1.6 節の一般論から明らかであるが，もう少し詳細を見てみよう．

ここでは何の特異性もない領域を考えているのだから，(13.6) を単純に S
$= (-F + U)/T$ と変形しても問題ない．これを（S も U も T, V, N の関数と
して $S(T, V, N), U(T, V, N)$ のように表しておいたとして）V で偏微分すると

$$\frac{\partial S(T, V, N)}{\partial V} = -\frac{1}{T} \frac{\partial F(T, V, N)}{\partial V} + \frac{1}{T} \frac{\partial U(T, V, N)}{\partial V} \tag{13.21}$$

となるので，(13.17) を用いれば，

$$\frac{\partial S(T, V, N)}{\partial V} = \Pi_V(T, V, N) + \frac{1}{T} \frac{\partial U(T, V, N)}{\partial V} \tag{13.22}$$

を得る．最後の余分な項のために，$\dfrac{\partial S(T, V, N)}{\partial V} \neq \Pi_V$ となるのだ．

さらに言えば，この $U(T, V, N)$ の偏微分係数も，素朴な期待とは違って，
圧力 P を T, V, N の関数として表したものには一般にはならない：

$$\frac{\partial U(T,V,N)}{\partial V} \neq -P(T,V,N). \tag{13.23}$$

これも 1.6 節の一般論から明らかだろうが，詳しく見るために，(13.6) を単純に変形した $U = F + TS$ を偏微分すれば，(13.17) を用いて，

$$\frac{\partial U(T,V,N)}{\partial V} = \frac{\partial F(T,V,N)}{\partial V} + T\frac{\partial S(T,V,N)}{\partial V}$$
$$= -P(T,V,N) + T\left(\frac{\partial S}{\partial V}\right)_{T,N}. \tag{13.24}$$

この最後の項は，温度を一定に保ちつつ V を dV だけ増したときに，温度を一定に保つために熱浴から系に流入した熱 TdS と dV の比である．このような熱の出入りがあるから，$\dfrac{\partial U(T,V,N)}{\partial V}$ は $-P$ にはならないのである．

　同様に，$S(T,V,N)$, $U(T,V,N)$ を N で偏微分しても，Π_N や μ にはならない．このように，一般に，**S や U の微分が Π_k や P_k を与えるというのは，S や U がその自然な変数で表されているとき（すなわち完全な熱力学関数になっているとき）に限る**ので，注意して欲しい．その実例は問題 13.1 (p.257) で与える．

　なお，上記の計算で行ったように，**相転移がない領域を考える限りは，ルジャンドル変換 $F(T, V, N) = [U(S, V, N) - ST](T, V, N)$ を単純に $F = U - TS$ と考えて，自由に $S = (-F + U)/T$ などと変形して計算してよい**[3]．相転移がない領域では，T,V,N を与えれば F,U,S それぞれの値が一意的に定まっているからである．

13.2.5　理想気体・光子気体などの F

　1 成分理想気体の F を求めてみよう．(6.43) は何回でも微分可能で微係数が強単調だから (13.4) を計算するのは簡単で，単に S を T,V,N で表してやって $U(S,V,N) - ST$ に代入すればよい．それにはまず，(6.43) を S で微分して，

$$T = \frac{(\gamma-1)U_0}{RN_0}\left(\frac{N}{N_0}\right)^{\gamma-1}\left(\frac{V_0}{V}\right)^{\gamma-1}\exp\left[\frac{\gamma-1}{R}\left(\frac{S}{N} - \frac{S_0}{N_0}\right)\right]. \tag{13.25}$$

---

3)　これがまさに，多くの教科書で行われている計算であるが，相転移がある領域でもこれをやってしまうので，混乱を招いているように見える．

この式で $(S, V, N) = (S_0, V_0, N_0)$ とおいてみれば，右辺の係数 $\dfrac{(\gamma - 1)U_0}{RN_0}$ は (S_0, V_0, N_0) における温度だとわかるので，以後は T_0 と書くことにする．上式を逆に解いて (6.40) を用いれば，

$$S = \frac{N}{N_0}S_0 + RN \ln\left[\left(\frac{T}{T_0}\right)^c \left(\frac{V}{V_0}\right)\left(\frac{N_0}{N}\right)\right]. \qquad (13.26)$$

これを $U(S, V, N) - ST$ の S に代入して，

$$F(T, V, N) = NT\left(cR - \frac{S_0}{N_0} - R \ln\left[\left(\frac{T}{T_0}\right)^c \left(\frac{V}{V_0}\right)\left(\frac{N_0}{N}\right)\right]\right). \quad (13.27)$$

あるいは，$F_0 \equiv F(T_0, V_0, N_0) = cRN_0T_0 - S_0T_0$ とおくと，

$$F(T, V, N) = \frac{NT}{N_0T_0}F_0 - RNT \ln\left[\left(\frac{T}{T_0}\right)^c \left(\frac{V}{V_0}\right)\left(\frac{N_0}{N}\right)\right]. \quad (13.28)$$

これが，1 成分理想気体の Helmholtz の自由エネルギーである．これを出発点にすれば，様々なことが TVN 表示で議論できる．たとえば，S や P が T, V, N の関数として求まる：

$$S(T, V, N) = -\frac{\partial}{\partial T}F(T, V, N) = 式 (13.26) 右辺と同じ, \qquad (13.29)$$

$$P(T, V, N) = -\frac{\partial}{\partial V}F(T, V, N) = \frac{RNT}{V}. \qquad (13.30)$$

なお，上の計算で $U - ST$ を T, V, N の関数として表す（つまり F を求める）ときに，**たとえ $U(S, V, N)$ の表式を具体的に知らなくても，U と S を T, V, N の関数として表した (6.41) と (13.26) を知っていれば十分である**．このため，問題 13.5 のように $U(S, V)$ の表式が簡単には求まらない場合でも，F を簡単に求められることが少なくない．

問題 13.1 上の結果を用いて，13.2.4 項で注意した次の事実を確かめよ：

$$\frac{\partial U(T, V, N)}{\partial V} \neq -P.$$

問題 13.2 最初に (13.28) の $F(T, V, N)$ が与えられたとして，それを逆ルジャンドル変換して $U(S, V, N)$ を求めよ．

次に，6.5 節で述べた光子気体を考えよう．光子気体の F は，(6.45) の $S = S(U, V)$ を逆に解いた $U = U(S, V)$ をルジャンドル変換したものだから，その自然な変数は T, V になる．この $U = U(S, V)$ は何回でも微分可能で微係数

が強単調だからルジャンドル変換は簡単で（下の問題），結果は，

$$F(T, V) = -4\sigma V T^4/3c. \tag{13.31}$$

光子気体の他の性質や，その他の系の F については，問題にしておくので是非解いてみて欲しい．

問題 13.3 (13.31) を示せ．また，S, P を T, V の関数として求めよ．

問題 13.4 p.208 の図 11.6 の R が光子気体の入ったシリンダーであるとして Carnot サイクルを分析し，理想気体の場合（問題 11.8）と比較せよ．

問題 13.5 基本関係式が (5.37) で与えられる系の Helmholtz エネルギー $F(T, V)$ を求めよ．また，それを用いて S, P を T, V の関数として求めよ．

問題 13.6 基本関係式が (3.5) で与えられる系の Helmholtz エネルギー $F(T, V, N)$ を求めよ．また，それを用いて S, P, μ を T, V, N の関数として求めよ．

13.3 Gibbs エネルギー

$F(T, V, N)$ を V についてルジャンドル変換してみよう．(13.17) の $P(T, V, N)$ の下限値を P_{inf}，上限値を P_{sup} と記し，これらの間の任意の実数を（同じ文字を使ってしまって）P とする：

$$P_{\text{inf}} < P < P_{\text{sup}}. \tag{13.32}$$

たとえば理想気体であれば，これは $0 < P < +\infty$ を意味する．そして，(13.17) にマイナス符号があることに注意して，ルジャンドル変換

$$G(T, P, N) \equiv \big[F(T, V, N) + VP\big](T, P, N) \tag{13.33}$$

$$= \big[U(S, V, N) - ST + VP\big](T, P, N) \tag{13.34}$$

により新たな関数 $G(T, P, N)$ を構築する．この関数を **Gibbs**（ギッブズ）**エネルギー**とか，Gibbs の**自由エネルギー** (free energy) と呼ぶ．

F のときと同様に，**平衡状態ごとに一意に定まる $U - ST + VP$ の値を T, P, N の関数として表したものが $G(T, P, N)$** なのだが，「T, P, N で表わす」には U, S, V にどんな状態における値を代入するかを指定しないといけ

ない．それがルジャンドル変換により，「その S, V, N における温度・圧力が T, P になるような $U(S, V, N)$ と S, V の値を（複数組あったらどれでもいいから）代入せよ」と指定されたのだ[4]．したがって，G の引数 T, P はそれぞれ温度と圧力と解釈できる．そのことを理解したならば，上式の F や U などの引数を省いて

$$G(T, P, N) = [F + VP](T, P, N) = [U - ST + VP](T, P, N) \quad (13.35)$$

と略記してもよい．

ルジャンドル変換の性質から明らかに，**$G(T, P, N)$ は連続で，T, P については上に凸で，N については下に凸な**（実は後述のように直線の）関数になる．また，同じ温度と圧力を持つ部分系より成る複合系が平衡状態にある場合を考えると，(13.34) の U, S, V は相加的で T, P は共通だから，**G も相加的**だとわかる：

$$G = \sum_i G^{(i)} \quad （どの部分系の温度も圧力も等しいとき）. \quad (13.36)$$

これは，同じ系をくっつけたときには G が 2 倍になることを示している．詳しく言うと，$G(T, P, N)$ は，**相加変数の引数 N については $U(S, V, N)$ と同様に 1 次同次式だが，狭義示強変数の引数 T, P については 0 次同次式**になっている．つまり，任意の $\lambda > 0$ に対して

$$G(T, P, \lambda N) = \lambda G(T, P, N) \quad (13.37)$$

となる．さらに，5.1.3 項や 5.6 節と同様の議論により，G は，T と P だけの関数である **Gibbs エネルギー密度**

$$\mu(T, P) \equiv G(T, P, N)/N \quad (13.38)$$

を用いて，

$$G(T, P, N) = N\mu(T, P) \quad (13.39)$$

のように表すことができることがわかる．ここで，$\mu(T, P)$ の引数には，示強変数である T, P がそのまま（N で割り算されずに）入ってくることに注意して欲しい．すぐ上で「N については下に凸になる」と書いたが，この式が示

---

[4] ♠ (13.33) で考えると $F(T, V, N)$ が偏微分可能でないような T, V, N の所がわかりにくいが，(13.34) で考えれば $U(S, V, N)$ が連続的微分可能なのでわかりやすい．

すように，**実は N については直線になっている**[5]（直線も凸関数であった！）．
したがって，G は N については常に微分可能であり，単純に

$$\frac{\partial G(T,P,N)}{\partial N} = \mu(T,P) \tag{13.40}$$

である．これとすぐ下の定理からわかるように，今考えているような S,V,N がエネルギーの自然な変数であるような **1 成分系では，Gibbs の自由エネルギーの密度とは，実は化学ポテンシャルを T,P の関数として表したものである**．だから μ という文字を用いておいたのだ．

さて，T や P についての偏微分係数を，

$$S(T,P,N) \equiv -\frac{\partial G(T,P,N)}{\partial T}, \tag{13.41}$$

$$V(T,P,N) \equiv \frac{\partial G(T,P,N)}{\partial P} \tag{13.42}$$

と記そう．もしも左右の偏微分係数が異なるときは，F のときと同様に引数に適宜 ± 0 を付ける：

$$S(T \pm 0,P,N) \equiv -\frac{\partial G(T \pm 0,P,N)}{\partial T}, \tag{13.43}$$

$$V(T,P \pm 0,N) \equiv \frac{\partial G(T,P \pm 0,N)}{\partial P}. \tag{13.44}$$

すると，F のときと同様の議論から，次のことが言える：

定理 13.2 もしも，考えている T,P,N の値付近で，$G(T,P,N)$ が連続的微分可能であれば，その微分は，

$$dG = -S(T,P,N)dT + V(T,P,N)dP + \mu(T,P)dN \tag{13.45}$$

となり，右辺に現れた偏微分係数 $S(T,P,N), V(T,P,N), \mu(T,P)$ はそれぞれ，温度，圧力，物質量が T,P,N のときのエントロピー，体積，化学ポテンシャルである．一方，もしも $G(T,P,N)$ が T について偏微分可能

でなければ，その左右の微係数 $S(T \pm 0, P, N)$ は温度，圧力，物質量が T, P, N のときのエントロピーの上下限を（複号同順で）与える．また，もしも $G(T, P, N)$ が P について偏微分可能でなければ，その左右の微係数 $V(T, P \pm 0, N)$ は温度，圧力，物質量が T, P, N のときの体積の上下限を（複合逆順で）与える．

17 章で説明するように，この定理の後半の偏微分可能でない場合が，相転移においては重要な役割を演ずる．G の物理的な意味は次章で説明する．なお，(13.39) より，(13.41), (13.42) は次のように密度を用いて表せる：

$$S(T, P, N) = Ns(T, P), \quad s(T, P) = -\frac{\partial \mu(T, P)}{\partial T}, \tag{13.46}$$

$$V(T, P, N) = Nv(T, P), \quad v(T, P) = \frac{\partial \mu(T, P)}{\partial P}. \tag{13.47}$$

問題 13.7 1 成分理想気体の $G(T, P, N)$ を求め，S を T, P, N の関数として求めよ．

♠ 補足：一般の場合の Gibbs エネルギー

この節ではエネルギーの自然な変数が S, V, N の場合を説明した．もっと一般の場合に何を **Gibbs**（ギッブズ）**エネルギー**と呼ぶかは，単に呼び名の問題なので本質的ではないが，(i) あくまで S, V についてだけ U をルジャンドル変換したものとする，(ii) 構成粒子の物質量以外のすべての相加変数について U をルジャンドル変換したものとする，等の流儀がある．構成粒子が m 種類あってそれぞれの物質量が $N_1, \cdots, N_m$ であり，エネルギーの自然な変数が $S, V, X_2, \cdots, N_1, \cdots, N_m$ である場合，(i) の流儀では，G の定義は単に，(13.34) の引数の中の N を $X_2, \cdots, N_1, \cdots, N_m$ に置き換えたものになる．他方 (ii) の流儀では，

$$G(T, P, P_2, \cdots, N_1, \cdots, N_m)$$
$$\equiv \left[U(S, V, X_2, \cdots) - ST + VP - X_2 P_2 - \cdots \right](T, P_1, P_2, \cdots, N_1, \cdots, N_m) \tag{13.48}$$

となる．（P_2 は X_2 に共役な示強変数であって粒子 2 の圧力ではない．）エネルギーの自然な変数が物質量以外には S, V しかない場合には，どちらの流儀

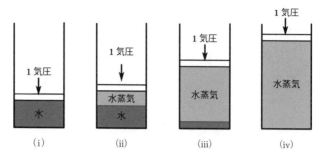

図 13.1 純粋な水をシリンダーに入れ，一定（1気圧）の圧力をかけたままゆっくりと熱すると，(i) → (ii) → (iii) → (iv) のように変化してゆく．

でも同じになり，たとえば

$$G(T, P, N_1, N_2) \equiv [U(S, V, N_1, N_2) - ST + VP](T, P, N_1, N_2). \quad (13.49)$$

13.4　相転移と TVN 表示・TPN 表示

　図 13.1 のように，液体の水に 1 気圧の圧力をかけたままゆっくりと加熱して温度を上げてゆく実験を考える．日常よく見かけるのは，容器に水と空気が入った系であるが[6]，ここで議論しているのは**純粋な水だけからなる系**なので混同しないように注意して欲しい．

　最初は図 13.1(i) のように液体の水であった系を，温めてゆくと，100°C に達したところで図の (ii) のように水蒸気（気体の水）ができはじめる．この状態では，熱を加えるほど，どんどん水蒸気の割合が増えてゆく．しかし，温度は 100°C のままである．さらに熱を加え続けると，図の (iii) のように液体の水が減って水蒸気が増えてゆき，やがて (iv) のようにすべてが水蒸気になる．そうなった後もさらに熱を加え続けると，再び温度が上がり始める．このように，温めるなどの操作により液体の状態から気体の状態へと平衡状態が移り変わる現象を，**液相** (liquid phase) から**気相** (gaseous phase) への**相転移** (phase transition) と呼ぶ（詳しくは 17 章）．また，(i) の状態を冷やしていけばやが

---

6)　♠ その場合は，17 章で説明するように，100°C より低い温度でも，水の一部が空気中に溶け込んだ状態が平衡状態である．このとき，逆に空気の一部も水に溶け込んでいる．すなわち，空気が溶け込んだ液相の水と，水が溶け込んだ気相の空気が共存している．

て氷（固体の水）になるが，そのように，液体の状態から固体の状態へと平衡状態が移り変われば，液相から**固相** (solid phase) への相転移と言う．

詳しくは 17 章で説明するが，図の (i) のように液体だけ（液相だけ）とか，(iv) のように気体だけ（気相だけ）の平衡状態が実現されるような U, V, N の値の範囲では，U, V, N の値と T, V, N の値と T, P, N の値は，どれも一対一に対応し，平衡状態は U, V, N の値でも T, V, N の値でも T, P, N の値でも，いずれの変数の組を用いても完全に定まる．したがって，U, V, N で熱力学を議論する **UVN表示**の代わりに T, P, N で熱力学を議論する **TPN表示**を用いても何も困らない．また，$S(U, V, N)$ にも $F(T, V, N)$ にも $G(T, P, N)$ にも何の特異性もない．

ところが，図の (ii) や (iii) のように，液体と気体が共存する平衡状態が実現されるような U, V, N の値の範囲では，ずっと $T = 100°C$，$P =1$ 気圧であるから，T, P, N の値は (ii) でも (iii) でも変わらない．しかし U, V, N の値は異なっており，(iii) の方が (ii) よりも U, V が大きい．このように，液相とか気相のような**異なる「相」が共存する平衡状態が実現されるような U, V, N の値の範囲では，U, V, N の値と T, P, N の値は，多対一対応になる**．その場合，U, V, N の値を指定すれば，平衡状態は，水と水蒸気それぞれの物質量も含めて十分に（水と水蒸気がそれぞれどの場所にあるかという点を除くと完全に）定まって，(ii) と (iii) も区別できるのに，T, P, N を指定した場合には (ii) と (iii) の区別さえ付かなくなる．このように，**相転移が起こる際には，TPN 表示には不便で不完全な点が出てくることがある**．ただし，相転移があればいつもそうなるわけではなく，17 章で説明するように，**一次相転移** (first-order phase transition) と呼ばれる種類の相転移が起こるときに限られる．図 13.1 のような液相・気相の間の相転移は，典型的な一次相転移である．

また，(ii) や (iii) のような平衡状態では，17 章で説明するように，$S(U, V, N)$ は連続的微分可能なのに $G(T, P, N)$ はそうではなくなる．具体的には，T や P について偏微分不可能に，つまり $S(T - 0, P, N) \neq S(T + 0, P, N)$，$V(T, P-0, N) \neq V(T, P+0, N)$ になる．そのような特異性の強い $G(T, P, N)$ ではあるが，その関数形さえ知っていれば，いつでも逆ルジャンドル変換により $U(S, V, N)$ を（したがってそれを逆に解いた $S(U, V, N)$ も）得ることができるので，**$G(T, P, N)$ の知識だけあれば系の熱力学的性質は完全に決定できる！** その意味で，$G(T, P, N)$ も 13.1 節で述べた完全な熱力学関数のひとつである．したがって，$G(T, P, N)$ を出発点にして熱力学を議論することも

できる. T, P, N では状態が指定できないところでは, いつでも UVN 表示や SVN 表示に移れるからだ. これが **TPN 表示**である.

同様に, $F(T, V, N)$ を基本関係式にして, **TVN 表示**で熱力学を議論することもできる. 一次相転移の近辺の状態については, T, V, N では平衡状態が十分には定まらないという不便で不完全な点が出てくることがあり[7], その場合には $F(T, V, N)$ は連続的微分可能でなくなる. しかし, いつでも逆ルジャンドル変換により UVN 表示や SVN 表示に移れるから, $F(T, V, N)$ の知識だけあれば系の熱力学的性質は完全に決定でき, $F(T, V, N)$ も完全な熱力学関数のひとつである.

17 章で述べるように, 上記の水の例以外にも, 様々な相転移が知られている. 相転移が起こるときには, F や G などの完全な熱力学関数のいずれかに特異性が現れる. そして, UVN 表示と SVN 表示以外の表示では, 平衡状態が十分には指定できないことが起こりうる. それでも, それらの表示は次章などで見るように便利なことが多いので, 頻繁に使われる.

13.5　Euler の関係式と Gibbs-Duhem 関係式

$G(T, P, N)$ をさらに残りの変数 N についてもルジャンドル変換したらどうなるか? 実は, それをやるとゼロになってしまう. その理由は, 本質的には, 5.1.3 項で述べたように基本関係式の変数の数が実質的にはひとつ少ないからである. 実際, ルジャンドル変換を試みると, $[G(T, P, N) - N\mu](T, P, \mu)$ の [ ] 内が (13.39) のために恒等的にゼロになる!

こうなる理由を詳しく見るために, 一連のルジャンドル変換の出発点であったエネルギー表示の基本関係式 $U(S, V, N)$ に戻ろう. 一般に, 関数 $f(x_1, \cdots, x_n)$ が ℓ 次同次関数であれば, その同次性を表す $\lambda^\ell f(x_1, \cdots, x_n) = f(\lambda x_1, \cdots, \lambda x_n)$ を λ で微分した式, $\ell \lambda^{\ell-1} f(x_1, \cdots, x_n) = f_{x_1}(\lambda x_1, \cdots, \lambda x_n) x_1 + \cdots + f_{x_n}(\lambda x_1, \cdots, \lambda x_n) x_n$ で $\lambda = 1$ とおくと

---

7)　♠TVN 表示の場合には, (ii) や (iii) の状態であれば, T, V, N で平衡状態が十分に定まるが, 17 章で説明する**三重点 (triple point)** と呼ばれる平衡状態の近辺では, 固相・液相・気相が共存して T, V, N では平衡状態を十分には指定できなくなる. また, 固体と液体で体積が同じであるような物質では, 三重点以外でも, T, V, N では平衡状態を指定できなくなる.

$$\ell f(x_1, x_2, \cdots) = \sum_i f_{x_i}(x_1, \cdots, x_n) x_i \tag{13.50}$$

を得る．これを **Euler**（オイラー）**の関係式**と言う．これを 1 次同次関数である $U(S, V, N)$ に適用すると，U の偏微分係数が $T, -P, \mu$ になることに注意すれば，

$$U(S, V, N) = T(S, V, N)S - P(S, V, N)V + \mu(S, V, N)N \tag{13.51}$$

を得る．通常はこれを次のように略記する：

$$U = TS - PV + \mu N. \tag{13.52}$$

こう書いてしまうと，まるで $U(S, V, N)$ が S, V, N の 1 次式であるかのように見えてしまうが，実際は，(13.51) のように，係数である T, P, μ が S, V, N の関数になっているので，$U(S, V, N)$ は 1 次式にはならない．ともあれ，(13.52) のために，S, V, N のすべてについてルジャンドル変換しようとすると，

$$\begin{aligned}&\big[U - TS + PV - \mu N\big](T, P, \mu) \\ &= \big[TS - PV + \mu N - TS + PV - \mu N\big](T, P, \mu) = 0 \tag{13.53}\end{aligned}$$

となってしまう！　このように，**熱力学の場合は，完全ルジャンドル変換してはだめで，部分ルジャンドル変換にとどめておく必要がある**．

問題 13.8　基本関係式が (6.45) で与えられる光子気体について，(13.51) から（変数 N を持たないので）N に関する項を落とした式，$U(S, V) = T(S, V)S - P(S, V)V$ が実際に成り立っていることを確かめよ．

なお，一般の基本関係式 $U = U(S, X_1, \cdots, X_t)$ や $S = S(U, X_1, \cdots, X_t)$ に (13.50) を適用すると，

$$U = TS + \sum_{k=1}^{t} P_k X_k, \tag{13.54}$$

$$S = BU + \sum_{k=1}^{t} \Pi_k X_k \tag{13.55}$$

を得る．また，$F(T, V, N)$ や $G(T, P, N)$ についても，示強変数については 0

次同次式に，相加変数については 1 次同次式になっていたことだけ注意すれば，類似の関係式が導ける．たとえば，(13.9) を λ で微分すれば，

$$F(T, V, N) = -P(T, V, N)V + \mu(T, V, N)N \qquad (13.56)$$

を得るし，(13.37) を λ で微分すれば (13.39) を得る．要するに，**熱力学関数の引数のうちの相加変数についてだけ，それに共役な示強変数とかけ算されて右辺に現れる**のである．これがわかってしまえば，もっと変数が多い場合にも同様な関係式を書き下すのは容易だろう．

Euler の関係式から，もうひとつ重要な結果を導こう．エネルギーの自然な変数の値が $S, X_1, \cdots, X_t$ である状態（その示強変数の値は $T, P_1, \cdots, P_t$)と，$S + dS, X_1 + dX_1, \cdots, X_t + dX_t$ である状態（その示強変数の値は $T + dT, P_1 + dP_1, \cdots, P_t + dP_t$ とする）のそれぞれについて (13.54) を書き下して差をとって，d の付いた量の 1 次まで残す．すると，微分 dU の満たすべき式として，$dU = TdS + SdT + \sum_{k=1}^{t}(P_k dX_k + X_k dP_k)$ を得る．これと，同じく微分 dU の表式である (6.24) を等置して整理すると，

$$SdT + \sum_{k=1}^{t} X_k dP_k = 0 \qquad (13.57)$$

を得る．これを，**Gibbs-Duhem**（ギッブズ-デュエム）**関係式**と呼ぶ．たとえば

$$SdT - VdP + Nd\mu = 0 \qquad (13.58)$$

というわけだ．相加変数 $S, X_1, \cdots, X_t$ はまったく独立に変化させることができるのに，この関係式によると，**狭義示強変数 $T, P_1, \cdots, P_t$（たとえば T, P, μ）を完全に独立に変化させることは不可能で，この関係式を満たすようにしか変化できない**のである．このことからも，狭義示強変数よりも相加変数の方を独立変数にとるべきだとわかる[8]．

なお，Gibbs-Duhem 関係式は応用上も有用であるが，それについては後の

---

[8] もっと正確に言えば，相加変数そのものではなくその平均密度を独立変数にとるのがよい．たとえば，$S(U, V, N) = Ns(u, v)$ の u, v を独立変数にとるのがよい．そうすれば，独立変数の数は t 個になり，$t + 1$ 個ある狭義示強変数が独立になりえないのは自明になる．相加変数の残りの 1 個は，狭義示強変数とは違って独立ではあるが，単に全体で何モルあるかを表すだけで本質的ではない．

章で解説する.

13.6 様々な熱力学関数

F や G の他にも，U や S を様々にルジャンドル変換すれば，様々な熱力学関数が作れ，そのどれもが**完全な熱力学関数**であり，**基本関係式** (fundamental relation) を与える.

たとえば，化学でよく使う**エンタルピー** (enthalpy) は，$U(S,V,N)$ を V に関してルジャンドル変換したものである:

$$H(S,P,N) \equiv \big[U(S,V,N) + PV\big](S,P,N). \qquad (13.59)$$

これについても，F や G のときと同様な議論ができる. たとえば，考えている S, P, N の値付近で $H(S,P,N)$ が連続的微分可能な場合には，その微分は,

$$dH = T(S,P,N)dS + V(S,P,N)dP + \mu(S,P,N)dN \qquad (13.60)$$

となる. ここに現れた偏微分係数

$$T(S,P,N) = \frac{\partial H(S,P,N)}{\partial S}, \qquad (13.61)$$

$$V(S,P,N) = \frac{\partial H(S,P,N)}{\partial P}, \qquad (13.62)$$

$$\mu(S,P,N) = \frac{\partial H(S,P,N)}{\partial N} \qquad (13.63)$$

はそれぞれ，T, V, μ を S, P, N の関数として表したものであり，エントロピー，圧力，物質量の値が S, P, N であるような状態の，温度，体積，化学ポテンシャルである.

特に，P と N を一定に保つような準静的な定圧過程では，$dH = TdS = d'Q$ となるので,

エンタルピー H の増加分 = 系に流れ込んだ熱量　（準静的定圧過程）

$$(13.64)$$

という，重要な化学的意味を持つ. ちなみに，V と N を一定に保つような準静的な定積過程の場合には，$dU = TdS = d'Q$ となるので，系に流れ込んだ熱量は H ではなく U の変化に等しい.

多変数のルジャンドル変換が変換の順序に依らないこと（p.245 問題 12.17）

から，H をさらに S に関してルジャンドル変換すれば G になる．したがって，(13.1) に示した構造は，詳しく書くと次のようになる．まず，$S(U, V, N)$ から変形してゆく向きに書くと，

$$S(U, V, N)$$

$$\downarrow \quad U \text{ について逆に解く}$$

$$U(S, V, N) \tag{13.65}$$

S についてルジャンドル変換　　$\nearrow$　　　　$\searrow$　V についてルジャンドル変換

$$F(T, V, N) \qquad H(S, P, N)$$

V についてルジャンドル変換　$\searrow$　　　$\nearrow$　S についてルジャンドル変換

$$G(T, P, N)$$

となる．そして，これらの矢印は，すべて逆向きにも移行できる：

$$S(U, V, N)$$

$$\uparrow \quad S \text{ について逆に解く}$$

$$U(S, V, N) \tag{13.66}$$

T について逆ルジャンドル変換　$\nearrow$　　　$\searrow$　P について逆ルジャンドル変換

$$F(T, V, N) \qquad H(S, P, N)$$

P について逆ルジャンドル変換　$\searrow$　　　$\nearrow$　T について逆ルジャンドル変換

$$G(T, P, N)$$

この相関図に現れた関数の**どれもが完全な熱力学関数であり，基本関係式を与える**．それぞれの熱力学関数の**自然な変数** (natural variables) はこの相関図にある通りで，たとえば，F では T, V, N で，G では T, P, N である．それ以外の変数の関数として熱力学関数を表したものは，完全な熱力学関数ではなく，基本関係式を与えない．要するに，**完全な熱力学関数である $U(S, V, \cdots)$ をルジャンドル変換するときに出てきた変数が，ルジャンドル変換して得られた熱力学関数の自然な変数になるのである**．

　また，$F(T, V, N)$ や $G(T, P, N)$ について述べたように，**完全な熱力学関数は，その自然な変数について連続である**．逆に言えば，S や U であっても，それぞれの自然な変数の関数として表されていない場合には，連続とは限らない．たとえば $S(T, P, N)$ は，17 章で述べるように，気体と液体の間の相転移

のとき不連続になる.

エネルギーの自然な変数の数がもっと多い場合に上と同様な議論をすることも，本書の読者にとってはもはや容易だろう．また，$S(U, V, \cdots)$ をルジャンドル変換して同様な議論をすることも容易だろう．そのような一般の場合，ルジャンドル変換すると，特別な呼び名がないような熱力学関数を得ることもあるが，呼び名がなくても自分の目的にとって有用であれば使えばよい.

なお，完全な熱力学関数はどれも，その自然な変数が状態量であるから，やはり状態量である．熱力学関数の値は，どんな引数で表されているかとは無関係に決まるので，わざわざ「完全な」を付けなくてもこれは成り立つ．要するに**熱力学関数は状態量である**．したがって定理 7.2 (p.122) より，ある過程の前後における熱力学関数の差は，その過程がどんなものであったかとは無関係に，最初と最後の平衡状態だけで決まる.

♠ 補足：Massieu 関数

上では，熱力学の伝統に従って，$U(S, V, N)$ をルジャンドル変換した熱力学関数を紹介した．しかし，熱力学の基本はエントロピー表示であったから，理論的には，エントロピー $S(U, V, N)$ をルジャンドル変換する方が自然である．たとえば，逆温度 $B = \partial S/\partial U$ を用いて $S(U, V, N)$ を U についてルジャンドル変換した熱力学関数を $\mathcal{F}$（花文字の F）と記そう：

$$\mathcal{F}(B, V, N) \equiv [S(U, V, N) - UB](B, V, N). \tag{13.67}$$

これも完全な熱力学関数である．その微係数が何を与えるかは，ルジャンドル変換の性質から明らかだろう．たとえば，

$$U(B, V, N) = -\frac{\partial \mathcal{F}(B, V, N)}{\partial B}. \tag{13.68}$$

$S(U, V, N)$ を他の変数についてルジャンドル変換したり，$\mathcal{F}(B, V, N)$ をさらに他の変数についてルジャンドル変換すれば，様々な熱力学関数が得られ，そのどれもが基本関係式を与える．それらの名前は個別には決まっていないが，まとめて，**Massieu**（マシュー）**関数**と呼ぶことがある．それらは，統計力学や非平衡熱力学において有用になる.

13.7　Maxwell の関係式

完全な熱力学関数は，17 章で説明するように相転移が起こる領域を除くと解析的であり，常に無限階連続的微分可能である．したがって，数学の定理 1.2 (p.12) より，2 階の偏微分係数は微分の順序に依らない．たとえば，

$$\frac{\partial}{\partial S}\left(\frac{\partial U(S,V,N)}{\partial V}\right) = \frac{\partial}{\partial V}\left(\frac{\partial U(S,V,N)}{\partial S}\right) \tag{13.69}$$

ということだ．この括弧内はそれぞれ $-P(S,V,N)$, $T(S,V,N)$ であるから，

$$\left(\frac{\partial P}{\partial S}\right)_{V,N} = -\left(\frac{\partial T}{\partial V}\right)_{S,N} \tag{13.70}$$

を得る．物理的にはこれは，断物容器にいれた物質について，次のことを言っている：両辺を T で割り算した式を考えると，左辺は，体積を固定して準静的に熱 $(d'Q = TdS)$ を加えていったときの圧力の増加を表し，右辺は，断熱して準静的に体積を増していったときの温度の（負号が付いているから）低下率を表す．このような**一見するとあまり関係がなさそうな 2 つの量が等しいことが予言できる**のである！

これと同様の関係式は，他にもいろいろと得られる．そのためには，微分する変数を V, N に選ぶとか，あるいは，微分される熱力学関数を $F(T,V,N)$ や $G(T,P,N)$ や $H(S,P,N)$ にすればよい（下の問題）．一見するとあまり関係がありそうもない量が等しいことが次々とわかるのだ．そうして得られた関係式たちを，**Maxwell（マクスウェル）の関係式**と呼ぶ．（狭義には，上で導いたものと下の問題で導くものだけを Maxwell の関係式と呼ぶ.）

問題 13.9　次の Maxwell の関係式を導き，(13.70) の直後に述べたような物理的意味を考察せよ．

$$\left(\frac{\partial V}{\partial S}\right)_{P,N} = \left(\frac{\partial T}{\partial P}\right)_{S,N}, \tag{13.71}$$

$$\left(\frac{\partial S}{\partial V}\right)_{T,N} = \left(\frac{\partial P}{\partial T}\right)_{V,N}, \tag{13.72}$$

$$\left(\frac{\partial S}{\partial P}\right)_{T,N} = -\left(\frac{\partial V}{\partial T}\right)_{P,N}. \tag{13.73}$$

　注意して欲しいのは，**これらの不思議な関係式は，物質の種類にも量にもよらずに成り立つ，極めて普遍的な関係式**だという事実だ．このような関係式が導けることも，熱力学の偉大な力である．本書の理論体系では，Maxwell の関係式は要請 II のあまりにも自然な帰結であったから，読者はあまり驚きを感じないかもしれない．しかし，もしもこの関係式が成り立たなかったとしたら，基本関係式は存在しないことになり[9]，熱力学そのものが成り立たないことになる．すなわち，現実の系で，T とか P という，読者が熱力学を知る以前からなじんでいたであろう物理量の間に，**Maxwell の関係式が成り立っているという事実は，そのなじみ深い物理量たちの背後に熱力学という普遍的な理論構造が存在している傍証**なのである！

---

[9]　基本関係式の存在 ⇒Maxwell の関係式の成立だったから，その対偶をとることによってこれが言える．

第14章

大きな系・小さな系

　熱力学では，着目する系よりもずっと大きな系とか，ずっと小さな系を考えると（理論上も実験上も）便利なことが多い．この章ではそれについて基本的なことを説明する．前章と同様に，単純系を仮定する．

14.1　定積熱容量

　正確な定義はすぐ下で述べるが，粗っぽく言うと，温度を 1 K 上げるのにどれだけ熱を要するかを，その系の**熱容量** (heat capacity) と言う．その値はどんな条件で熱を加えるかで変わるので，その条件ごとに，○○熱容量というように頭に条件を表す形容詞を付けて呼ぶ．本節では「定積熱容量」を説明する．

　堅くて断物の壁で囲まれた系を考える．はじめ，エントロピーの自然な変数の値が U, V, N であるような平衡状態にあったとし，そのときの温度を $T(U, V, N)$ とする．そこにわずかな熱 $d'Q$ を加えてエネルギーを U から $U + d'Q$ に上昇させ，再び平衡状態になるまで待つ．壁が堅くて断物だから V, N は一定に保たれるので，平衡状態に達したときの温度は $T(U + d'Q, V, N)$ となる．したがって，温度を $T(U+d'Q, V, N) - T(U, V, N)$ だけ上げるのに，熱が $d'Q$ だけ必要だったことになる．この比

$$C_V(U, V, N) \equiv \lim_{d'Q \to 0} \frac{d'Q}{T(U + d'Q, V, N) - T(U, V, N)} \tag{14.1}$$

を，U, V, N で指定される状態における**定積熱容量**と呼ぶ「定積」というのは，体積 V が一定の条件で考えている，という意味である．（N も一定だが，これはいわばデフォルトだから，わざわざ「定物質量」とは言わない．）上式は，しばしば

$$C_V \equiv \lim_{d'Q \to 0} \left(\frac{d'Q}{dT} \right)_{V,N} \tag{14.2}$$

と略記される.ここの dT は,「V, N を一定に保ったまま $d'Q$ だけの熱を加えたときの温度変化」という意味であり,それを明示するために添え字 V, N を付けてある.

この定義で仮定した状況では,$d'Q$ は単純にエネルギーの変化量に等しいので $d'Q = dU$ となり,上式は

$$C_V(U, V, N) = \lim_{dU \to 0} \frac{dU}{T(U + dU, V, N) - T(U, V, N)} = \frac{1}{\dfrac{\partial}{\partial U} T(U, V, N)}$$

$$= 1 \Big/ \left(\frac{\partial T}{\partial U} \right)_{V,N} \tag{14.3}$$

とも書ける.定理 6.3 (p.99) より分母の $T(U, V, N)$ は U の増加関数であるので,

$$C_V(U, V, N) > 0 \tag{14.4}$$

が言える.これは,V, N を一定に保ったまま温度を上げるにはどんな物質でも熱を加えなくてはならない,という直感的には当たり前のことを言っている.

(14.3) を様々に変形してみよう.まず,$T(U, V, N)$ が U について強増加している領域を考える.そのような領域では U と T が一対一に対応するので,$C_V(U, V, N)$ は「$T (= T(U, V, N))$, V, N で指定される状態における定積熱容量」あるいは簡単に「温度 T における定積熱容量」とも言う.それを $C_V(T, V, N)$ と書くと,1 階偏微分は 1 変数関数の 1 階微分と同じだから $dy/dx = 1/(dx/dy)$ が成り立つので,

$$C_V(T, V, N) = \frac{\partial U(T, V, N)}{\partial T} = \left(\frac{\partial U}{\partial T} \right)_{V,N} \tag{14.5}$$

と書き直せる.ただしこの偏微分は,U を **T, V, N の関数**として表してから[1] T で偏微分しなさい,という意味である.あるいは,V, N が一定という条件では $dU = TdS - PdV + \mu dN = TdS$ だから,∂U に代入して,

---

1) 今は $T(U, V, N)$ が U について強増加している領域を考えているからそれができる.

$$C_V(T, V, N) = T \frac{\partial S(T, V, N)}{\partial T} = T \left(\frac{\partial S}{\partial T} \right)_{V,N} \tag{14.6}$$

とも書ける．この偏微分は，S を $\boldsymbol{T, V, N}$ の関数として表してから T で偏微分しなさい，という意味である．そのような S の表式 $S(T, V, N)$ は，$F(T, V, N)$ から (13.12) のように計算できるから，

$$C_V(T, V, N) = -T \frac{\partial^2 F(T, V, N)}{\partial T^2} \tag{14.7}$$

とも書ける．

　一方，U, V, N が相転移が起こる領域にあるときは，U を変化させても $T(U, V, N)$ が一定値に留まることが起こりうる．その場合は，定義 (14.3) により $C_V(U, V, N)$ は発散する．そのときは，(14.5)〜(14.7) も数学的には無意味な式になってしまう．たとえば (14.7) について言うと，$F(T, V, N)$ の微係数が

$$\frac{\partial F(T - 0, V, N)}{\partial T} > \frac{\partial F(T + 0, V, N)}{\partial T}$$ のように不連続になってしまうので，

これ以上微分できず，(14.7) は数学的には使えない．しかし，物理では大らかに

　　(14.7) の右辺

$$= -T \lim_{\epsilon \to +0} \frac{1}{\epsilon} \left(\frac{\partial F(T + \epsilon, V, N)}{\partial T} - \frac{\partial F(T - \epsilon, V, N)}{\partial T} \right) \to +\infty \tag{14.8}$$

と考えて，『(14.3) と一致する「発散する」という結果を与える』と見なすならわしである．(14.5) や (14.6) も同様である．これは乱暴に見えるかもしれないが，T をこのような領域に近づけていくと，いずれの公式でも正の無限大に向かって大きくなっていくのが見えるので，さほど悪い見方ではない．物理量が発散するときにはその発散の仕方に意味があるからだ．

　こうして，発散する場合も含めて $\boldsymbol{C_V(U, V, N)}$ と $\boldsymbol{C_V(T, V, N)}$ は常に一致することがわかったので，**もはや両者を区別する必要はなく，単に $\boldsymbol{C_V}$ と略記する**ことにする．

　C_V は，相加的な量 U を示強変数 T で微分（＝割り算の極限）したものだから，（同じ温度の系を集める限りは）相加的である．これは，物理的には，同じ物質が 2 倍の量だけあれば，温度を 1 K 上げるのに要する熱が 2 倍になるという当たり前のことを言っている．そこで，これを 1 mol あたりに換算した

$$c_V \equiv C_V/N \tag{14.9}$$

を考えれば，これは N に依らなくなり便利である．この c_V を**定積モル比熱**と呼ぶ．同じ平衡状態にある物質を N mol 合わせれば，その定積熱容量は Nc_V になるわけだ．

(14.1) からわかるように，体積を一定に保ったまま温度を dT だけ上げるのに必要な熱量 $d'Q$ は，

$$d'Q = C_V dT = Nc_V dT \tag{14.10}$$

と計算できる．つまり，**比熱が大きいほど，また，物質の量が多いほど，温度を変えるのに大きな熱量が必要になる**．これは物理的には当然だ．あるいは，この式を

$$dT = \frac{d'Q}{C_V} = \frac{d'Q}{Nc_V} \tag{14.11}$$

と書いてみると，**同じだけの熱量を与えても，比熱が大きいほど，また，物質の量が多いほど，温度変化が少ない**ことがわかる．これも物理的には当然だ．

例 14.1　1 成分理想気体の定積熱容量は，$U = cRNT$ と (14.5) より

$$C_V = cRN. \tag{14.12}$$

したがって定積モル比熱は，$c_V = cR \simeq 8.3c$ J/K · mol. たとえば，単原子理想気体の場合には $c = 3/2$ であったから，1 mol の単原子理想気体の温度を 1 K 上げるのに必要な熱は，$(3/2)R \times 1$ mol $\times 1$ K $\simeq 12$ J だとわかる．∎

なお，この例で見たように，理想気体の C_V, c_V は温度にも体積にも依らないが，それは理想気体の特殊性であり，普通はこうはならない．たとえば下の問題を解いてみよ：

問題 14.1　光子気体の定積熱容量を求めよ．

問題 14.2　5.5 節の例について，定積熱容量を求めよ．

14.2 定圧熱容量

定積熱容量以外にも，「定圧熱容量」というものがよく使われる．重要なのは，どちらも「温度を 1 K 上げるのにどれだけ熱を要するか」なのに，**熱するときの条件が違うので値が異なる**ことである．

可動なピストンの付いた容器に入った系を考える．平衡状態では，系の圧力 P は周りの大気の圧力 P_a に等しい．大気の量が十分に多いとすると，P_a は一定値に保たれる．大気と系の間は断熱・断物しておく．今，系を準静的に熱したとする．たとえば，容器を断熱材で作っておいて，内部に電熱線を置いてゆっくりと系を熱すればよい．そうすると，系も大気も常に平衡にあると見なせるので，$P = P_\mathrm{a} =$ 一定である．つまり，圧力を一定に保ったまま熱することになる．このようにして $d'Q$ だけの熱を加えたときの系の温度変化を dT とすると，両者の比

$$C_P \equiv \lim_{d'Q \to 0} \left(\frac{d'Q}{dT} \right)_{P,N} \tag{14.13}$$

を**定圧熱容量**と呼ぶ．(14.2) とは違って，ここの dT は，「**P, N を一定に保ったまま** $d'Q$ だけの熱を加えたときの温度変化」という意味であるので，それを明示するために添え字 P, N を付けた．

ところで，これは準静的過程なので $d'Q = TdS$ である．それを上式に代入すると，

$$C_P = T \frac{\partial S(T,P,N)}{\partial T} = T \left(\frac{\partial S}{\partial T} \right)_{P,N} \tag{14.14}$$

とも書ける．この偏微分は，S を T, P, N の関数として表してから T で偏微分しなさい，という意味である．そのような S の表式 $S(T,P,N)$ は，Gibbs の自由エネルギー $G(T,P,N)$ から (13.41) により計算できるから，

$$C_P = -T \frac{\partial^2 G(T,P,N)}{\partial T^2} \tag{14.15}$$

とも書ける．もちろん，C_V のときと同様に，相転移が起こる領域では (14.13) で定義された C_P が発散することがあり，その場合には，(14.14)〜(14.15) は数学的には無意味になる．しかし，そのような場合でも，大らかに，(14.14)，(14.15) も「発散する」という同じ結果を与えると見なす習慣である．14.1 節

で述べたように，それはさほど悪い見方ではない.

C_P は，相加的な量 S を示強変数 T で微分（＝割り算の極限）してまた T をかけたものだから，（同じ温度・圧力の系を集める限りは）相加的である. そこで，これを 1 mol あたりに換算した

$$c_P \equiv C_P/N \tag{14.16}$$

を考えれば，これは N に依らなくなり便利である. この c_P を**定圧モル比熱**と呼ぶ. 同じ平衡状態にある物質を N mol 合わせれば，その熱容量は Nc_P になるわけだ. (14.10), (14.11) に対応する式は，それぞれ次のようになる：

$$d'Q = C_P dT = Nc_P dT, \quad dT = \frac{d'Q}{C_P} = \frac{d'Q}{Nc_P}. \tag{14.17}$$

ところで，C_V のときは V が固定されていたので，加えた熱はすべて U の上昇に使われた. だから，(14.5) のようなわかりやすい表式も成り立った. しかし，定圧熱容量では P が固定されているので，熱を加えて温度が上昇すると，体積が増加する. これは，系が外部系に対して仕事をしたことになるので，せっかく熱の移動で受け取ったエネルギーの一部が，外部系に渡されてしまう. このため，**(14.5) の中の V をすべて P に置き換えたような単純な式は成り立たず**，次のようになる（下の問題）：

$$C_P = \left(\frac{\partial U}{\partial T}\right)_{P,N} + P\left(\frac{\partial V}{\partial T}\right)_{P,N}. \tag{14.18}$$

右辺第 2 項が，系が外部系に仕事をするために余分な熱が必要になって出てきた項である. このように，**同じだけ温度を上昇させるのに，定圧のときの方が余分に熱が要る**ため，一般に $C_P \geq C_V$ が成立する.（ここではこの不等式を直感的に説明したが，16 章にて証明を与える.）これと (14.4) を合わせると，

$$C_P \geq C_V \geq 0 \tag{14.19}$$

が言えることになる.

例 14.2 理想気体の C_P は，(14.18) に $U = cRNT, V = RNT/P$ を代入して（あるいは (14.15) に問題 13.7 (p.261) の解を代入して），

$$C_P = (c+1)RN \tag{14.20}$$

となるので，(14.12) の C_V との関係は，

$$C_P - C_V = RN, \quad C_P/C_V = 1 + 1/c = \gamma \quad \text{for 理想気体.} \quad (14.21)$$

γ は (6.40) のような定数だったから，たとえば単原子理想気体ならば C_P/C_V $= 1 + 2/3 = 5/3$ である．■

このように，(14.2) と (14.13) は $\dfrac{d'Q}{dT}$ という同じ割り算の表式を使ってはいるものの，それぞれの括弧の右下に明記されている T を変化させるときの条件の違いから，まったく違う値になる．熱力学ではそういうことがよくあるので，注意して欲しい．

問題 14.3 (14.18) を示せ．

14.3　溜

コップ一杯の水を，溜め池から汲み出しても，注いでも，溜め池の水位の変化は無視できる．これと同様のアイデアを熱力学に持ち込もう．

14.3.1　熱浴

実験室の中で，$N = 1$ mol の気体の熱力学的性質を測っているとしよう．この気体が入った容器の壁は透熱壁だとすると，周りの空気と熱をやりとりする．それによる空気の温度変化 ΔT_{air} を見積もろう．気体と空気の定積モル比熱は同じ程度の大きさ ($c_V \sim c_V^{\mathrm{air}}$) だとする．実験室は一辺 10 m の立方体だとすると，状態方程式 (6.42) より，実験室の中にはおよそ $N_{\mathrm{air}} \sim 4 \times 10^4$ mol もの空気分子があることになる．容器内の気体と周りの空気で熱をやりとりした結果，容器内の気体の温度が ΔT だけ変化したとしよう．このとき，空気の温度変化 ΔT_{air} は，(14.11) より

$$\left| \frac{\Delta T_{\mathrm{air}}}{\Delta T} \right| \sim \frac{N}{N_{\mathrm{air}}} \sim \frac{1 \text{ mol}}{4 \times 10^4 \text{ mol}} \sim 3 \times 10^{-5} \quad (14.22)$$

となるから，ΔT よりはるかに小さい．たとえば $\Delta T = +4$ K とすると，$\Delta T_{\mathrm{air}} \sim -10^{-4}$ K であり，ほとんど実験誤差の範囲内である．したがって，周りの空気は，容器内の気体に熱を与えたり奪ったりするものの，自分自身の温度はほとんど変化しないと見なせる．

　上記の ΔT の計算は，たとえ空気が途中で非平衡になったとしても，最初と最後の平衡状態における温度の差の表式として有効であるが，もしも熱のやりとりが空気にとって準静的であれば，空気がずっと平衡状態にあると見なせて何かと便利である．その場合，空気は，着目する系（今の場合は容器内の気体）に熱を与えたり奪ったりするものの，(i) 自分自身はずっと平衡状態にあるとみなせて，(ii) 自分自身の温度はほとんど変化しないと見なせることになる．11.2 節で述べたように，この両方の条件を満たす系を，**熱浴** (heat bath) とか**熱溜** (heat reservoir) と呼ぶ．

　一般に，ある系 B が条件 (ii) を満たすための条件は次のように導ける．熱を $d'Q$ だけやりとりした結果生ずる，B の温度変化 dT_B と着目系の温度変化 dT の比は，もしもそれぞれの体積が一定と見なせるならば，(14.11) より

$$\left| \frac{dT_B}{dT} \right| = \frac{Nc_V}{N_B c_{VB}}. \tag{14.23}$$

ただし，N_B, c_{VB} は，B の物質量と定積モル比熱である．あるいは，もしもそれぞれの圧力が一定と見なせる条件で実験を行うならば，

$$\left| \frac{dT_B}{dT} \right| = \frac{Nc_P}{N_B c_{PB}}. \tag{14.24}$$

これらの式の右辺が十分小さくなることが，B が上記の (ii) を満たすための条件である．したがって，**B が着目する系に比べて十分大きな物質量をもつか，十分大きな比熱を持つか，あるいはその両方であればよい**．

　17 章で述べるように，氷が水になるような一次相転移が起こるときには，エネルギーを加えても（氷と水の比率が変わるだけで）温度が変わらないということがある．これは，その温度で比熱が発散することを意味する．それを利用すれば，その特定の温度に固定された熱浴が実現できる．たとえば，溶けかかった氷水（こおりみず）は，氷水にとって準静的な実験に関しては，$T = [$ 氷が水になる一次相転移の温度 $] \simeq 273\,\mathrm{K} \simeq$ 摂氏 0 度の熱浴と見なせる．一方，任意の温度の熱浴を作りたかったら，物質量の方を多くするのが簡単である．

14.3.2　大きな系の示強変数の変化

　(14.23), (14.24) が語るように，B が**熱浴と見なせるかどうかは，あくまで着目系との相対的な関係で決まる**．たとえば上の例では実験室の空気は熱浴と見なせたが，実験室全体の冷房の問題を考えるときには，実験室が着目系になり顕著な温度変化を起こしたい対象であるから，決して熱浴ではない．その場

合の熱浴は，外気になる．このような物理をきちんと理解した後であれば，大きな系が熱浴になることを次のような簡易的な論法で論じても良い：系のサイズを λ 倍すると，示強変数である T の値は変わらないのに，示量変数の値は λ に比例して大きくなるから，微係数の値は

$$\frac{\partial}{\partial U} T(U, V, N) \; \rightarrow \; \frac{\partial}{\partial (\lambda U)} T(\lambda U, \lambda V, \lambda N) = \frac{1}{\lambda} \frac{\partial}{\partial U} T(U, V, N)$$

(14.25)

のように $1/\lambda$ 倍になる．したがって，系のサイズを大きくすれば，微係数はいくらでも小さくなる．つまり，少しぐらいエネルギーが出入りしても温度は変わらない．こうして，大きな系が熱浴になることが再確認できた．

　この簡易的な論法によれば，体積変化や物質量変化がある場合の温度変化も簡単に論じられる．すなわち，その場合の T の変化の割合である $\frac{\partial}{\partial V} T(U, V, N)$ や $\frac{\partial}{\partial N} T(U, V, N)$ も，λ に反比例することが言えるので，系のサイズを大きくすれば，少しぐらい体積や物質量が変化しても温度は変わらないようになる．要するに，大きな系は，U, V, N のどれが少しぐらい変化しても温度は変わらないのである．

　さらに，圧力 P や化学ポテンシャル μ についても，大きな系では，U, V, N のどれが少しぐらい変化しても変わらないことが同様な議論で示せる．さらに，もっと一般に，エントロピーの自然な変数が $U, X_1, X_2, \cdots$ であるような系の示強変数 $T, P_1, P_2, \cdots$ のすべてについて，$U, X_1, X_2, \cdots$ のどれが少しぐらい変化しても変わらないことが同様な議論で示せる．要するに，**大きな系は，相加変数が少しぐらい変化しても示強変数の値は変わらない**のである．

　着目系を，このような大きな系 B と適当な「壁」を介して接触させて，B にとって準静的になるように実験を行えば，着目系の任意の狭義示強変数を（着目系が平衡になるたびに）一定値に保つことができる．たとえば，熱の交換だけを許すように接触させれば，（平衡になるたびに）温度は B の温度と一致するので，一定値に保たれる．このとき，B を「熱浴」または「熱溜」と呼ぶわけだ．また，可動壁を介して接触させれば（平衡になるたびに）圧力は B の圧力と一致し，一定値に保たれる．このとき，B を**圧力溜** (pressure reservoir) と呼ぶ．さらに，粒子のやりとりが可能になるように接触させれば（平衡になるたびに）化学ポテンシャルは B の化学ポテンシャルと一致し，一定値に保たれる．このとき，B を**粒子溜** (particle reservoir) と呼ぶ．このように，大きな系は**溜** (reservoir) として利用できるのである．

14.4 熱浴に浸かった系

2つの部分系 1,2 より成る複合系が，別の系 B と熱接触している（堅くて断物の透熱壁を介して B と接している）ケースを考える．部分系 1,2 の間は可動壁で仕切られているとする．本節の前半では複合系のエントロピーの自然な変数が U, V の 2 変数だけだとして要点を説明し，後半で一般的な結果を述べる．

14.4.1 エントロピー最大の原理とエネルギー最小の原理

この複合系の平衡状態を求めるには，基本的には次のようにすればよかった：全体系 = 部分系 1 + 部分系 2 + B，という孤立系について，全エネルギー $U_{\text{tot}} = U^{(1)} + U^{(2)} + U_{\text{B}}$ が一定という条件の下で，それぞれの系のエントロピーの和（局所平衡エントロピー）$S^{(1)} + S^{(2)} + S_{\text{B}}$ が最大になるような $U^{(1)}, U^{(2)}, V^{(1)}$ の値を求める．すなわち，U_{tot} と複合系の体積 $V = V^{(1)} + V^{(2)}$ と B の体積 V_{B} を与えられた値に固定したときに，

$$\widehat{S}_{\text{tot}} \equiv S^{(1)}(U^{(1)}, V^{(1)}) + S^{(2)}(U^{(2)}, V^{(2)}) + S_{\text{B}}(U_{\text{B}}, V_{\text{B}})$$
$$= S^{(1)}(U^{(1)}, V^{(1)}) + S^{(2)}(U^{(2)}, V - V^{(1)}) + S_{\text{B}}(U_{\text{tot}} - U^{(1)} - U^{(2)}, V_{\text{B}})$$
$$\tag{14.26}$$

が最大になるような $U^{(1)}, U^{(2)}, V^{(1)}$ の値を求めれば，それが平衡値 $\bar{U}^{(1)}, \bar{U}^{(2)}, \bar{V}^{(1)}$ であり，そのときの最大値が全体系のエントロピーの値になる：$\max \widehat{S}_{\text{tot}} = S_{\text{tot}}$. これがエントロピー最大の原理（要請 II-(v)）であった．

一方，エネルギー表示では次のようになる．$S^{(1)} + S^{(2)} + S_{\text{B}}$ の値が，全体系が平衡状態にあるときのエントロピーの値 S_{tot} に等しい，という条件の下で，それぞれの系のエネルギーの和 $U^{(1)} + U^{(2)} + U_{\text{B}}$ が最小になるような $S^{(1)}, S^{(2)}, V^{(1)}$ の値を求める．すなわち，S_{tot} と複合系の体積 $V = V^{(1)} + V^{(2)}$ と B の体積 V_{B} を与えられた値に固定したときに，

$$\widehat{U}_{\text{tot}} \equiv U^{(1)}(S^{(1)}, V^{(1)}) + U^{(2)}(S^{(2)}, V^{(2)}) + U_{\text{B}}(S_{\text{B}}, V_{\text{B}})$$
$$= U^{(1)}(S^{(1)}, V^{(1)}) + U^{(2)}(S^{(2)}, V - V^{(1)}) + U_{\text{B}}(S_{\text{tot}} - S^{(1)} - S^{(2)}, V_{\text{B}})$$
$$\tag{14.27}$$

が最小になるような $S^{(1)}, S^{(2)}, V^{(1)}$ の値を求めれば，それが平衡値 $\bar{S}^{(1)}, \bar{S}^{(2)},$

$\bar{V}^{(1)}$ であり，そのときの最小値が全体系のエネルギーの値になる：$\min \widehat{U}_{\mathrm{tot}}$
$= U_{\mathrm{tot}}$. これがエネルギー最小の原理（p.165 定理 9.4）であった.

　(14.26) の最大値や (14.27) の最小値を求めるには，一般には，系だけでなく B の基本関係式も知っている必要がある. ところが実は，B が熱浴と見なせる場合ならば，**熱浴の情報は，温度が何 K であるかということ以外には，まったく必要ない.** これは物理的には当然だ. 熱浴は，系から見れば熱しかやりとりできない相手なのだから，その詳細な性質が影響するはずがないからだ. 本節ではこの事実をきちんと示し，それを用いて様々な有用な結果を導く.

14.4.2　Helmholtz エネルギー最小の原理

　まず，熱浴 B が系よりもずっと大きい熱浴である場合について考えよう. B は系よりもずっと大きいのだから，示量的な量であるエントロピーについては，$S_{\mathrm{tot}} \gg S^{(1)} + S^{(2)}$ $(\equiv S)$ という不等式が成立する. したがって，(14.27) の U_{B} は，(1.3) を用いて $S^{(1)} + S^{(2)}$ について 1 次近似すれば十分である[2]. すなわち，

$$U_{\mathrm{B}}(S_{\mathrm{tot}} - S^{(1)} - S^{(2)}, V_{\mathrm{B}}) = U_{\mathrm{B}}(S_{\mathrm{tot}}, V_{\mathrm{B}}) - (S^{(1)} + S^{(2)})T_{\mathrm{B}}(S_{\mathrm{tot}}, V_{\mathrm{B}}) \tag{14.28}$$

としてよい. この式で，熱浴の温度は一定（$S^{(1)}, S^{(2)}$ に依らない）と見なせるのだから，それを単に T_{B} と書いてから (14.27) に代入すると

$$\widehat{U}_{\mathrm{tot}} = \left[U^{(1)}(S^{(1)}, V^{(1)}) - S^{(1)}T_{\mathrm{B}}\right] + \left[U^{(2)}(S^{(2)}, V^{(2)}) - S^{(2)}T_{\mathrm{B}}\right]$$
$$+ U_{\mathrm{B}}(S_{\mathrm{tot}}, V_{\mathrm{B}}) \tag{14.29}$$

を得る. 最後の U_{B} の項は $S^{(1)}, S^{(2)}, V^{(1)}$ に依存しないので，最小値を求めるときには定数にすぎず，落としてよい. また，$[\cdots]$ 内はちょうど U から F へのルジャンドル変換の形をしているので，ルジャンドル変換を実行すると，右辺（から U_{B} の項を落としたもの）は，$F^{(1)}(T_{\mathrm{B}}, V^{(1)}) + F^{(2)}(T_{\mathrm{B}}, V^{(2)})$ となる[3]. 我々は，平衡状態においては $T^{(1)} = T^{(2)} = T_{\mathrm{B}}$ であることを知ってい

---

2)　♠ 正確に言うと，$y_{\mathrm{tot}} \equiv S_{\mathrm{tot}}/V_{\mathrm{B}}, y^{(i)} = S^{(i)}/V_{\mathrm{B}}$ とおき，$U_{\mathrm{B}}(S_{\mathrm{tot}} - S^{(1)} - S^{(2)}, V_{\mathrm{B}}) = V_{\mathrm{B}}u(y_{\mathrm{tot}} - y^{(1)} - y^{(2)})$ の u を $y^{(1)} + y^{(2)}$ について 1 次近似する. $y^{(i)}$ は V_{B} を大きくすればいくらでも小さくなる.

3)　ルジャンドル変換では，$[\cdots]$ 内の量をどの変数の関数として表すかを変えているだけ

るので，その共通の温度を単に T と記すと，結局，与えられた T $(= T_\mathrm{B})$, V $(= V^{(1)} + V^{(2)})$ の下で，

$$\widehat{F} \equiv F^{(1)}(T, V^{(1)}) + F^{(2)}(T, V^{(2)})$$
$$= F^{(1)}(T, V^{(1)}) + F^{(2)}(T, V - V^{(1)}) \tag{14.30}$$

が最小になる状態が平衡状態ということになる[4]．そして，その平衡状態においては，(14.29)（から U_B の項を落としたもの）は，すべてが平衡値（$\bar{U}^{(1)}$ などと記す）に置き換わって

$$\left[\bar{U}^{(1)} - \bar{S}^{(1)}T\right] + \left[\bar{U}^{(2)} - \bar{S}^{(2)}T\right] = \left[(\bar{U}^{(1)} + \bar{U}^{(2)}) - (\bar{S}^{(1)} + \bar{S}^{(2)})T\right]$$
$$= U - ST \tag{14.31}$$

となる．これは複合系 1+2 の F に他ならないので，$\min \widehat{F} = F$ だとわかる．

ここでの議論は容易に一般化できるので，**Helmholtz エネルギー最小の原理**と呼ばれる次の定理を得る：

定理 14.1　Helmholtz エネルギー最小の原理：温度 T の熱浴と熱接触する複合系を考える．その中には，断熱壁で完全に囲まれて熱的に隔離された部分系はないとする．そのような複合系は，どの部分系も単純系になるように分割したときに，与えられた条件の下で，すべての単純系が平衡状態にあって，かつ

$$\widehat{F} \equiv \sum_i F^{(i)}(T, \boldsymbol{X}^{(i)}) \tag{14.32}$$

が最小になるときに，そしてその場合に限り，平衡状態にある．そのときの複合系の Helmholtz エネルギーは，許される範囲で $\boldsymbol{X}^{(1)}, \boldsymbol{X}^{(2)}, \dots$ を様々に変えたときの $\widehat{F}$ の最小値に等しい：

$$複合系の\ F = \min_{許される範囲の\boldsymbol{X}^{(1)}, \boldsymbol{X}^{(2)}, \dots} \widehat{F}. \tag{14.33}$$

あるいは (4.27) のような書き方をすれば，

だから，値は変わっていないことに注意．

[4] 和の各項は，それぞれの部分系が引数の温度と体積の値をもって平衡状態にあるときの Helmholtz エネルギーである．

$$F(T, \boldsymbol{X}; C) \leq \sum_i F^{(i)}(T, \boldsymbol{X}^{(i)}) \qquad (\text{等号は平衡状態}) \qquad (14.34)$$

となる.

　上記の導出では,B が系よりもずっと大きいとしたが,系から見ると,B は熱を交換するだけであり,その温度が常に一定値に保たれてさえいれば,系の平衡状態は B のサイズに無関係である.したがって,B は大きくなくても熱浴でさえあれば,この定理は成り立つ.

　この定理(あるいはその具体例 (14.30))を見ると,明らかに熱浴の基本関係式は不要である.熱浴はその温度さえわかっていればすむのである.さらに,(14.27) では $S^{(1)}, S^{(2)}, V^{(1)}$ の様々な値について最小値を求める必要があったのが,(14.30) では $V^{(1)}$ の様々な値について最小値を求めるだけですみ,ずっと楽である.これは,$T^{(1)} = T^{(2)} = T_{\mathrm{B}} (\equiv T)$ という情報が,この定理にはあらかじめ組み込まれているからである(もしも $S^{(1)}, S^{(2)}$ の値も知りたかったら,$F^{(1)}(T, V^{(1)}), F^{(2)}(T, V^{(2)})$ をそれぞれ T で微分した式に,求めた $V^{(1)}, V^{(2)}$ の値を代入すればよい).

　このように,**熱浴につかった系の平衡状態を求めるには Helmholtz エネルギー最小の原理を用いるのが便利**である.前章で,「TVN 表示に移って F を使って解析することの利点は温度が一定であるときに便利だからだ」と述べたが,それはこのことを指している.

　なお,(14.33) において,T は固定して他の変数の様々な可能性について最小値を求めていることをもう一度注意しておく.(14.34) についても,両辺で T は共通である.**両辺で T を異なる値にしてしまったら,もはやこのような不等式は成り立たない**のである.

問題 14.4　(14.27) だけを見て,上記の定理を自分で導いてみよ.

問題 14.5　問題 13.5 (p.258) において,基本関係式が (5.37) で与えられる系の Helmholtz エネルギー $F(T, V)$ を求めたし,問題 13.6 (p.258) においては,基本関係式が (3.5) で与えられる系の Helmholtz エネルギー $F(T, V, N)$ を求めた.これらの結果を用いて次の問題を解け:透熱・断物の堅い材料でできた容器が,透熱・断物の可動壁で部分系 1, 2 に仕切られており,1 の方には基本関係式が (5.37) であるような物質を入れ,2 の方には基本関係式が (3.5) であるような物質を N [mol] 入れた.この複合系 1+2 を,温度 T の熱浴に浸け

て十分長い時間放っておいたら，平衡状態に達した．このときの2の体積を，Helmholtzエネルギー最小の原理を用いて求めよ．

14.4.3 2つの系の間の平衡条件

9.3節において，2つの系の間の平衡条件を，狭義示強変数の値が一致する，という形で表した．狭義示強変数の値はどんな表示をとろうが同じなので，**そこで導いた平衡条件は，TVN表示でも（他のどんな表示でも）成り立つ**．しかし，実際にその平衡条件を用いて平衡状態を決定しようとすると，その労力は異なる．

たとえば (9.10) は，UVN表示では

$$T^{(1)}(U^{(1)}, V^{(1)}, N^{(1)}) = T^{(2)}(U - U^{(1)}, V - V^{(1)}, N^{(2)}) \tag{14.35}$$

$$P^{(1)}(U^{(1)}, V^{(1)}, N^{(1)}) = P^{(2)}(U - U^{(1)}, V - V^{(1)}, N^{(2)}) \tag{14.36}$$

となる．この場合，$N^{(1)}, N^{(2)}$ は与えられているので，未知数は $U^{(1)}, V^{(1)}$ の2変数である．ところが TVN 表示では

$$T^{(1)} = T^{(2)} \quad (\equiv T) \tag{14.37}$$

$$P^{(1)}(T, V^{(1)}, N^{(1)}) = P^{(2)}(T, V - V^{(1)}, N^{(2)}) \tag{14.38}$$

となり，解くのがずっと簡単になる．この計算に用いる $P^{(i)}(T, V^{(i)}, N^{(i)})$ の表式は，TVN 表示の基本関係式である $F^{(i)}$ を $V^{(i)}$ で偏微分すれば求まる．

このように，**9.3節の平衡条件を使う場合でも，考察している系の状況（どんな溜と接触しているか）に応じて最適な表示を用いた方が，計算が簡単になるのである**．

問題 14.6 問題 14.5 (p.284) を，9.3節の平衡条件を TVN 表示したものを用いて解け．

14.4.4 熱浴に浸かった系の最大仕事

熱浴に浸かっている系に，外部系に対してできるだけ多くの仕事 W をさせることを考える．**サイクル過程には限定しない**．もしも，系から外部系に流れるエネルギーの一部が仕事ではなくて熱の形態をとったとしたら，その分だけ W は小さくなる．そこで，外部系と系＋熱浴との間は断熱して，系から直接はもちろんのこと，熱浴を経由しても，外部系には熱が流れ込まないようにす

る．たとえば，

例 14.3　ピストン付きの透熱容器のピストンを留め金で固定して，高圧力の
気体を入れ，熱浴に浸しておく．ピストンの先は，断熱材でできた棒で外部系
につなげておく．外部系と熱浴の間も断熱しておく．留め金をはずすと，気体
が膨張するので，外部系に対して仕事ができる．■

このときの W の供給源は，着目系の始状態と終状態のエネルギーの差 $U_始 - U_終$ と，熱浴から系に流れ込む熱 Q である．すなわち，それぞれの量の定義
される向き（符号）に注意すると，全系（着目系+熱浴+外部系）のエネル
ギー保存則から，

$$W = U_始 - U_終 + Q. \tag{14.39}$$

ところで，系が熱を交換する相手である熱浴は常に平衡状態にあると見なせる
のだから，定理 10.7 (p.184) より，

$$S_終 - S_始 \geq \int_{始状態}^{終状態} \frac{d'Q}{T_B} = \frac{1}{T_B} \int_{始状態}^{終状態} d'Q = \frac{Q}{T_B}. \tag{14.40}$$

これを (14.39) に代入すると，

$$W \leq (U_始 - T_B S_始) - (U_終 - T_B S_終). \tag{14.41}$$

ところで，たとえこの過程の途中では系が非平衡状態になって温度が定義でき
なくても，始状態と終状態は平衡状態なので系の温度 T が定義できて，しか
も平衡条件から $T = T_B$ である．これを代入して，

$$W \leq (U_始 - T S_始) - (U_終 - T S_終). \tag{14.42}$$

これは始状態と終状態の F の値の差に等しい．こうして，**最大仕事の原理**と
呼ばれる次の定理が得られた：

定理 14.2　最大仕事の原理（熱浴に浸かっている場合）：熱浴と熱だけ
やりとりできる系が，外部系に対してする仕事 W の上限値は，系の
Helmholtz エネルギーの減少分に等しい：

$$W \leq F_{始} - F_{終}. \tag{14.43}$$

導き方からわかるように，等号は，たとえば p.186 の条件 (i), (ii) を満たす過程であれば成立する．

素朴には，$W \leq U_{始} - U_{終}$ となりそうに思うかもしれない．そうならずに

$$W \leq F_{始} - F_{終} = U_{始} - U_{終} + T(S_{終} - S_{始}) \tag{14.44}$$

となるので，たとえば気体を膨張させてピストンを動かす場合には，$S_{終} > S_{始}$ だから，**素朴な $U_{始} - U_{終}$ よりも多くの仕事ができる！** こうなる理由は，熱浴から系に，熱という形態でエネルギーを供給してもらえるからである．そうは言っても，定理 10.7 (p.184) という**エントロピー増大則の制限から，無制限に供給してもらえるわけではない**．それを考慮すると，結局仕事として取り出せるのは，U の減少分ではなくて F の減少分になるというのだ．このことからして，**F** というのは，いわば**「熱浴に浸かっているという条件下での自由に使えるエネルギー」**とも解釈できる．これから，「自由エネルギー」という名前が付いたのである．

また，上式の不等号の由来は，導き方からわかるように，またしてもエントロピー増大則である．このように，エントロピー増大則は，マクロ系を用いてできることとできないことの間の境界線を引くときに主役を演ずる基本的な定理なのである．

なお，手元にある教科書を見ると，上記の定理を（温度をずっと一定に保つという，文字通りの意味での）等温過程についてだけ述べているものが少なくなかった．しかし，ここで導いたように，系が熱浴に浸かってさえいれば，**途中では，系が熱浴の温度と異なる温度になってもよいし系が非平衡状態になって温度が定義できなくてもよい**．ということは，途中では熱浴に接触していようがいまいが関係ないから，極端な話，**途中で熱浴と接触していないときがあってもこの定理は成り立つ**（等号は達成できないが）．このように，上記の定理は等温過程でなくても成り立つ一般的な定理なのである．

問題 14.7 (14.39) だけを見て，上記の定理を自分で導いてみよ．

問題 14.8 今までに具体例として登場した様々な系の中から好きなものを選

び，熱浴に浸かった場合の最大仕事を，上記の定理を用いて計算してみよ.

14.5　様々な熱力学関数の最小原理と最大仕事の原理

溜と着目系との接触の仕方には，熱接触以外にも様々なケースがありうる.
それぞれについて 14.4.2 項と同様の議論を行えば，様々な熱力学関数の最小
原理が得られる. たとえば（エネルギーの自然な変数が 4 つ以上あるような
一般の場合の G の定義には p.261 の補足の (i) の流儀を使えば），

定理 14.3　Gibbs エネルギー最小の原理：温度 T の熱浴と熱だけを通
す「壁」を介して接触すると同時に，圧力 P の圧力溜と断熱断物の可動
壁を介して接触している（あるいは熱浴かつ圧力溜であるような系と断
物透熱可動壁を介して接触している）複合系は，どの部分系も単純系に
なるように分割したときに，与えられた条件の下で，すべての単純系が
平衡状態にあって，かつ

$$\widehat{G} \equiv \sum_i G^{(i)}(T, P, X_2^{(i)}, X_3^{(i)}, \cdots) \tag{14.45}$$

が最小になるときに，そしてその場合に限り，平衡状態にある. そのと
きの複合系の Gibbs エネルギーは，$\widehat{G}$ の最小値に等しい：$\min \widehat{G} = G$.

定理 14.4　エンタルピー最小の原理：圧力 P の圧力溜と断熱断物可動壁
を介して接触するような複合系は，どの部分系も単純系になるように分
割したときに，与えられた条件の下で，すべての単純系が平衡状態にあ
って，かつ

$$\widehat{H} \equiv \sum_i H^{(i)}(S^{(i)}, P, X_2^{(i)}, \cdots) \tag{14.46}$$

が最小になるときに，そしてその場合に限り，平衡状態にある. そのと
きの複合系のエンタルピーは，$\widehat{H}$ の最小値に等しい：$\min \widehat{H} = H$.

このように，一般に次のことが言える[5]：

> **定理 14.5　熱力学関数最小の原理**（一般の場合）：溜に浸かった系の平衡状態は，溜とやりとりできる相加変数に関して U をルジャンドル変換して得られる熱力学関数の和が最小の状態である．

Helmholtz エネルギーのときと同様の理由で，このような熱力学関数を用いて分析すると非常に便利である．熱力学で様々な熱力学関数が使われる理由はここにある．

　また，最大仕事の原理についても，14.4.4 項で F について導いたときと同様にして，様々な熱力学関数について導くことができる．たとえば，

> **定理 14.6　最大仕事の原理**（熱浴と圧力溜に浸かっている場合）：熱浴かつ圧力溜であるような系と断物透熱可動壁を介して接触している系が，堅い壁を介して外部系にする（電磁気的仕事などの）仕事 W の上限値は，系の Gibbs エネルギーの減少分に等しい：
> $$W \leq G_{始} - G_{終}. \tag{14.47}$$

このように，一般に次のことが言える：

> **定理 14.7　最大仕事の原理**（一般の場合）：溜と接触する系が，溜とはやりとりできない種類の仕事をやりとりする外部系に対して，成しうる仕事の最大値は，溜とやりとりできる相加変数に関して U をルジャンドル変換して得られる熱力学関数の減少分に等しい．

---

5)　詳しく書くと定理 14.1 (p.283) のような長い表現になるが，ここではわかりやすい表現にした．

問題 14.9 ♠ 今までに具体例として登場した様々な系の中から好きなものを選び，熱浴と圧力溜に浸かった場合の最大仕事を，上記の定理を用いて計算し，熱浴だけに浸かっている場合と比較せよ.

14.6　狭義示強変数の測定器

　ここまでは，熱浴などの溜が有用であることを見てきたが，溜を実現する典型的な方法は，着目系よりもずっと大きな系を用いることであった. 今度は反対に，着目系よりもずっと小さな系が有用になる典型例を紹介する. それは，測定器に使えるということである.

14.6.1　平衡状態の狭義示強変数の測定法
　たとえば，ある系の温度を測りたいとする. そのためには，熱力学的性質がよくわかっている系 M と熱接触させて平衡になるまで待ち，M の温度を（後述のように体積を測るなどの方法で）測れば良いはずだ. 平衡ではこれは系の温度と一致するからだ. ところが，単純にこれを行うと，M と交換した熱の分だけ系の温度が変化してしまい，測定値として得られるのは，その変化した後の温度になってしまう. できれば，系の温度を値を変えることなしに測りたい.

　これを実現するためには，M を着目系よりもずっと小さくすればよい. そうすれば，系の大きさの大小で言えば，着目系が 14.3.1 項における熱浴に相当し，M が着目系に相当することになる. そのため，わずかな熱の交換で M の状態は大きく変わるのに，着目系の温度は（他の狭義示強変数の値も）ほとんど変わらない. こうして，系の温度を，値をほとんど変えることなしに測ることができる. このような系 M が**温度計**である.

　具体的には，温度計に使う物質も，温度を指し示す「メーター」も，様々なタイプがある. 一例を挙げると，

例 14.4　気体を容器に閉じこめて，自由に動くふたを付けておけば，圧力 P はいつも大気圧 P_a（≃ 1 気圧）と同じ値に保たれる. そこで，基準点としてたとえば（水の三重点の温度である）273.16 K のときの体積を測ってそれを V_0 とすると，もしもこの気体が理想気体であれば，$PV = RNT$ より，

$$T = 273.16 \text{ K} \times \frac{V}{V_0} \tag{14.48}$$

となる.したがって,体積 V（それはふたの位置からわかる）を測れば温度 T がわかる.大気圧が日々変動するのが嫌なら,ふたのある部分を真空容器で包み,ふたにかかる重力を大気圧の代わりに利用するなどすれば精度が上がる.そうすれば,ふたをできるだけ軽くすることにより,気体の圧力が低い状態で動作するようにもできる.実在の気体は,（同じ温度であれば）圧力が下がるほど分子間の平均距離が大きくなって分子同士が衝突する確率が減るので,理想気体に近づく.この点からも,このようにした方が精度が上がる.■

この例にあげた**気体温度計**は,実際に作ることができる.そしてそれは,上述のようにうまく条件を選べば,良い精度で**理想気体温度計**と見なせる.日常生活では様々なタイプの温度計が活躍しているが,どれも理想気体温度計と（K に換算したときに）同じ温度を指し示すように較正されている.したがって,**本書で $T \equiv \dfrac{\partial U}{\partial S}$ として定義した温度は,日常生活で用いる温度と（K に換算したときに）一致する**.

他の狭義示強変数の測定器も同様にして作れる.すなわち,相加変数 X_k に共役な狭義示強変数 P_k の値を測りたければ,熱力学的性質がよくわかっている小さな系 M と X_k をやりとりできるように接触させて平衡になるまで待ち,M の方の P_k の値を（体積をはかるなどの）適当なやり方で測ればよい.M を着目系よりもずっと小さいものにすることにより,着目系の P_k や他の示強変数の値はほとんど変わらないようにできる.このように,**小さな系は狭義示強変数の測定器として使える**.

14.6.2　♠♠ 非平衡定常状態の狭義示強変数の測定法

ここまで,熱力学のエントロピーは平衡状態についてしか意味のある定義ができないことを強調してきた.となると,エントロピーを引数とする $U(S, V, N, \cdots)$ の偏微分係数である T, P, μ などの狭義示強変数も,平衡状態についてしか意味のある定義ができないことになる.

しかしながら,実は,少なくとも**非平衡定常状態**（非平衡ではあるが定常な状態）であれば,多くの場合にこれらは自然に定義（を拡張）できて,それが日常的に使われている.それは簡単に言えば,上で紹介したような示強変数の測定器を非平衡定常状態に用いれば,（平衡状態に用いたときと同じように）

しばらく待てば目盛りが落ち着いてきちんと一定の測定値を示すので，その測定値によって T, P, μ が定義できるからである．これは明らかに，相手が平衡状態のときは，今まで議論してきた T, P, μ と一致する．そして，まったく同じ測定器を非平衡定常状態にも使えというのだから，最も自然な拡張になっている．

ただし，平衡状態とは違って，非平衡定常状態では測る場所によって値が異なったりするので，いくつかの注意が要る．その要点を，定常電流が流れる非平衡定常状態の**化学ポテンシャル** (chemical potential)[6] μ の測定を例にとって説明しよう．

図 14.1 にその原理図を示した．電流 I が流れる非平衡定常状態にある伝導体の，局所的な μ を測りたいとする[7]．電子溜を用意して，そこから電流計 A を介して電線を伸ばし，その先（プローブ）を測りたい場所に接触させる．可変電圧源 V_m を調整して，A に流れる電流 I_m（の平均値）がゼロになるようにする．そうすれば，プローブが十分小さい限りは，プローブが伝導体に与える影響は無視できる．そして，プローブの接触点と電子溜との間にはこのとき電流が流れていないのだから，粒子の流れを統べるポテンシャルである化学ポテンシャル μ のプローブの接触点における値は，μ_m と等しい値であると定義するのが最も自然である．そうすれば，μ_m は eV_m に等しいから，V_m の目盛りを読めばこの地点の μ がわかる．**これこそが，電流が流れている非平衡定常系の局所的な μ として広く認められて実際に使われている，ほとんど唯一の定義である．**非平衡定常系（伝導体）だけみると，エントロピーなどは定義できず，ミクロ系の物理学で粒子状態分布をみても μ がとても定義できそうもないような状態であっても，実際にはこのようにして μ が定義でき，測れるのだ．なお，このような μ の測定器のことを，しばしば**ポテンシオメーター**と呼ぶ．

これからわかるように，**局所的に μ とか T とかを定義して構成された理論が，必ずしも局所平衡仮説を採用しているとは言えない．**局所平衡が達成され

6)　電気現象の絡む系の化学ポテンシャルには，静電ポテンシャルの寄与が入っているので，しばしば**電気化学ポテンシャル** (electro-chemical potential) とも呼ばれる．物性理論などでは，静電ポテンシャルを差し引いたものを化学ポテンシャルと呼ぶこともあるので，紛れを避けたいならばこちらの呼び名を使うとよい．

7)　正確には Π_N を測っていると言うべきだが，どの部分も温度は等しいとして μ で話をする．気になる人は以下の議論の化学ポテンシャルをすべて Π_N に適宜読み替えて欲しい．

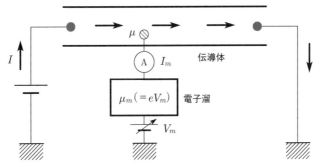

図 14.1 ポテンシオメーターによる，定常電流が流れる系の局所的な（電気）化学ポテンシャルの測定法．V_m を $I_m = 0$ になるように調整したときのポテンシオメーター内の電子溜の化学ポテンシャル μ_m（$= eV_m$）が，プローブの先（斜線を施した丸）が接している部分の局所的な化学ポテンシャル μ である．

ていない場合でも，μ とか T とかが，ここに書いたように定義されているとすれば良いのだ．

なお，ポテンシオメーターで測った μ/e の 2 地点間の差を「電位差」と呼んでしまうことが多いが，実際には**化学ポテンシャル差**であるから，**電位差**（= 静電ポテンシャルの差）では**ない**．化学ポテンシャル差は，電子密度勾配などの寄与もあるために，**電位差とは異なる**．たとえば，平衡状態にある半導体の pn 接合では，電位差は**ある**けれども化学ポテンシャル差は**ない**ために，電流が流れ**ない**．また，順バイアスをかけたときには，pn 接合の部分には，化学ポテンシャル差が電位差とは逆向きに生じていて，電位差から予想される向きとは逆向きに電流が流れている．これらの事実は，**マクロ系における荷電粒子の流れは，電磁気学的な量である電位差ではなく，熱力学的な化学ポテンシャル差で決まる**ことの好例である．

14.7 エントロピーを測る

熱容量の測定は容易である．たとえば定積熱容量 C_V ならば，V, N を一定に保ったままわずかな熱を加えて，どれくらいの温度上昇があるかを測り，定義式 (14.1) に代入すれば C_V が求まる[8]．同様のことを P, N を一定に保っ

---

8) ♠ 正確を期すならば，$\lim_{d'Q \to 0}$ という極限をとるために，様々な $d'Q$ の値に対して

て行えば，定圧熱容量 C_P が測定できる．そうして得られた C_V や C_P の値から，次のようにしてエントロピーを求めることができる．わかりやすいように，エントロピーの自然な変数が U, V, N であるような単純系だとして説明するが，一般の場合も同様である．

14.7.1 エントロピーの差の測定

簡単のため，一次相転移が起こらず，T, V, N も T, P, N も U, V, N と一対一に対応するとする．一次相転移が起こる場合については 14.7.2 項で説明する．

V, N の値を一定に保ったまま，次のような実験を行う．U の値が U_0 であるような（そして温度が T_0 であるような）状態を，V, N の値を一定に保ったまま，エネルギーが U になるまで（温度が T になるまで）ゆっくりと温める．この際に，少し熱を加えては温度変化を測るということを繰り返せば，途中で経由するすべての状態について C_V が測定できる．つまり，途中で経由するすべての T, V, N の値について $C_V(T, V, N)$ が測定できる．したがって，(14.10) を (7.31) に代入した次の積分が計算できる：

$$S(T, V, N) - S(T_0, V, N) = \int_{T_0, V, N \text{ の状態}}^{T, V, N \text{ の状態}} \frac{d'Q}{T} = \int_{T_0}^{T} \frac{C_V(T, V, N)}{T} dT. \tag{14.49}$$

こうして，T, V, N の状態と T_0, V, N の状態のエントロピー差が計算できる．たとえば 1 成分理想気体であれば，$C_V = cRN = $ 一定であるから簡単に積分できて，

$$S(T, V, N) - S(T_0, V, N) = \int_{T_0}^{T} \frac{cRN}{T} dT = cRN \ln\left(\frac{T}{T_0}\right). \tag{14.50}$$

問題 14.10 (13.26) から $S(T, V, N) - S(T_0, V, N)$ を求め，(14.50) と一致することを確かめよ．

問題 14.11 光子気体について，問題 14.1 (p.275) で求めた定積熱容量を用いて，T, V の状態と T_0, V の状態のエントロピー差を求めよ．それが，問題

$[T(U + d'Q, V, N) - T(U, V, N)]/d'Q$ をプロットしたグラフを $d'Q \to 0$ に外挿した値の逆数を C_V とする．わざわざ逆数をプロットするのは，C_V が発散することもあるからである．

13.3 (p.258) で求めた $S(T, V)$ より計算した結果と一致することを確認せよ.

同様に, P, N の値を一定に保ったままゆっくりと温める実験を行えば, 途中で経由するすべての状態について定圧熱容量 C_P が測定できて, それを用いて T, P, N の状態と T_0, P, N の状態のエントロピー差が計算できる:

$$S(T, P, N) - S(T_0, P, N) = \int_{T_0, P, N \text{ の状態}}^{T, P, N \text{ の状態}} \frac{d'Q}{T} = \int_{T_0}^{T} \frac{C_P(T, P, N)}{T} dT. \tag{14.51}$$

たとえば 1 成分理想気体であれば, $C_P = (c+1)RN$ であるから上と同様に積分できて,

$$S(T, P, N) - S(T_0, P, N) = (c+1)RN \ln\left(\frac{T}{T_0}\right). \tag{14.52}$$

(14.50) とは温度差が同じなのに, 定積と定圧の違いで終状態が異なる（下の問題）ために, エントロピー差が異なっている.

問題 14.12 (14.50) のときと (14.52) のときとで初期状態が同じだとすると, 終状態の体積と圧力は, それぞれ何倍違うか？

問題 14.13 (14.52) が, 問題 13.7 (p.261) で求めた $S(T, P, N)$ より計算した結果と一致することを確かめよ.

なお, ここでは C_V や C_P からエントロピー差を計算するために, V や P を一定にして温めるような準静的過程を想定した. しかし, **それは一般には必要ではなく, 準静的過程の一部始終の熱の出入りと温度を記録しておきさえすれば**[9]**, 熱容量を求めるまでもなく, 公式 (7.31) により始状態と終状態のエントロピーの差 ΔS を求めることができる**. たとえば,

例 14.5 断物容器に入ったある物体を 200 K から 300 K までゆっくりと熱する. 途中の体積変化や圧力変化は測らなかったが, とにかくこの準静的過程では温度を 1 K 上げるのに熱が 4.0 J 必要だったとする. すると, 熱した後のエントロピーは, 熱する前よりも

---

9) 熱の移動量は, 熱源のエネルギー変化を測るとか, 「熱流計」というものを用いるなどすれば測れる.

$$\Delta S = \int_{200K}^{300K} \frac{4.0 \text{ J/K} \times dT}{T} = 4.0 \text{ J/K} \times \ln\left(\frac{300}{200}\right) \simeq 1.6 \text{ J/K} \quad (14.53)$$

だけ大きいとわかる. ∎

14.7.2 ♠ 途中で一次相転移がある過程の ΔS

エントロピーの差を, P, N を一定にして温めることによって求める実験で, 途中で一次相転移 (13.4 節と 17 章参照) が起こると, 温めているのにしばらくの間 T が一定にとどまってしまうことがある. そうなると, (14.51) の中辺から右辺への変形は, $C_P = \infty$, $dT = 0$ となってしまうので, そのままではまずい[10]. その場合には, 相転移が起こる温度である**転移温度** (transition temperature) T_* を横切るところだけ, (14.51) の中辺のままで計算すればよい. すなわち, T の範囲を $[T_0, T_* - 0), [T_* - 0, T_* + 0), [T_* + 0, T]$ の 3 つに分けて,

$$
\begin{aligned}
S&(T, P, N) - S(T_0, P, N) \\
&= \int_{T_0}^{T_* - 0} \frac{C_P(T, P, N)}{T} dT + \int_{T_* - 0, \, P, N \text{ の状態}}^{T_* + 0, \, P, N \text{ の状態}} \frac{d'Q}{T} \\
&\quad + \int_{T_* + 0}^{T} \frac{C_P(T, P, N)}{T} dT \\
&= \int_{T_0}^{T_* - 0} \frac{C_P(T, P, N)}{T} dT + \frac{Nq_*}{T_*} + \int_{T_* + 0}^{T} \frac{C_P(T, P, N)}{T} dT. \quad (14.54)
\end{aligned}
$$

ただし, q_* は次式で定義される**潜熱** (latent heat) と呼ばれる量である (詳しくは 17 章):

$$q_* \equiv \frac{1}{N} \int_{T_* - 0, \, P, N \text{ の状態}}^{T_* + 0, \, P, N \text{ の状態}} d'Q. \quad (14.55)$$

なお, V, N を一定にして温める場合には, たとえ途中で一次相転移が起こっても, T がしばらく一定になることは滅多にない (詳しくは 17 章) が, もしもそういうことが起こったら, 上と同様にして積分を適宜, 分けて計算すればよい.

---

10) もちろん, 形式的には, デルタ関数を使って $C_P = Nq_*\delta(T - T_*) + [T$ の普通の関数$]$ とすれば良いのだが, これを正当化するためには, 結局は (14.54) のような計算が必要である.

14.7.3 ♠ エントロピー表示の基本関係式を求めるひとつの方法

以上のことを利用すれば，次のようにして基本関係式 $S = S(U, V, N)$ を実験的に決定することができる．何度も言っているように，単純系を考えておけば十分だから，$S = Ns(u, v)$ $(u = U/N, v = V/N)$ の $s(u, v)$ を求めればよい．それには，N を固定して様々な U, V の値における $S(U, V, N)$ を求めればよい．なぜなら，それにより，様々な u, v の値における $s(u, v)$ が求まるからである．そこで，系を断物壁で囲って，N を固定しておく．その上で，u, v が適当に選んだ値 u_0, v_0 であるような平衡状態を基準の状態に選び，そのエントロピーを $S(Nu_0, Nv_0, N) = Ns(u_0, v_0) \equiv Ns_0$ とする．

まず，この基準の状態を始状態として，準静的断熱過程で V を増減させる．このときのエントロピー変化はゼロで，エネルギー変化は外部系が系にした仕事 W に等しい．つまり，終状態のエネルギーは $U_0 + W$ で，エントロピーは Ns_0 である．W は容易に測れるので，様々な V について，$S(U, V, N) = Ns_0$ であるような U, V の組み合わせが求まることになる．つまり，U-V 平面の上で，$S = Ns_0$ であるような「等エントロピー線」が得られる．それを u, v に翻訳すれば，u-v 平面の上で，$s(u, v) = s_0$ であるような「等エントロピー密度線」が得られる．

次に，この線の上の任意の状態を始状態にとり，V を一定にして温めたり冷やしたりする．それにより U だけを変化させられるが，それによるエントロピーの変化量 $S(U, V, N) - Ns_0 = N(s(u, v) - s_0)$ は，(14.49) により求まる．つまり，$s(u, v) - s_0$ の値がわかる．

こうして任意の u, v について $s(u, v) - s_0$ がわかる．u_0, v_0 は最初に固定した定数だから，$s_0 = s(u_0, v_0)$ も，値は未知かもしれないが，定数である．したがって，$s(u, v)$ が，未知の付加定数 s_0 が加わっているという点を除けば求まったことになる．つまり，$S(U, V, N)$ が，Ns_0 という付加項を除いて求まった．通常は，これで $S(U, V, N)$ が求まったと言ってよい．なぜなら，熱力学では様々な状態の S の大小を比較するわけだが，どの状態においても Ns_0 が共通な場合には，大小関係にはまったく影響しないからだ（そうでない場合は，下の補足参照）．

以上の求め方では，特定の仕方で U, V を変化させたが，**S は状態量だから，どのような仕方で変化させようが，到達した平衡状態の U, V, N の値さえ同じであれば，S の値は同じである．** こうして，基本関係式 $S = S(U, V, N)$ を実験的に決定することができた．

♠ **補足：エントロピーの付加項の問題**

　上記のように，$S(U, V, N)$ を完全に知ることはできていなくて，Ns_0 という付加項の分だけ未知であるとき，その付加項のせいで，十分な熱力学的予言ができないこともある．それは，19 章で論ずる，異なる化学種の間で化学反応による組み替えが起こる場合である．そのときの化学平衡の条件には，各化学種の化学ポテンシャルが生に出てくる．上記の付加項は，化学ポテンシャルに付加項をもたらすから，この化学平衡の条件に効いてしまうのだ．

　そのような場合には，求めた $S(U, V, N)$ を $T \to 0$ に外挿してみて，それが Nernst-Planck の仮説を満たすように s_0 の値を決定すればよい．あるいは，登場する化学種を含んでいるような平衡状態をいくつか選んで，それらの間で辻褄が合うような条件を化学ポテンシャルの付加項に課すのもいいだろう．もちろん，正しい $S(U, V, N)$ が何らかの手段で与えられていれば，このような工夫は不要である．

14.7.4　絶対零度で熱容量がゼロになること

　一般に，あるマクロ変数の組 ξ（たとえば $\xi = \{P, N\}$）を固定して準静的に熱したときの熱容量 C_ξ は，

$$C_\xi \equiv \lim_{d'Q \to 0} \left(\frac{d'Q}{dT} \right)_\xi \tag{14.56}$$

で定義される．これを用いて (14.49), (14.51) を一般化すると，

$$S(T, \xi) - S(T_0, \xi) = \int_{T_0,\, \xi\, \text{の状態}}^{T,\, \xi\, \text{の状態}} \frac{d'Q}{T} = \int_{T_0}^{T} \frac{C_\xi(T, \xi)}{T} dT. \tag{14.57}$$

この表式と，6.6 節で述べた Nernst-Planck の仮説（熱力学第三法則）を用いると，**どんな ξ の組についても絶対零度で熱容量 C_ξ がゼロになること**が言える（下の問題）：

$$\lim_{T \to +0} C_\xi = 0 \quad \text{for all } \xi. \tag{14.58}$$

これは，（lim の数学的定義から）温度を十分低くすれば熱容量はいくらでも小さくなることを意味する．したがって，**低温では，わずかでも熱が加われば温度がぐんと上昇してしまう**．低温にいくほど，温度を低く保つのは難しくなるのである．だから，**絶対零度の熱浴を作るのは事実上不可能**である．

　なお，理想気体では，Nernst-Planck の仮説が成り立っていないために，

(14.12) も (14.20) も，(14.58) を満たさない．もちろん，実在の気体はどれも，低温では理想気体からずれてきて，(14.58) を満たす．

問題 14.14 (14.58) を示せ．

14.8 溜を用いた仕事の定義の拡張

8章で述べたように，一般の非平衡過程では，力学的仕事以外の仕事は満足に定義できず，その結果熱も定義できない．そして，例外的にうまく定義できる場合の一例として，8章では，着目系にとって準静的な過程の場合について説明した．この節では，たとえ着目系にとって準静的な過程でなくても，着目系が溜とエネルギーをやりとりする場合については（すなわち，着目系がやりとりする相手の系たちにとって準静的な過程であれば）一般の仕事がうまく定義できて，その結果熱も定義できることを述べる．

たとえば，着目系が粒子溜と粒子をやりとりする場合を考えよう．粒子溜はずっと平衡状態にあると見なせるのだから，粒子溜になされた化学的仕事 $d'W_C^{(\mathrm{e})}$ には (8.5) が使えて，$d'W_C^{(\mathrm{e})} = \mu^{(\mathrm{e})}dN^{(\mathrm{e})}$．この仕事をしたのは着目系であるから，これの符号を反転したものを着目系になされた**化学的仕事** (chemical work) $d'W_C$ と定義するのが妥当である：

$$d'W_C \equiv \mu^{(\mathrm{e})}dN. \tag{14.59}$$

ただし，物質量の保存則より $dN^{(\mathrm{e})} = -dN$ であることを用いた．

このように，着目系がエネルギーをやりとりする相手が溜である場合には，

$$[\text{系になされた仕事}] \equiv -[\text{溜になされた仕事}] \tag{14.60}$$

により，系になされた**仕事** (work) がうまく定義できて，右辺に現れる溜の相加変数の変化は（もしもそれが保存量であれば）系の相加変数の変化量の符号を反転したものに置き換えることができる．ただし，示強変数の方は，溜の示強変数の値が残る（もちろん，系にとっても準静的な変化であって，その示強変数の値が溜の示強変数の値に一致する場合には，8章の結果に帰着する）．こうして，系になされた仕事の総和は，溜の狭義示強変数を用いて次のように書けることがわかる：

$$d'W = -P^{(\mathrm{e})}dV + \mu^{(\mathrm{e})}dN + \cdots. \tag{14.61}$$

すると, 系に流れ込んだ**熱** (heat) は, やりとりしたエネルギーの総量 dU から仕事の総量を差し引いたものと 8.1 節で一般に定義したから,

$$d'Q = dU + P^{(e)}dV - \mu^{(e)}dN - \cdots \tag{14.62}$$

となる. こうして, **たとえ着目系にとって準静的でなくても, 着目系が溜とエネルギーをやりとりする場合については, 一般の仕事がきちんと定義でき, 熱も議論できるようになった.**

　また, 定義できても計算手段がないようでは困るが, これらの結果を使えば, 溜の示強変数は既知だから, たとえ着目系にとって準静的でなくても様々な量が計算できるようになる. そのことを, 力学的仕事がやりとりされる場合について, 下の問題で確かめよ. (ii), (iv) が着目系にとっては準静的でないケースである.

　なお, ここまで拡張してもなお, 熱や仕事が明確に定義できないケースはある. その場合は, 熱力学は適用できても, 熱に関する結果（定理 11.2 など）はもちろん適用できない.

問題 14.15　物質量 N の単原子理想気体を閉じ込めたシリンダーを, 温度 T_a, 圧力 P_a の大気中に置いた. 最初はピストンを固定してあり, シリンダー内の気体は, 大気と同じ温度 T_a, 圧力 P_i ($> P_a$) の平衡状態にあった. ピストンの固定を外したら, ピストンが動いて気体が膨張し, 気体は最終的には, 大気圧と同じ圧力 P_a の平衡状態になった. 大気は温度も圧力も一定の熱浴かつ圧力溜と見なせるとする. 以下のそれぞれの場合について, 次の諸量を求めよ. (a) 気体の終状態の温度 T_f, 体積 V_f. (b) 気体に成された力学的仕事の総量 W, 大気から気体に流れ込んだ熱の総量 Q. (c) 気体の終状態と初期状態のエントロピーの差 ΔS.

(i)　シリンダーが透熱容器で, ピストンはゆっくりと動くように手を添えて調整しながら動かしたとき.

(ii)　シリンダーが透熱容器で, ピストンは自然に動くままにしたとき.

(iii)　シリンダーが断熱容器で, ピストンはゆっくりと動くように手を添えて調整しながら動かしたとき.

(iv)　シリンダーが断熱容器で, ピストンは自然に動くままにしたとき.

ただし, いつものように, ピストンは軽くて摩擦も無視できるとせよ. なお, 気体の始めの体積 $V_i = RNT_a/P_i$ を V_i のまま含む形の答えでも良い.

参考文献

　本書では割愛した科学史を詳しく述べた文献としては，次の大作が評価が高い：

[1] 山本義隆『熱学思想の史的展開』(現代数学社).

　また，1.3 節の A の流儀の教科書として有名なのは，

[2] H.B. Callen, *Thermodynamics and an introduction to thermostatistics*, 2nd edition (Wiley, 1985).

この第 2 版では抜け落ちているが，第 1 版のまえがきには，L. Tisza の講義の内容に従って本を書いたと記してある．しかし，1.3 節で述べたように A の流儀を提唱したのは J. W. Gibbs であり，その論文は次の論文集にまとめられている：

[3] The Scienetific Papers of J. W. Gibbs Vol. I (Longmans, Green, and Co., 1906). 現時点では Ox Bow Press から出版されている.

　一方，B 流儀の教科書は非常に多い．この流儀の中で比較的よさそうな和書を挙げると，たとえば，

[4] 原島鮮『熱力学・統計力学』(培風館) の前半

[5] 久保他『大学演習 熱学・統計力学』(裳華房).

しかし，これらの「古典」が熱力学がわからない人を大量生産してきた事実は重いので，今なら

[6] 田崎晴明『熱力学 — 現代的な視点から』(培風館)

をお勧めする.

　これらとは別のアプローチもある．たとえば，熱力学をひとつの数学理論のように組み上げた例として

[7] E. H. Lieb and J. Yngvason, Physics Reports **310** (1999) 1

を挙げておく．また，統計力学と融合したような形で理論を展開する教科書も多いのだが，このやり方では，ほぼ間違いなく熱力学の理解が不完全になる．その中で，

[8] ランダウ・リフシッツ『統計物理学』（岩波書店）
は例外的にすばらしいが，とても難しいし，熱力学の価値をわかりにくくした
負の側面も持つので，熱力学をきちんと身につけてから読んだ方がいいと思
う．

　熱力学で用いる数学については，たとえば，

[9] 高木貞治『解析概論』（岩波書店）の前半

[10] 山本昌宏『基礎と応用 微分積分』（サイエンス社）
をお勧めする．[9] はいわずと知れた名著だが，[10] は微分・積分の「ココロ」
が書いてあって，理工系の学生なら是非持っていたい一冊である．

　また，本書では，できるだけ高い視点から熱力学を理解して欲しいので，と
きどき量子論を引き合いに出して説明している部分がある．だから，量子論も
できるだけ高い視点から書かれた本を参考にするのが良い．易しい本でそのよ
うな書き方をしているものはなかったので書き下ろしたのが，拙著

[11] 清水明『新版 量子論の基礎』（サイエンス社）
である．

　なお，筆者が具体的な文献名を挙げたからといって，それは，**決してこれら
の文献に不満や誤りがないということではない**．もともと，自分が書いた文献
以外に，責任を持てるはずがない．特に，本文中でも述べたように，熱力学は
たいへん難しい理論体系であるので，どの本にも（この本にも）少なからぬ不
満点がある．しかし，**たとえ完璧な本があったとしても，結局は自分で計算を
やり直すなどして自分の頭で整理し直して消化しないと身に付かないこと**を
注意しておく．それは，どんなに素晴らしいサッカーの本を読んでも，実際に
ボールを蹴って練習しなければサッカーができないのと同じことである．

本書で用いる数学記号など

本書では，物理学の標準に従い，以下のような記号を用いる．

- $\equiv$: ○○と定義する．

- $\neq$: 等しくない．

- $\simeq$: ほぼ等しい（高校で使う $\fallingdotseq$ と同じ）．

- $\geq$: $>$ または $=$　　　（$\leq$ も同様）．

- $\gg$: ずっと大きい．
  たとえば，$10^{10} \gg 1$ だが，$0.5 \times 10^{10} \gg 1$ であるし，$2 \times 10^{10} \gg 1$ でもあるので，$\gg$ を使うときは **1 桁程度の数係数は省いてしまって良い**．「ずっと小さい」という意味の $\ll$ も同様．

- $\pm$ や $\mp$ は，$+$ のときの式と $-$ のときの式をまとめて書くのに用いるが，**本書では特に断らない限り，いつも複号同順を仮定する**．

- **和の範囲**：**和の範囲が自明であればそれはわざわざ書かない**．たとえば $\displaystyle\sum_{a=1}^{3}$ は，$a = 1, 2, 3$ ということが明らかならば単に $\displaystyle\sum_{a}$ と書く．

- **二重の和**：$\displaystyle\sum_{a}\sum_{b}$ は，$\displaystyle\sum_{a,b}$ とか $\sum_{a,b}$ とも書く．

- $\exp(x)$: 指数関数 e^x のこと．

- $\ln x$: 自然対数 $\log_e x$ のこと．

- $\min\{a, b\}, \max\{a, b\}$: 2 つの実数 a, b のうちの，小さい方と大きい方．

- $\displaystyle\min_{x} f(x), \max_{x} f(x)$: x をその変域内で様々な値に変えてみたときの，関数 $f(x)$ の最小値と最大値．

- $\inf_{x} f(x)$, $\sup_{x} f(x)$: x をその変域内で様々な値に変えてみたときの，関数 $f(x)$ の**下限値**と**上限値**.

  下限値・上限値は「その値にいくらでも近い値をとりうるがそこは超えられない」という限界である．だから，最小値・最大値とは異なり，**実際にその値をとれるとは限らない**．もちろん，$f(x)$ が実際に下限値や上限値をとれるならば，下限値＝最小値で上限値＝最大値である．

  例：$f(x) = x^2$ のとき，変域が $0 \leq x \leq 2$ ならば $\min_{x} f(x) = \inf_{x} f(x) = 0$, $\max_{x} f(x) = \sup_{x} f(x) = 4$ である．変域が $0 < x < 2$ ならば，$\min_{x} f(x)$, $\max_{x} f(x)$ は存在しないが，$\inf_{x} f(x) = 0$, $\sup_{x} f(x) = 4$ は存在する．

- $+0, -0$: $\epsilon > 0$ に保って $\epsilon \to 0$ の極限をとることを，$\lim_{\epsilon \to +0}$ と書く．その場合の関数 $f(x + \epsilon)$ の極限値を $f(x + 0)$ と記す．同様に，$\epsilon < 0$ に保って極限をとる場合は，$\lim_{\epsilon \to -0} f(x + \epsilon) = \lim_{\epsilon \to +0} f(x - \epsilon) = f(x - 0)$ などと記す．

- $\sim$（桁の議論をするとき）：「10 倍以内程度の違い」という意味．たとえば，$10^{10} \sim 0.5 \times 10^{10} \sim 2 \times 10^{10}$ である．

- $\sim$（関数の漸近形の振舞いに使うとき）：本書では統計力学などの習慣にしたがって，「ゼロでない比例係数を除いて漸近する」という意味に用いる．つまり，$x \to x_0$ なる極限での振舞いに注目しているとき，$f(x)/g(x) \to$ ゼロでない定数，であれば $f(x) \sim g(x)$ と記す．

  例：$f(x) = 5x^2 - 4x + 5$ は，$x \to \infty$ では $f(x)/x^2 \to 5$ なので，$f(x) \sim x^2$．$x \to 0$ では $f(x)/1 \to 5$ なので $f(x) \sim 1$．

- O：本書では上述の漸近の $\sim$ と同じ意味に使う．つまり，$f(x) \sim g(x)$ のとき，$f(x) = O(g(x))$ と書くことにする．**これは数学の本とは異なる使い方なので，注意して欲しい**[1]．

  例：すぐ上で例に出した $f(x) = 5x^2 - 4x + 5$ は，$x \to \infty$ で $f(x) = O(x^2)$, $x \to 0$ で $f(x) = O(1)$.

---

1)　数学では，$f(x)/g(x) \to$ 有界という意味に使うことが多い．ここで，**有界とは無限大に発散しないということなので**，ゼロでもいいし振動していてもよい．その点が本書の O とは異なる．実は，筆者も含む**多くの物理学者は**，普段は O をどちらの意味にも使い，前後の文脈に応じて使い分けている．

例：$\dfrac{2x^2}{1+x}$ は，$x \to \infty$ で $f(x) = O(x)$，$x \to 0$ では $f(x) = O(x^2)$.

- o：$x \to x_0$ なる極限での振舞いに注目しているとき，$f(x)/g(x) \to 0$ であれば $f(x) = o(g(x))$ と記す.

  たとえば，$x \to 0$ で $f(x) = o(x^2)$ というのは，「$x \to 0$ では $f(x)$ は x^2 の定数倍よりもずっと小さくなる」ということだが，この場合は $x^2 \to 0$ なので $f(x) \to 0$ とわかる. したがって，「$f(x)$ は x^2 の定数倍よりも速くゼロに近づく」ということになる. 同様に，$x \to \infty$ で $f(x) = o(x^2)$ というのは，「$x \to \infty$ では $f(x)$ は x^2 の定数倍よりもずっと小さくなる」ということだが，この場合は $x^2 \to \infty$ なので「$f(x)$ は x^2 の定数倍よりも遅く発散するか，有界にとどまる」という意味になる.

  例：$f(x) = \sqrt{x}$ は，$x \to \infty$ で，$f(x) = o(x)$ でもあるし $f(x) = o(x^2)$ でもある.

  例：$f(x) = o(1)$ は，$f(x) \to 0$ を意味する.

- 「for」「all」「such that」「i.e.」：それぞれ，「…について」「すべての，任意の」「というような」「すなわち」なので，たとえば「for all x」は「任意の x について」という意味.

- $a < b$ のとき，x の $a < x < b$ の範囲を**開区間** (a,b) と呼び，$a \leq x \leq b$ の範囲を**閉区間** $[a,b]$ と呼ぶ. ひとつの区間の中の端以外の点を，その区間の**内点**と呼ぶ[2]. たとえば，区間が $[1,3]$ であれば，2 は内点だが 1 は内点ではない.

- ギリシャ文字：よく使われるものをここに記しておく.

  小文字：$\alpha, \beta, \gamma, \delta, \epsilon$ (または ε), $\zeta, \eta, \theta, \kappa, \lambda, \mu, \nu, \xi, \pi, \rho, \sigma, \tau, \phi$ (または φ), χ, ψ, ω.

  大文字：$\Gamma, \Delta, \Theta, \Lambda, \Xi, \Pi, \Sigma, \Phi, \Psi, \Omega$.

最後に，これは国語の問題ではあるが，念のために注意しておく：「○○のときは△△である」「もし○○ならば△△である」という類の表現がよく出てくるが，これは△△の十分条件を言っているので，必ずしも「○○のときに，そしてその場合に限り，△△である」のような必要十分条件を意味しない. 英

---

2) ♠ 一般の領域に対しては，ある点とその近傍がすべてその領域に属すれば，内点と言う.

語で言えば，前者は△△ if ○○であり，後者は△△ if and only if ○○である．
前者は**必要条件については何も言っていない**ことに注意して欲しい．

♠♠ルジャンドル変換していない変数について の偏微分 — 微分可能でない領域

$h_1(p_1, x_2, x_3, \cdots)$ の $x_2, x_3, \cdots$ についての偏微分は，$f(x_1, x_2, x_3, \cdots)$ や $h_1(p_1, x_2, x_3, \cdots)$ が微分可能でない領域では，以下のようにややこしい．このような状況は，17 章で述べる相転移において発生するので，そこにあげた実例を参照しながら読む方がわかりやすいかもしれない．また，まったく一般の凸関数についての精密な記述ではなく，物理学の問題に関してはほとんどの場合はこれで良い，という内容の記述にする．

まず，$(x_2, x_3, \cdots) \equiv \vec{y}$ をひと組与えたときに，$h_1(p_1, \vec{y})$ が p_1 の関数として，ある点 $p_{1*}(\vec{y})$ において微分不可能（左右の微係数が異なる）になっている場合を考えよう．その点は，x_1 については区間に対応し，そこでは $f(x_1, \vec{y})$ は直線になっているのであった．その区間を $x_{1*}^-(\vec{y}) \leq x_1 \leq x_{1*}^+(\vec{y})$ と記そう．$p_1, x_2, x_3, \cdots (= p_1, \vec{y})$ で張られる空間 $\mathcal{P}$ の中に，点 $p_{1*}(\vec{y})$ を様々な $\vec{y}$ について集めてプロットすると，超曲面（$\mathcal{P}$ より次元が 1 だけ低い領域）になる．その超曲面を $\mathcal{P}_*$ と記そう．他方，$x_1, x_2, x_3, \cdots (= x_1, \vec{y})$ で張られる空間 $\mathcal{X}$ の中に，区間 $x_{1*}^-(\vec{y}) \leq x_1 \leq x_{1*}^+(\vec{y})$ 内の点を集めてプロットすると，（$\mathcal{X}$ と同じ次元の）領域になる．その領域を $\mathcal{X}_*$ と記そう．簡単のため，$\mathcal{P}_*$ の境界も，$\mathcal{X}_*$ の境界も，x_2 軸とは平行でないとする．さらに，$\mathcal{P}_*$ や $\mathcal{X}_*$ から少し出れば，f にも h_1 にも何の特異性もないとする．

このような $\mathcal{X}_*, \mathcal{P}_*$ の中では，$(x_1, \vec{y}) \in \mathcal{X}_*$ からは対応する $(p_{1*}, \vec{y}) \in \mathcal{P}_*$ が一意的に定まるが，逆に $(p_{1*}, \vec{y})$ からは $(x_1, \vec{y})$ は一意的には定まらない．そして，$\left. \dfrac{\partial h_1}{\partial p_1} \right|_{p_1 = p_{1*}}$ が存在せず左右の微係数 $\left. \dfrac{\partial h_1(p_1 \pm 0, \vec{y})}{\partial p_1} \right|_{p_1 = p_{1*}}$ が存在するのみであるという特異性に伴って，x_2 に関する微係数 $\left. \dfrac{\partial h_1}{\partial x_2} \right|_{p_1 = p_{1*}}$ も一般には存在しなくなり，左右の微係数 $\left. \dfrac{\partial h_1(p_1, x_2 \pm 0, x_3, \cdots)}{\partial x_2} \right|_{p_1 = p_{1*}}$ が存在するのみになる．ここでの我々の目的は，この左右の微係数と $f(x_1, x_2, x_3, \cdots)$

の微係数の関係を見いだすことにある.

そのために, まず, $\mathcal{X}_*, \mathcal{P}_*$ から少しはずれた点を考える. そこでは (12.29) が使える. そこから, $p_1, x_3, \cdots$ を固定して x_2 を変化させて, $\mathcal{P}$ 内の点を $\mathcal{P}_*$ に近づけると, 対応する $\mathcal{X}$ 内の点も $\mathcal{X}_*$ に近づく. その際, x_2 を増加させたときに, $\mathcal{X}$ において x_1 が減少するようであれば, $\mathcal{X}_*$ の端に位置する $(x_{1*}^+(\vec{y}), \vec{y})$ に近づくことになる. 逆に, $\mathcal{X}$ において x_1 も増加するようであれば, $\mathcal{X}_*$ の別の端である $(x_{1*}^-(\vec{y}), \vec{y})$ に近づくことになる. いずれの場合も, $\mathcal{X}_*$ に達するまでは (12.29) に現れるすべての量は連続であるから, 極限をとることにより次の結果を得る (前者の場合は複号同順で後者の場合は逆符号):

$$
\left.\frac{\partial h_1(p_1, x_2 \pm 0, x_3, \cdots)}{\partial x_2}\right|_{p_1 = p_{1*}(\vec{y})} = \left.\frac{\partial f(x_1, x_2, x_3, \cdots)}{\partial x_2}\right|_{x_1 = x_{1*}^\pm(\vec{y})}
$$
$$
(複号同順または逆順). \tag{B.1}
$$

すなわち, この場合には, ルジャンドル変換していない変数についての左右の偏微分は, 元の関数の, 左右それぞれの点に対応する異なる点における偏微分の値に等しい. さらに, 区間 $x_{1*}^-(\vec{y}) \leq x_1 \leq x_{1*}^+(\vec{y})$ の内部における元の関数の微係数は, その単調性より, 上式で与えられる上下限の間の値を単調に移り変わってゆく:

$$
\left.\frac{\partial h_1(p_1, x_2 \mp 0, x_3, \cdots)}{\partial x_2}\right|_{p_1 = p_{1*}(\vec{y})}
$$
$$
\leq \frac{\partial f(x_1, x_2, x_3, \cdots)}{\partial x_2} \leq \left.\frac{\partial h_1(p_1, x_2 \pm 0, x_3, \cdots)}{\partial x_2}\right|_{p_1 = p_{1*}(\vec{y})}
$$
$$
\text{for} \quad x_{1*}^-(\vec{y}) \leq x_1 \leq x_{1*}^+(\vec{y}). \tag{B.2}
$$

ここで, 複号は, h_1 が x_2 に関して下に凸なら上側を, 上に凸なら下側をとる. このように, **ルジャンドル変換された関数 h_1 が微分不可能な点では, その左右の偏微分は, 元の関数 f の偏微分の上下限を与える.**

次に, $\vec{y} = (x_2, x_3, \cdots)$ をひと組与えたときに, $f(x_1, \vec{y})$ の方が, x_1 の関数としてある点 $x_{1*}(\vec{y})$ において微分不可能 (左右の微係数が異なる) になっている場合を考えよう. その点は, p_1 については区間に対応し, そこでは $h_1(p_1, \vec{y})$ は直線になる. その区間を $p_{1*}^-(\vec{y}) \leq p_1 \leq p_{1*}^+(\vec{y})$ と記そう. また, $\mathcal{X}$ の中で点 $x_{1*}(\vec{y})$ を様々な $\vec{y}$ について集めた超曲面を $\mathcal{X}_*$, $\mathcal{P}$ の中で上記の

区間を集めた領域を $\mathcal{P}_*$ と記そう．簡単のため，$\mathcal{P}_*$ の境界も，$\mathcal{X}_*$ の境界も，x_2 軸とは平行でないとする．さらに，$\mathcal{P}_*$ や $\mathcal{X}_*$ から少し出れば，f にも h_1 にも何の特異性もないとする．

このような $\mathcal{P}_*, \mathcal{X}_*$ の中では，$(p_1, \vec{y}) \in \mathcal{P}_*$ からは対応する $(x_{1*}, \vec{y}) \in \mathcal{X}_*$ が一意的に定まるが，逆に $(x_{1*}, \vec{y})$ からは $(p_1, \vec{y})$ は一意的には定まらない．この状況は，ちょうど (B.1) の左右の関係が入れ替わったことになるので，

$$\left.\frac{\partial h_1(p_1, x_2, x_3, \cdots)}{\partial x_2}\right|_{p_1 = p_{1*}^{\pm}(\vec{y})} = \left.\frac{\partial f(x_1, x_2 \pm 0, x_3, \cdots)}{\partial x_2}\right|_{x_1 = x_{1*}(\vec{y})}$$

$$\text{（複号同順または逆順）} \tag{B.3}$$

を得る．すなわち，この場合には，$\mathcal{P}_*$ 内の区間 $p_{1*}^{-}(\vec{y}) \leq p_1 \leq p_{1*}^{+}(\vec{y})$ の両端における h_1 の微係数が，$\mathcal{X}_*$ 内の対応する点 x_{1*} における f の左右の微係数に等しくなる．他方，区間の内部では，(B.2) に対応して，h_1 の微係数が上式で与えられる上下限の間の値を単調に移り変わってゆく：

$$\left.\frac{\partial f(x_1, x_2 \mp 0, x_3, \cdots)}{\partial x_2}\right|_{x_1 = x_{1*}(\vec{y})}$$

$$\leq \frac{\partial h_1(p_1, x_2, x_3, \cdots)}{\partial x_2} \leq \left.\frac{\partial f(x_1, x_2 \pm 0, x_3, \cdots)}{\partial x_2}\right|_{x_1 = x_{1*}(\vec{y})}$$

$$\text{for} \quad p_{1*}^{-}(\vec{y}) \leq p_1 \leq p_{1*}^{+}(\vec{y}). \tag{B.4}$$

ここで，複号は，f が x_2 に関して下に凸なら上側を，上に凸なら下側をとる．このように，**元の関数 f が微分不可能な点では，その左右の偏微分は，ルジャンドル変換された関数 h_1 の偏微分の上下限を与える**．

問題解答

問題 1.1 微分可能ならば，$h(x) \equiv f(x) - f(a) - f'(a)(x-a)$ とおき，$x-a$ で割り算して微係数の定義 $f'(a) = \lim_{x \to a} \dfrac{f(x) - f(a)}{x-a}$ を用いれば，$h(x) = o(x-a)$ とわかるので (1.2) を得る．逆に (1.2) が成り立っていれば，$f(a)$ を左辺に移してから $x-a$ で割り算して極限をとれば，$\lim_{x \to a} \dfrac{f(x) - f(a)}{x-a} = f'(a)$.

問題 1.2 $f_{xx} = 2y^3$, $f_{xy} = f_{yx} = 6xy^2$, $f_{yy} = 6x^2 y$.

問題 1.3 $(x,y) \neq (0,0)$ のときは $f_{xy}(x,y) = \dfrac{x^2 - y^2}{x^2 + y^2} + \dfrac{8x^2 y^2 (x^2 - y^2)}{(x^2 + y^2)^3}$ と求まるので，$f_{xy}(x,0) = 1 \ (x \neq 0)$, $f_{xy}(0,y) = -1 \ (y \neq 0)$ であることがわかる．よって，$\lim_{x \to 0} f_{xy}(x,0) \neq \lim_{y \to 0} f_{xy}(0,y)$ となり，$f_{xy}(x,y)$ は原点近傍で不連続である．つまり $f(x,y)$ は原点近傍で C^2 級でない．

問題 1.6 (i) $Z(x(\xi,\eta), y(\xi,\eta))$ に合成関数の微分法を適用せよ．(ii) η を固定して ξ を変化させたとき，x,y の両方が変化する可能性があるが，その変化率は，ξ を変化させたときに比べてそれぞれ，$\left(\dfrac{\partial x}{\partial \xi}\right)_\eta$ と $\left(\dfrac{\partial y}{\partial \xi}\right)_\eta$ 倍である．これらに，x,y それぞれを変化させたときの Z の変化率である $\left(\dfrac{\partial Z}{\partial x}\right)_y$ と $\left(\dfrac{\partial Z}{\partial y}\right)_x$ をかけてやったのが (1.20) 右辺である．(iii) 略．(iv) 関数 $Z = Z(x_1, x_2, \cdots, x_n)$ を，他の変数 $\xi_1, \xi_2, \cdots, \xi_n$ の関数として表したとき，

$$\left(\frac{\partial Z}{\partial \xi_j}\right)_{\xi_1, \xi_2, \cdots, \xi_n (\not\ni \xi_j)} = \sum_{k=1}^{n} \left(\frac{\partial x_k}{\partial \xi_j}\right)_{\xi_1, \xi_2, \cdots, \xi_n (\not\ni \xi_j)} \left(\frac{\partial Z}{\partial x_k}\right)_{x_1, x_2, \cdots, x_n (\not\ni x_k)} \tag{C.1}$$

が，$j = 1, 2, \cdots, n$ について成立する．ただし，$\xi_1, \xi_2, \cdots, \xi_n (\not\ni \xi_j)$ というのは，$\xi_1, \xi_2, \cdots, \xi_n$ から ξ_j を除いたものを表し，$x_1, x_2, \cdots, x_n (\not\ni x_k)$ も同様である．

問題 2.1 $\left(\dfrac{\partial}{\partial U^{(1)}} Z\right)_U = \dfrac{\partial}{\partial U^{(1)}} f(U^{(1)}, U - U^{(1)}) = f_x(U^{(1)}, U^{(2)}) - f_y(U^{(1)}, U^{(2)}).$

問題 3.1 電池の起電力がなくなって電流が流れなくなった状態.

問題 3.2 A さんが始状態から出発して平衡状態になるまでの過程を観察したら, 平衡状態になるまでの間に, その相加変数の値は時々刻々変わる. B さんがこの過程を途中から見たとすると, B さんにとってはその相加変数の初期値は A さんとは異なる. しかし, A さんも B さんも, 最後にはまったく同じ平衡状態に達することを見いだす. したがって, 始状態の相加変数の値が平衡状態と一対一に対応することはあり得ない.

問題 5.1 (5.6) の部分系を q 個合併して, 体積が qV/p の複合系を作ると, その S は,

$$S(qX_0/p, \cdots, qX_t/p) = qS(X_0/p, \cdots, X_t/p) = (q/p)\, S(X_0, \cdots, X_t).$$

ここで, 1 番目の等号は (5.5) を, 2 番目の等号は (5.6) を用いた. q/p は任意の正の有理数をとりうるので[1], 問題のヒントにより, 任意の正数 λ について (5.7) が成立することが言える.

問題 5.2 (i) $S(\lambda U, \lambda V, \lambda N)$ を計算してみよ. (ii) $u = U/V, n = N/V$ とおくと $S/V = s(u, n) = K(un)^{1/3}$ であり, $u = U/N, v = V/N$ とおくと $S/N = s(u, v) = K(uv)^{1/3}$.

問題 5.5 それぞれの $f''(x)$ が, $-2\ (<0)$, $-1/x^2\ (<0)$, $-(-x)^{-3/2}/4\ (\leq 0)$ となるから, 上に凸だとわかる.

問題 5.6 (i) 自明.

(ii) $X - a, X - b \in I$ であるような任意の $a, b \in I$ と, $0 < \lambda < 1$ の範囲の任意の実数 λ について,

$$\begin{aligned}
h(\lambda a + (1 - \lambda)b) &= f(X - \lambda a - (1 - \lambda)b) \\
&= f(\lambda(X - a) + (1 - \lambda)(X - b)) \\
&\geq \lambda f(X - a) + (1 - \lambda)f(X - b) \\
&= \lambda h(a) + (1 - \lambda)h(b).
\end{aligned}$$

(iii) 任意の $a, b \in I$ と, $0 < \lambda < 1$ の範囲の任意の実数 λ について,

---

1) p をあまり大きくすると部分系がミクロ系になってしまって熱力学が適用できなくなるが, これは V をさらに大きくすれば回避できる.

$$h(\lambda a + (1-\lambda)b) = f(\lambda a + (1-\lambda)b) + g(\lambda a + (1-\lambda)b)$$
$$\geq \lambda f(a) + (1-\lambda)f(b) + \lambda g(a) + (1-\lambda)g(b)$$
$$= \lambda h(a) + (1-\lambda)h(b).$$

(iv)(ii) より $g(X-x)$ は上に凸だから，(iii) より $h(x)$ も上に凸.

(v) (iii) のようにして証明できるが，グラフを描けば自明.

問題 5.7   問題 5.6 の解で，a, b, X を $\vec{a}, \vec{b}, \vec{X}$ に変えればよい.

問題 5.8   (i) は，問題 5.6 の解のようにすればすぐ示せる. (ii) は，X を固定するから 1 変数関数であり，数学の定理 5.3 が使える. $\dfrac{\partial h_1(X, x)}{\partial x} = f'(x) - f'(X-x) = 0$ は $x = X/2$ で満たされるので，h_1 は $x = X/2$ で最大. $\dfrac{\partial h_2(X, x)}{\partial x} = f'(X+x/2)/2 - f'(X-x/2)/2 = 0$ は $x = 0$ で満たされるので，h_2 は $x = 0$ で最大.

問題 5.9 $S(\lambda U, \lambda V)$ を計算して λ について整理すれば，容易に $S(\lambda U, \lambda V) = \lambda S(U, V)$ が示せる. あるいは，問題 5.10 が示せれば $S(U, V) = V s(u)$ だから，これは自明.

問題 5.10 $s(u) = k_{\mathrm{B}} \left[\left(\dfrac{u}{\epsilon} + \dfrac{1}{\gamma} \right) \ln \left(\dfrac{u}{\epsilon} + \dfrac{1}{\gamma} \right) - \dfrac{u}{\epsilon} \ln \dfrac{u}{\epsilon} - \dfrac{1}{\gamma} \ln \dfrac{1}{\gamma} \right]$.

問題 5.11   2 階偏微分可能なので，2 階偏微分係数を計算して (5.23) を用いれば示せる.

問題 5.12

(i) $\widehat{S} = k_{\mathrm{B}} \displaystyle\sum_{i=1}^{2} \left[\left(\dfrac{U^{(i)}}{\epsilon} + \dfrac{V}{2\gamma} \right) \ln \left(\dfrac{U^{(i)}}{\epsilon} + \dfrac{V}{2\gamma} \right) - \dfrac{U^{(i)}}{\epsilon} \ln \dfrac{U^{(i)}}{\epsilon} - \dfrac{V}{2\gamma} \ln \dfrac{V}{2\gamma} \right]$.

(ii) 略（山のようになる）.

(iii) $U^{(1)} = U/2$ のときに最大で，最大値は (5.37) と同じ表式になる.

(iv) (iii) の解答より自明.

問題 5.13   図 5.4 と同じ格好をしたグラフになる.

問題 5.14   簡単のため，$S = S(U, V)$ の場合について示すが，もっと多変数の場合も同様である. 要請 II より，$S(U, V)$ は C^1 級で $S_U(U, V) = \dfrac{\partial S}{\partial U} > 0$ であるから，任意の V について，$S = S(U, V)$ が逆に解けて $U = U(S, V)$ という関数が定まる. さ

て，ϵ, η を任意の微小な実数とすると，$S(U, V)$ は C^1 級だから，$S(U + \epsilon, V + \eta) - S(U, V) = S_U(U, V)\epsilon + S_V(U, V)\eta + o(\sqrt{\epsilon^2 + \eta^2})$. 右辺を δ と記すと，

$$S(U + \epsilon, V + \eta) = S(U, V) + \delta.$$

$S(U, V)$ の値を S と記すと，上式の中の U の値は $U(S, V)$ になるから，$S(U(S, V) + \epsilon, V + \eta) = S + \delta$. ゆえに，逆関数の定義より，$U(S, V) + \epsilon = U(S + \delta, V + \eta)$. δ の定義式を使って ϵ を消去して整理すると，δ, η の 1 次の精度で，

$$U(S + \delta, V + \eta) - U(S, V) = \frac{1}{S_U}\delta - \frac{S_V}{S_U}\eta.$$

$\delta, \eta \to 0$ で右辺はゼロになるので，$U(S, V)$ は連続．また，$\eta = 0$ にとって δ で割り算すれば，$\dfrac{\partial U}{\partial S}$ が存在して $1/S_U$ に等しいことがわかり，$\delta = 0$ にとって η で割り算すれば，$\dfrac{\partial U}{\partial V}$ が存在して $-S_V/S_U$ に等しいことがわかる．$S(U, V)$ が C^1 級で $S_U > 0$ だから，これらは連続関数である．ゆえに，$U(S, V)$ は C^1 級である（注意：U_S, U_V が存在するだけでは，$U(S, V)$ の多変数関数としての連続性すら言えない）．

問題 6.1 $B = \dfrac{k_{\mathrm{B}}}{\epsilon} \ln\left(1 + \dfrac{\epsilon V}{\gamma U}\right)$, $\Pi_V = \dfrac{k_{\mathrm{B}}}{\gamma} \ln\left(1 + \dfrac{\gamma U}{\epsilon V}\right)$. これらは明らかに 0 次同次関数．

問題 6.2 (i) $U(T, V) = \epsilon V / [\gamma(e^{\epsilon/k_{\mathrm{B}}T} - 1)]$.
(ii) $e^{\epsilon/k_{\mathrm{B}}T} \simeq 1 + \epsilon/k_{\mathrm{B}}T$ となるので，$U \simeq k_{\mathrm{B}}TV/\gamma$.

問題 6.4 $s_0 \equiv S_0/N_0$ などとおくと，

$$s = s_0 n + Rn \ln\left[\left(\frac{u}{u_0}\right)^c \left(\frac{n_0}{n}\right)^{c+1}\right] \equiv s(u, n).$$

問題 6.5 2 階偏微分係数を計算するといずれも非正になっていることからわかる．

問題 6.6 $U(S, V, N)$ を (6.43) の右辺の関数として，

$$T = \frac{\gamma - 1}{RN} U(S, V, N), \quad P = \frac{\gamma - 1}{V} U(S, V, N).$$

(6.43) より $U = U(S, V, N)$ であるから，T の結果から $U = RNT/(\gamma - 1) = cRNT$. これを P の結果に代入して $PV = RNT$.

問題 6.8 基本関係式を微分して得られる次式から直ちに求まる：

$$\frac{1}{T} = B = \frac{3\Omega}{4}\left(\frac{V}{U}\right)^{1/4}, \quad \frac{P}{T} = \frac{\Omega}{4}\left(\frac{U}{V}\right)^{3/4}.$$

問題 6.9 いずれの場合も $T \to 0$ で $U \to 0$ なので，基本関係式で $U \to 0$ とすれば直ちにわかる．

問題 7.2 V で微分して V で積分するので元に戻る．したがって，直ちに (7.38) を得る．

問題 7.5 結果は本文中に求めてあるから，一覧表を作って吟味せよ．とても勉強になるであろう．

問題 7.7 粒子の出入りはなく，準静的断熱過程だから $\Delta S = 0, \Delta N = 0$．ゆえに (7.47) より直ちに (7.60) を得る．それを (7.50) に代入すれば (7.61) を得る．

問題 7.8 本文中の式を，a, b の 1 次の精度で近似したものに代入すればよい．たとえば (7.57) は，(1.4) を用いて，

$$
\Delta S = -RN \left[\ln\left(\frac{V_1}{V_2}\right) + \ln\left(\frac{1 - b\dfrac{N}{V_1}}{1 - b\dfrac{N}{V_2}}\right) \right] \simeq -RN \left[\ln\left(\frac{V_1}{V_2}\right) - b\frac{N}{V_1} + b\frac{N}{V_2} \right].
$$

問題 7.9 U, N が一定で V だけ変わるから，(7.47) より直ちに (7.63) を得る．条件 (7.48)，(7.49) のために，(7.63) の符号は $a = b = 0$ としたものと同じだと考えて良いから，正である．同様に，(7.51) より直ちに (7.62) を得る．

問題 8.1 RC 回路の時定数は RC である．最終的にかけたい電圧を $V_f \, (> 0)$ とする．準静的に充電するには，ジュール熱の総量が無視できるほど小さくなるようにすればいいので，かける電圧 $V(t)$ を，$|dV/dt| \ll V_f/RC$ を満たすようにゆっくりとかけていけばよい．

問題 9.3 求めた $U^{(i)}, V^{(i)}, N^{(i)}$ の値を，(9.13) と (9.16) の U, V, N にそれぞれ代入するだけでよい．

問題 9.4 $U = E_{内部} + gZ$ と選んだので，エントロピーの自然な変数は Z を含めた $U, Z, N, \cdots$ である．したがって，$Z, N, \cdots$ を固定して U を増すのであれば，S も T も強増加する．それは結局 $E_{内部}$ を増していることになるから，当然である．一方，鉄をそっと持ち上げるのは，U だけでなく Z も変化するのでこれには当てはまらず，実際には，$E_{内部}$ が変化しないために，S も T も変わらない．

問題 10.5 様々な示し方があるが一例を挙げる. 左右の気体の U, V, N の値が, 初期状態では U_1, V_1, N_1 と $U - U_1, V - V_1, N - N_1$, 終状態では U_1', V_1', N_1' と $U - U_1', V - V_1', N - N_1'$ だったとする. この U_1', V_1', N_1' の値は, 壁を差し込むタイミング次第で変わる量であるから, 熱力学だけでは予言できない. そうではあるが, 仕切壁を外したことで状態変化が始まったことから, $\widehat{S} > S$ なる局所平衡状態があることは分かる. そういう状態が数多ある中で, 仕切り壁を差し込むことで U_1', V_1', N_1' が特定の値に制限された. そしてしばらくして落ち着いた平衡状態のエントロピーが S' だから,
$$S' = \max_{U_1, V_1, N_1 \text{ or } U_1', V_1', N_1'} \widehat{S} > S \text{ だとわかる.}$$

問題 11.1 Web 上の検索エンジンで「熱機関」を検索すればたくさんの実例が出てくる.

問題 11.4 たとえば (ii) は, ピストンを引く間は R が断熱されていたと考えるとわかりやすい. ゆっくりピストンを引いたと考えれば (7.39) が使えるので, W' の向きに注意すると $T_L' - T_L = -W'/cRN < 0$ となり, ピストンを引いた後の温度 T_L' は確かに下がっている. (iii) では圧縮するので, 反対に温度が上がる.

問題 11.6 摂氏温度を絶対温度に直すことだけ気をつけて, (11.23) に当てはめればよい.

問題 11.8 7.6 節の結果を順に当てはめれば, 各ステップで, (i): $W_e = Q_H = RNT_H \ln(V_1/V_0)$, (ii): $W_e = cRN(T_H - T_L)$, (iii): $W_e = Q_L = -RNT_L \ln(V_2/V_3)$, (iv): $W_e = -cRN(T_H - T_L)$. また, $T_L/T_H = (V_1/V_2)^{\gamma-1} = (V_0/V_3)^{\gamma-1}$ より $V_1/V_0 = V_2/V_3$. 以上から, $\eta_{Q \to W} = 1 - T_L/T_H$. 詳しい情報は Web 上の検索エンジンでも見つかる.

問題 12.1 $f(x)$ はあらゆる x で微分可能で, $f'(x) = x^3$ は増加関数だから下に凸である. $f'(x) = p \ (\geq 0)$ を満たす x の値は $x = p^{1/3}$ と一意的に定まるので, (12.7) を用いて
$$g(p) = p^{1/3} \cdot p - p^{4/3}/4 = 3p^{4/3}/4.$$
$0 < f'(x) < +\infty$ なので, $g(p)$ の定義域は $0 < p < +\infty$ である.

問題 12.3 $g(p) = 3p^{4/3}/4 \ (0 < p < +\infty)$ は下に凸で, あらゆる p で微分可能で, $g'(p) = p^{1/3} = x \ (> 0)$ を満たす p の値は $p = x^3$ と一意的に定まる. したがって, (12.7) を用いて $f(x)$ の関数形は $f(x) = x^3 \cdot x - 3x^4/4 = x^4/4$ と求まり, 定義域は, $0 < g'(p) < +\infty$ より $0 < x < +\infty$ となるので, 完全に元に戻った.

問題 12.4　左辺でも中辺でも p と x の関係が指定されていないので，そもそもルジャンドル変換になっていない．そのため，この計算に出てくる x がすべて同じ値をとるかも自明ではない．たとえば中辺では，括弧内の 2 つの x は $x(p)$ で，括弧外の x は任意に選んだ実数なので，それらが同じ値をとっているかわからない．関数に特異性があればさらに非自明になる．

問題 12.5　簡単に計算できる．たとえば (i) はそれぞれ，$h = -p^2/4 + y^2$, $h = -p^2/4 + 2y^2$. (iii) では，(12.21) にマイナスが付いていることに注意．

問題 12.9　(i) 微係数を計算すると，

$$f'(x) = \begin{cases} 1 + x & (0 < x \leq 1) \\ 2 & (1 < x \leq 2) \\ x & (2 < x) \end{cases}$$

のように，単調増加で連続になっている．$f(x)$ 自体も連続であるから，数学の定理 5.2 を下に凸な場合に言い換えた定理より，$f(x)$ は下に凸である．(ii) $f'(x)$ のグラフを書くなどして丁寧に計算すれば良い．結果は

$$g(p) = \begin{cases} \dfrac{(p-1)^2}{2} - \dfrac{1}{2} & (1 < p < 2) \\ \dfrac{p^2}{2} - 2 & (2 \leq p) \end{cases}$$

(iii) $p \neq 2$ において $g(p)$ の微係数を計算すると，$g'(p) = \begin{cases} p - 1 & (p < 2) \\ p & (2 < p) \end{cases}$ なので，$p = 2$ では $g'(p-0) = 1 \neq g'(p+0) = 2$ となり，微分不可能．この点は，$f(x)$ が直線になっている $1 < x < 2$ に対応する．(iv) 上記の微係数は，単調増加で，$p = 2$ 以外の点では連続になっている．$g(p)$ 自体も連続であるから，数学の定理 5.2 を下に凸な場合に言い換えた定理より，$g(p)$ は下に凸である．(v) 素直に計算すればよい．

問題 12.13　$\bar{f}(x) \equiv f(x + x_0) - f(x_0)$ については，定義域が $x > 0$ で $\lim_{x \to +0} \bar{f}(x) = 0$ なので成り立つ．これのルジャンドル変換を利用すれば，簡単に証明できる．

問題 12.14　$f(x)$ が下に凸であるから，$G(x) \equiv xp - f(x)$ は上に凸である．$G'(x \pm 0) = p - f'(x \pm 0)$ であるから，p.82 数学の定理 5.3 より，$p - f'(x + 0) \leq 0 \leq p - f'(x - 0)$ を満たす x があれば，そこで $G(x)$ は最大になる．この不等式は $f'(x - 0) \leq p \leq f'(x + 0)$ と書き直せるが，p の変域は $f'(x \pm 0)$ の下限値と上限値の間であったから，これを満たす x は常に存在する．定義より，$G(x)$ にそのような x を代入したのが $g(p)$ であるが，それはまさに (12.50) に一致する．

問題 12.15 参考文献 [6] の式 (9.20) にも同様の証明がある. $\vec{y} \equiv (x_2, x_3, \cdots)$ と記し, x_1, p_1 は x, p と記すことにすると, (12.68) より $h(p, \vec{y}) = \inf_x [f(x, \vec{y}) - xp]$ である. $f(x, \vec{y})$ の凸性から, 任意の λ $(0 < \lambda < 1)$ と (以下の式の引数がしかるべき定義域の中にあるような) 任意の $\vec{a}, \vec{b}$ について,

$$h(p, \lambda \vec{a} + (1 - \lambda)\vec{b})$$
$$= \inf_x \left[f(x, \lambda \vec{a} + (1 - \lambda)\vec{b}) - xp \right]$$
$$= \inf_{x_a, x_b} \left[f(\lambda x_a + (1 - \lambda)x_b, \lambda \vec{a} + (1 - \lambda)\vec{b}) - (\lambda x_a + (1 - \lambda)x_b)p \right]$$
$$\leq \inf_{x_a, x_b} \left[\lambda f(x_a, \vec{a}) + (1 - \lambda)f(x_b, \vec{b}) - \lambda x_a p - (1 - \lambda)x_b p \right]$$
$$= \lambda \inf_{x_a} [f(x_a, \vec{a}) - x_a p] + (1 - \lambda) \inf_{x_b} \left[f(x_b, \vec{b}) - x_b p \right]$$
$$= \lambda h(p, \vec{a}) + (1 - \lambda)h(p, \vec{b}).$$

問題 12.16 (12.33) のような計算が有効であるためには, $f(x_1, x_2, x_3, \cdots)$ にも $h(p_1, x_2, x_3, \cdots)$ にも何の特異性もあってはならない (したがって, たとえば, $(x_1, x_2, x_3, \cdots)$ と $(p_1, x_2, x_3, \cdots)$ とが一対一に対応しなければならない). 一方 (12.34) は, これらの条件が破れている場合でも成り立つ一般的な結果であるから, (12.33) のような計算からは導けない.

問題 12.17 以下の式の引数がしかるべき定義域の中にあるとすると, (12.68) の表現を用いて,

$$h_{12}(p_1, p_2, x_3, ...) = \sup_{x_2} [h_1(p_1, x_2, x_3, ...) - x_2 p_2]$$
$$= \sup_{x_2} \left[\sup_{x_1} [f(x_1, x_2, x_3, ...) - x_1 p_1] - x_2 p_2 \right]$$
$$= \sup_{x_2, x_1} [f(x_1, x_2, x_3, ...) - x_1 p_1 - x_2 p_2]$$
$$= \sup_{x_1} \left[\sup_{x_2} [f(x_1, x_2, x_3, ...) - x_2 p_2] - x_1 p_1 \right]$$
$$= \sup_{x_1} [h_2(x_1, p_2, x_3, ...) - x_1 p_1]$$
$$= h_{21}(p_1, p_2, x_3, ...).$$

問題 13.5 $S = S(U, V)$ を逆に解こうとすると面倒だが, 次のようにすれば簡単である. 問題 6.1 (p.98), 問題 6.2 (p.106) の解を利用して $U(T, V) = \epsilon V/\gamma(e^{\epsilon/k_{\rm B}T} - 1)$, $S(T, V) = \dfrac{k_{\rm B}V}{\gamma} \left[\dfrac{\epsilon}{k_{\rm B}T(1 - e^{-\epsilon/k_{\rm B}T})} - \ln(e^{\epsilon/k_{\rm B}T} - 1) \right]$ を得るので, これを $U - ST$ の U, S に代入すれば直ちに $F = [U - ST](T, V)$ が得られ, 結果は, $F(T, V) = -\dfrac{\epsilon V}{\gamma} + \dfrac{k_{\rm B}TV}{\gamma} \ln(e^{\epsilon/k_{\rm B}T} - 1)$. これを V で微分して $P(T, V) = \dfrac{\epsilon}{\gamma} - \dfrac{k_{\rm B}T}{\gamma} \ln(e^{\epsilon/k_{\rm B}T}$

$- 1)$.

問題 13.6 $U(S,V,N) = S^3/K^3VN$, $T = 3S^2/K^3VN$ などより,

$$F(T,V,N) = -\frac{2}{3\sqrt{3}}\left(K^3T^3VN\right)^{1/2}, \ S(T,V,N) = \left(\frac{K^3TVN}{3}\right)^{1/2},$$

$$P(T,V,N) = \frac{1}{3\sqrt{3}}\left(\frac{K^3T^3N}{V}\right)^{1/2}, \ \mu(T,V,N) = -\frac{1}{3\sqrt{3}}\left(\frac{K^3T^3V}{N}\right)^{1/2}.$$

問題 13.7 $G_0 \equiv F_0 + RN_0T_0$ とおくと,

$$G(T,P,N) = \frac{NT}{N_0T_0}G_0 - RNT\ln\left[\left(\frac{T}{T_0}\right)^{c+1}\left(\frac{P_0}{P}\right)\right],$$

$$S(T,P,N) = RN\ln\left[\left(\frac{T}{T_0}\right)^{c+1}\left(\frac{P_0}{P}\right)\right] - \left[\frac{G_0}{N_0T_0} - (c+1)R\right]N.$$

問題 13.9 微分する変数と固定される変数を自然な変数とする熱力学関数の 2 階微分から導ける. つまり, それぞれ, $H(S,P,N), F(T,V,N), G(T,P,N)$ から導ける.

問題 14.1 $C_V = (16\sigma/c)T^3V$.

問題 14.2 問題 6.2 (p.106) の解を (14.5) に代入して, $C_V = \epsilon^2Ve^{\epsilon/k_BT}/[\gamma k_BT^2(e^{\epsilon/k_BT} - 1)^2]$.

問題 14.3 $d'Q = dU + PdV$ を dT で割り算して, P, N を一定に保ちつつ $dT \to 0$ の極限をとれば (14.18) を得る.

問題 14.6 $P^{(1)}(T,V^{(1)}) = P^{(2)}(T,V^{(2)},N)$ より,

$$V^{(2)} = \frac{\gamma^2 K^3 T^3 N}{27[\epsilon - k_BT\ln(e^{\epsilon/k_BT} - 1)]^2}.$$

問題 14.12 $V(後者)/V(前者) = P(前者)/P(後者) = T/T_0$.

問題 14.14 (14.57) で $T_0 \to 0$ とすると, $S(T,\xi) = \int_0^T \frac{C_\xi(T,\xi)}{T}dT$. 任意の $T > 0$ について, 左辺は正で有限だから右辺の積分は収束しないといけない. ゆえに (14.58) が従う. 左辺が有限であることについては, ξ が示量変数のときは, 6.6 節に与えた Nernst-Planck の仮説から直接 $\lim_{T\to+0} S(T,\xi) = 0$ (だから有限) が言える. ξ が示強変数のときは次のように考えればよい:ξ を一定にして T を小さくしてゆく過程では,

示量変数 $X_1, X_2, \cdots$ の値は変化してゆくだろう. しかし, $X_1, X_2, \cdots$ が有限にとどまってさえいれば, Nernst-Planck の仮説からやはり $S \to 0$ が言える. 数学的には, ξ をまったく勝手に選んで勝手な値に固定すれば, $T \to +0$ で $X_1, X_2, \cdots$ が発散することもあるかもしれないが, それは温度を下げると同時に物質の量を増やしてゆくということだから, 物理としては馬鹿げた実験になり, 考えなくてよい.

問題 14.15 初期状態の体積 V_i は $P_i V_i = RNT_a$ を満たし, 終状態は $P_a V_f = RNT_f$ を満たすので, $V_f/V_i = T_f P_i/T_a P_a$. また, $\Delta U = cRN(T_f - T_a)$. ΔS については, 問題 13.7 で求めた $S(T, P, N)$ で N は変わらないから, $\Delta S = RN \ln[(T_f/T_a)^{c+1}(P_i/P_a)]$. これらの式を使う. (i) は気体にとっても大気にとっても準静的等温過程であるが, 気体に着目すれば, (a) $T_f = T_a$, $V_f = RNT_a/P_a$. (b) $W = -\int P dV = -RNT_a \int (1/V) dV = -RNT_a \ln(V_f/V_i) = -RNT_a \ln(P_i/P_a)$, $Q = \Delta U - W = 0 - W = RNT_a \ln(P_i/P_a)$. (c) $\Delta S = RN \ln(P_i/P_a)$. (ii) は気体の終状態の温度・圧力は大気と同じであるから, (a), (c) は (i) と同じ. (b) は, 大気にとっては準静的等温過程だから大気に着目してそれを気体の量に変換すれば求まる. つまり, (14.61) より $W = -P_a(V_f - V_i)$, これから $Q = \Delta U - W = 0 - W = P_a(V_f - V_i)$. これらに (a) の V_f を代入すればよい. (iii) は気体にとって準静的断熱過程であることから気体に着目して, (c) $\Delta S = 0$ (あるいは $PV^\gamma = $ 一定) より, (a) $T_f = T_a(P_a/P_i)^{1/(c+1)}$, $V_f = V_i(P_i/P_a)^{1/\gamma}$. (b) $W = -\int P dV = -P_i V_i^\gamma \int V^{-\gamma} dV = -cP_i V_i^\gamma(1/V_i^{1/c} - 1/V_f^{1/c})$ に (a) の V_f を代入すればよい. 断熱だから $Q = 0$. (iv) は, 大気にとっては準静的断熱過程だから大気に着目して気体の量に変換すれば, $W = -P_a(V_f - V_i)$. $Q = 0$ より $\Delta U = W$ から, $cRN(T_f - T_a) = -P_a(V_f - V_i)$. これと $P_a V_f = RNT_f$ より, $T_f = T_a(P_a/P_i + c)/(c+1)$ などが求まり, これを上記の ΔS の式に入れて ΔS も求まる. なお, やや高度な注意になるが, 仮に (iv) で着目系にとっても準静的だとしてしまうと, そういう状況でも断熱可動壁と見なせるような「壁」は存在しえない, という結論が得られることを注意しておく.

索　引

著者略歴

1956 年　生まれる
1979 年　東京大学理学部物理学科卒業
1984 年　東京大学大学院理学系研究科物理学専攻修了
　　　　　（理学博士）
　　　　　キヤノン（株）中央研究所主任研究員，新技術
　　　　　事業団榊量子波プロジェクトグループリーダー，
　　　　　東京大学教養学部物理学教室助教授，同大学大
　　　　　学院総合文化研究科広域科学専攻教授，同研究
　　　　　科附属先進科学研究機構機構長を経て，
現　　在　東京大学名誉教授／放送大学客員教授

主要著書

『量子論の基礎』（サイエンス社，2004），『アインシュタ
インと 21 世紀の物理学』（日本物理学会編，日本評論社，
2005）
応用物理学会賞受賞（1994 年）

熱力学の基礎　第 2 版　I　熱力学の基本構造

　　　　　2007 年 3 月 22 日　初　　版
　　　　　2021 年 3 月 29 日　第 2 版第 1 刷
　　　　　2024 年 1 月 25 日　第 2 版第 5 刷

　　　　　［検印廃止］

著　者　清水　明
　　　　しみず　あきら

発行所　一般財団法人　東京大学出版会

　　　　代表者　吉見俊哉

　　　　153-0041 東京都目黒区駒場 4-5-29
　　　　電話 03-6407-1069　Fax 03-6407-1991
　　　　振替 00160-6-59964

印刷所　大日本法令印刷株式会社
製本所　誠製本株式会社

ⓒ2021 Akira Shimizu
ISBN 978-4-13-062622-4　Printed in Japan

ここに表示された価格は本体価格です．御購入の
際には消費税が加算されますので御了承下さい．